普通高等教育"十一五"
国家级规划教材

面向 21 世纪课程教材

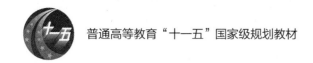

普通高等教育"十一五"国家级规划教材

工程热力学

（第6版）

严家騄　编著

王永青　张亚宁　参编

高等教育出版社·北京

内容简介

　　本书是在第五版的基础上，根据教育部制订的《普通高等学校工程热力学课程（少学时）教学基本要求》，同时适当反映科学技术的新进展，进行补充修改而成的。本书第四版是普通高等教育"十一五"国家级规划教材、面向 21 世纪课程教材。

　　本书主要讲述热力学的基本概念、基本定律以及气体和蒸气的性质、过程和循环。书中附有例题、思考题、习题以及必要的热工图表。全书采用我国法定计量单位，对工程单位制单位也做了适当介绍。

　　本书可作为普通高等学校能源动力类、化工与制药类、航空航天类、建筑类及土木类等各专业工程热力学课程少学时教材，亦可供其他专业选用和有关工程技术人员参考。

图书在版编目（CIP）数据

　　工程热力学 / 严家騄编著. -- 6 版 . -- 北京：高等教育出版社，2021.9
　　ISBN 978-7-04-056744-1

　　Ⅰ.①工… Ⅱ.①严… Ⅲ.①工程热力学-高等学校-教材 Ⅳ.①TK123

　　中国版本图书馆 CIP 数据核字（2021）第 170836 号

策划编辑　宋　晓		责任编辑　宋　晓		封面设计　张志奇		版式设计　杨　树
插图绘制　邓　超		责任校对　高　歌		责任印制　存　怡		

出版发行	高等教育出版社	网　　址	http://www.hep.edu.cn
社　　址	北京市西城区德外大街 4 号		http://www.hep.com.cn
邮政编码	100120	网上订购	http://www.hepmall.com.cn
印　　刷	大厂益利印刷有限公司		http://www.hepmall.com
开　　本	787 mm×960 mm　1/16		http://www.hepmall.cn
印　　张	17.5		
字　　数	310 千字	版　　次	1981 年 12 月第 1 版
插　　页	2		2021 年 9 月第 6 版
购书热线	010-58581118	印　　次	2021 年 9 月第 1 次印刷
咨询电话	400-810-0598	定　　价	35.00 元

工程热力学

（第6版）

严家騄

编　著

王永青　张亚宁

参　编

1　计算机访问http://abook.hep.com.cn/1227455，或手机扫描二维码、下载并安装Abook应用。

2　注册并登录，进入"我的课程"。

3　输入封底数字课程账号（20位密码，刮开涂层可见），或通过Abook应用扫描封底数字课程账号二维码，完成课程绑定。

4　单击"进入课程"按钮，开始本数字课程的学习。

工程热力学数字课程与纸质教材一体化设计，紧密配合。数字课程资源涵盖多媒体课件、图片等，极大地丰富了知识的呈现形式，拓展了教材内容。在提升课程教学效果的同时，为学生学习提供思维与探索的空间。

课程绑定后一年为数字课程使用有效期。受硬件限制，部分内容无法在手机端显示，请按提示通过计算机访问学习。

如有使用问题，请发邮件至abook@hep.com.cn。

扫描二维码
下载Abook应用

http://abook.hep.com.cn/1227455

第6版前言

本书是在第五版的基础上修改和补充而成的。本书第四版是普通高等教育"十一五"国家级规划教材、面向 21 世纪课程教材。

本书内容符合教育部制订的《普通高等学校工程热力学课程(少学时)教学基本要求》,同时也适当反映科学技术的新进展。书中主要讲述热力学的基本概念、基本定律以及气体和蒸气的性质、过程和循环,并有计算例题穿插配合。每章末附有适量的思考题和习题,书末附有计算题答案。

全书采用我国法定计量单位,并对某些工程单位制单位做了适当介绍,以适应实际需要。

作者结合本人长期的教学经验和研究成果,对本书的理论体系和内容做了新的安排,并加强了热力过程、可用能和湿空气的内容。书的前半部分,即基本理论部分有一定的深度和广度,力图使学生能较好地掌握热力学基本概念和基本定律的实质,并能灵活运用它们分析各种热力过程,以便在能源科学方面打下一定的基础。书的后半部分主要分析各种循环,这既是前面基本理论的具体应用,又是进一步联系工程实际的桥梁,有利于培养学生解决实际问题的能力。

本书最后一章,即第十章能源的合理利用及新能源简介,简要介绍提高能源利用率的不同途径及新能源的开发和利用,以拓宽学生能源科学方面的知识。

书中标 * 的各节及第十章,内容相对独立,可根据教学的具体情况选讲,不影响全书的系统性。对后面的循环部分,也可根据专业的不同需要,重点讲授其中一种或两种循环。

浙江大学吴存真教授对书稿进行了仔细审阅,并提出了许多宝贵的意见,在此表示衷心的感谢。希望本书出版后能得到读者的批评和指正。

哈尔滨工业大学　严家騄

2021 年 4 月

目　录

符号说明

拉丁字母

A 面积;功的热当量

C 常数

C_m 摩尔热容

c 比热容;流速

c_s 音速

D 过热度

DA 干空气

d 含湿量

d 微增量

E 总能量

E_L 不可逆损失

E_x 㶲

e 比总能量

e_x 比㶲

F 力

g 重力加速度

H 焓

h 比焓

k 玻尔兹曼常数

M 摩尔质量

Ma 马赫数

m 质量;(压气机)级数

N 分子数

n 物质的量;分子浓度;多变指数

P 功率

p 压力

p_b 大气压力

Q 热量

q 每千克物质的热量

q_m 质量流量

q_V 体积流量

R 摩尔气体常数(通用气体常数)

R_g 气体常数

r 汽化潜热

S 熵

s 比熵

T 热力学温度

t 摄氏温度

U 热力学能

u 比热力学能

V 体积

v 比体积

W 功;膨胀功

w 每千克物质的功;每千克物质的膨胀功;质量分数

x 干度;摩尔分数

y 湿度

z 高度

希腊字母

α 抽汽率

β 膨胀压力比

γ 热容比

ε 压缩比;制冷系数

ζ 供热系数

η 效率

κ　定熵指数

λ　压升比

ξ　热利用系数

π　增压比

ρ　密度;预胀比

τ　时间;升温比

φ　相对湿度;体积分数

ψ　比相对湿度

顶标

$\cdot$　单位时间的

—　平均

上角标

$*$　滞止

$'$　饱和液体

$''$　饱和蒸汽

下角标

A　三相点

a　空气

C　卡诺循环;逆向卡诺循环;压气机

c　临界

DA　干空气

d　露点

f　摩擦;(熵)流

g　表(压力);(热、熵)产

H　供热

i　第 i 个

i　内部

in　进口(参数)

j　第 j 个

k　动能

L　(功)损

m　每摩尔的;平均

max　最大

min　最小

mix　混合

n　多变过程

o　循环的(功、热量)

opt　最佳

out　出口(参数)

P　泵

p　位能

p　定压

R　冷库

r　回热

s　定熵

s　饱和

sh　轴(功)

std　标准状况

T　定温

T　透平(燃气轮机,蒸汽轮机,膨胀机)

t　热(效率);技术(功)

th　喉部

tot　总的

V　容积(流量、效率);定容

v　真空(度);水蒸气

w　水;湿球(温度)

x　湿蒸汽

0　理想气体状态

1　初态;进口

2　终态;出口

绪 论

1. 热能的利用

现代化的国民经济和人民生活要求充足而经济的动力和能源供应,自然界中的主要能源有风能、水能、太阳能、地热能、燃料化学能、原子能等。目前利用得最多的仍然是矿物燃料(石油、煤、天然气等)的化学能。但是,日益减少的地下燃料资源势必不能满足飞速发展的生产力对能源的需求,同时也由于矿物燃料燃烧产生的烟气污染问题必须解决,因此,目前世界各国对清洁能源如原子能、太阳能、风能、地热能,乃至海洋能、生物质能等各种新能源大力开展多方面的研究工作,以期找到新的能源出路。

在上述各种能源中,除风能(空气的动能)和水能(水的位能)可以向人们直接提供机械能以外,其他各种能源往往只能直接或间接地(通过燃烧、核反应)提供热能。人们可以直接利用热能为生产和生活服务,例如用于冶炼、分馏、加热、蒸煮、烘干、采暖等方面,但更大量的还是通过热机(如蒸汽轮机、内燃机、燃气轮机、喷气发动机等)使这些热能部分地(只能是部分地)转变为机械能,或进一步转变为电能,以满足生产和生活中的大量需求。因此,对热能性质及其转换规律的研究,显然有着十分重要的意义。

2. 工程热力学的研究对象和研究方法

热力学是研究能量(特别是热能)性质及其转换规律的科学。

热力学是在研究热机效率的基础上,于19世纪中叶由于建立了热力学第一定律和热力学第二定律而形成的。在初期,它所涉及的主要是热能和机械能的转换。之后,由于热力学在化工、冶金、制冷、空调以及低温、超导、反应堆以至气象、生物等各个方面获得了越来越广泛的应用,因而它的研究范围已扩大到了化学、物理化学、电、磁、辐射等领域。

工程热力学着重研究热能和机械能的转换规律。从理论上阐明提高热机效率(使热能以更大的百分率转变为机械能)的途径仍然是工程热力学的一项主要任务。

热能转变为机械能必须借助一套设备和某种载能物质。这种设备就是通常所说的热机,而载能物质便是工质。热机对外作功时,要求工质有良好的膨胀性,这样才能更有效地作功;而要热机不断地作功,则必须不断地将新鲜工质引入气缸,并将工作完了的工质排出,这就要求工质有良好的流动性。同时具备良好膨胀性和流动性的工质,不是固体,也不是液体,而是气体(如空气、水蒸气等)。因此,热机中的工质一般都是气态物质,但在应用蒸气作为工质时也会涉及液体。

因此,工程热力学的主要内容包括下列三部分:

(1)介绍构成工程热力学理论基础的两个基本定律——热力学第一定律和热力学第二定律。

(2)介绍常用工质的热力性质。

(3)根据热力学基本定律,结合工质的热力性质,分析计算实现热能和机械能相互转换的各种热力过程和热力循环,阐明提高转换效率的正确途径。

工程热力学的研究方法也就是热力学的宏观研究方法。这种宏观研究方法的特点是:根据热力学的两个基本定律,运用严密的逻辑推理,对物体的宏观性质和宏观现象进行分析研究,而不涉及物质的微观结构和微观粒子的运动情况。所以,热力学是热学的宏观理论。与此对照,热学的微观理论是统计物理学。统计物理学从物质的微观结构出发,依据微观粒子的力学规律,应用概率理论和统计平均的方法,研究大量微观粒子(它们构成宏观物体)的运动表现出来的宏观性质。

热力学和统计物理学在对热现象的研究上相辅相成。热力学经常利用从微观理论得到的知识(例如对工质热物理性质的研究成果,以及对一些热现象和经验定律的微观实质的解释)。由于热力学研究方法所依据的两个基本定律不需要任何假设,因而能给出普遍而可靠的结果,可以用来检验微观理论的正确性。但是,由于热力学不涉及物质的微观结构,因而用热力学方法无法获得物质的具体性质。统计物理学则由于深入热现象的本质,可使热力学理论获得微观机理上的说明,并可揭示宏观性质的微观决定因素,从而在理论上起到指导作用。统计物理学还能通过计算求得物质的性质,但推导和计算都比较复杂,而且由于不可避免地要对物质结构模型做一些简化或假设,因此所得结果和实际情况往往有差异。

像其他学科一样,在工程热力学中也普遍采用抽象、概括、理想化和简化的方法。这种略去细节、抽出共性、抓主要矛盾的处理问题的方法,在进行理论分析时特别有用。这种科学的抽象,不但不脱离实际,而且总是更深刻地反映了事物的本质。

3. 工程热力学常用的计量单位

在工程热力学中涉及比较多的物理量,这就有一个对这些物理量采用什么单位的问题。近年来,世界各国逐步采用统一的国际单位制(简称 SI),以避免由于单位制不同而引起的混乱现象和烦琐的换算。我国也以国际单位制为基础制定了"中华人民共和国法定计量单位",于 1984 年颁布执行。因此,本书采用我国法定计量单位。考虑到目前的实际情况,对工程单位制也作了适当的介绍。

国家法定计量单位中给出了长度、质量、时间、电流、热力学温度、物质的量和发光强度共 7 个基本单位。工程热力学中各常用物理量牵涉的基本单位有 5 个,即长度、质量、时间、热力学温度和物质的量。

国家法定计量单位比较科学合理,各导出单位和基本单位的关系式中的系数都等于 1,因此换算简单。表 1 和表 2 分别给出了工程热力学中常用的国家法定计量单位的基本单位和导出单位。

表 1　国家法定计量单位的基本单位(部分)

量	单 位 名 称	单 位 符 号
长度	米	m
质量	千克	kg
时间	秒	s
热力学温度	开[尔文]*	K
物质的量	摩[尔]	mol

* 去掉方括号时为单位名称的全称;去掉方括号中的字即成为单位名称的简称。下同。

表 2　国家法定计量单位的导出单位(部分)

量	单 位 名 称	单位符号	其他 SI 单位的表示式
力	牛[顿]	N	$kg \cdot m/s^2$
功、热量、能[量]	焦[耳]	J	$N \cdot m$
压力	帕[斯卡]	Pa	N/m^2
功率	瓦[特]	W	J/s
比热力学能、比焓	焦[耳]每千克		J/kg
比热容、比熵	焦[耳]每千克开[尔文]		$J/(kg \cdot K)$

在工程单位制的基本单位中,长度用米(m);时间用秒或小时(s 或 h);力用千克力(kgf);质量是导出单位,根据牛顿第二定律($m = F/a$),质量单位为 $kgf \cdot s^2/m$。

工程单位制中的千克力(kgf)和国际单位制中的牛(N)之间的关系如下($F =$

ma):

$$1 \text{ kgf} = 1 \text{ kg} \times 9.806\ 65 \text{ m/s}^2 = 9.806\ 65 \text{ N}$$

9.806 65 m/s^{2}是标准重力加速度。所以,在标准重力场中,重量为 1 kgf 的物质,其质量正好是 1 kg。

　　关于压力、能量和功率的各种单位之间的换算关系可查阅本书附表 8、附表 9 和附表 10。

第一章 基本概念

本章介绍的热力系、状态参数、状态方程、过程、功和热量等都是分析能量传递和转换过程时必定会涉及的最基本的概念,务求掌握这些概念的实质,并在以后各章的学习中进一步加深理解并灵活运用。

1-1 热力系

作任何分析研究,首先必须明确研究对象。热力系就是具体指定的热力学研究对象。与热力系有相互作用的周围物体统称为外界。为了避免把热力系和外界混淆起来,设想有界面将它们分开。这界面可以是真实的,也可以是假想的;可以是固定的,也可以是变动的。

以活塞气缸装置(图 1-1)和涡轮装置(图 1-2)为例。如果取这二者中的气体工质为热力系,那么这二者的气缸内壁便是真实存在的界面,而图 1-2 中的进口截面和出口截面则是假想的界面。图 1-2 中虚线所示的界面是固定的,而在图 1-1 中,当活塞移动时,虚线所示的界面则是变动的。

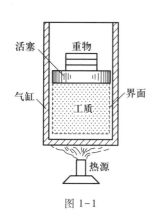

图 1-1

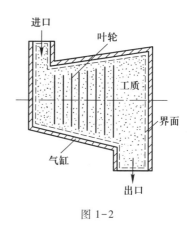

图 1-2

热力系的选取,决定于所提出的研究任务。它可以是一群物体、一个物体或物体的某一部分。它可以很大,也可以很小,但是不能小到只包含少量的分子,以致不能遵守统计平均规律,因为热力学理论的正确性有赖于分子运动的统计平均规律,而这一规律只存在于大量现象。

在作热力学分析时,既要考虑热力系内部的变化,也要考虑热力系通过界面和外界发生的能量交换和物质交换。至于外界的变化,一般不予考虑。

根据热力系内部情况的不同,热力系可以分为

单元系——由单一的化学成分组成;

多元系——由多种化学成分组成;

单相系——由单一的相(如气相或液相)组成;

复相系——由多种相(如气-液两相或气-液-固三相等)组成;

均匀系——各部分性质均匀一致;

非均匀系——各部分性质不均匀。

根据热力系和外界相互作用情况的不同,热力系又可以分为

闭口系——和外界无物质交换;

开口系——和外界有物质交换;

绝热系——和外界无热量交换;

孤立系——和外界无任何相互作用。

例如,取图 1-1 所示变动界面内的气体工质(比如说氮气)为热力系,那么它是单元、单相、均匀的闭口系;如果取该图虚线所围的固定空间中的气体为热力系,那么,考虑到气体膨胀(活塞上升)时,一部分气体将流出此空间,它就是单元、单相、均匀的开口系。如果取图 1-2 所示界面内的气体为热力系并忽略和外界的热量交换,那么它是单元、单相、非均匀的绝热开口系。

1-2 状态和状态参数

要研究热力系,必须知道热力系所处状况及其变化,并通过一些物理参数来表达,因此有必要对这些物理参数做一简单介绍。

状态是热力系在指定瞬间所呈现的全部宏观性质的总称。从各个不同方面描写这种宏观状态的物理量便是各个状态参数。

在工程热力学中常用的状态参数有 6 个,即压力、比体积、温度、热力学能、焓和熵。其中压力、比体积和温度可以直接测量,也比较直观,称为基本状态参数。下面逐一介绍这 6 个状态参数。

1. 压力

压力是指单位面积上承受的垂直作用力:

$$p = \frac{F}{A} \tag{1-1}$$

式中：p——压力；

　　　F——垂直作用力；

　　　A——面积。

气体的压力是组成气体的大量分子在紊乱的热运动中对容器壁频繁碰撞的结果。式（1-1）所定义的压力是气体的真正压力，称为绝对压力。在测量压力时，由于测压仪表通常总是处于大气环境中，因此不能直接测得绝对压力，而只能测出绝对压力和当时当地的大气压力的差值（参看图 1-3，该图表示了风机进风和排风的压力状况）。当气体的绝对压力高于大气压力时（图 1-3a 中出口处），压力计所指示的是绝对压力超出大气压力的部分，称为表压力或表压（p_g）：

$$p_g = p - p_b \tag{1-2}$$

式中，p_b 为大气压力，可用气压计测定。

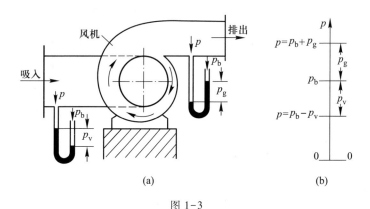

图 1-3

当气体的绝对压力低于大气压力时（图 1-3a 中入口处），真空计所指示的是绝对压力低于大气压力的部分，称为真空度（p_v）：

$$p_v = p_b - p \tag{1-3}$$

因此，如果需要知道气体的绝对压力，仅仅知道压力计或真空计的读数是不够的，还必须知道当时当地气压计的读数，然后通过下列关系式将绝对压力计算出来：

$$p = p_b + p_g \tag{1-4}$$

$$p = p_b - p_v \tag{1-5}$$

显然，如果大气压力发生变化，即使气体的绝对压力保持不变，压力计和真空计的读数也是会发生变化的。

用 U 形管压力计(或真空计)通过液柱高度差测定表压力(或真空度)时,其换算关系如下:

$$p_g(\text{或 } p_v) = \rho g \Delta z \qquad (1-6)$$

式中:ρ——液体的密度;

$\quad\quad g$——重力加速度;

$\quad\quad \Delta z$——液柱高度差。

国际单位制中压力的单位是 Pa(帕),并有

$$1 \text{ Pa} = 1 \text{ N/m}^2$$

由于"Pa"这个单位过小,工程中也常用 MPa 作为压力单位,

$$1 \text{ MPa} = 10^6 \text{ Pa}$$

表 1-1 列出了某些压力单位的换算关系。其中标准大气压和工程大气压与其他压力单位的换算关系可以表示为

$$1 \text{ atm} = 760 \text{ mmHg} = 1.033\ 23 \text{ at} = 1.013\ 25 \text{ bar} = 0.101\ 325 \text{ MPa}$$

$$1 \text{ at} = 735.559 \text{ mmHg} = 0.967\ 841 \text{ atm} = 0.980\ 665 \text{ bar} = 0.098\ 066\ 5 \text{ MPa}$$

表 1-1　某些非法定压力单位与 SI 压力单位的换算关系

单 位 名 称	单 位 符 号	换 算 关 系
巴	bar	$1 \text{ bar} = 10^5 \text{ Pa}$
标准大气压	atm	$1 \text{ atm} = 101\ 325 \text{ Pa}$
工程大气压 (千克力每平方厘米)	at(kgf/cm^2)	$1 \text{ at} = 1 \text{ kgf/cm}^2 = 98\ 066.5 \text{ Pa}$
毫米汞柱(0 ℃)	mmHg	$1 \text{ mmHg} = 133.322\ 4 \text{ Pa}$
毫米水柱(4 ℃)	mmH_2O	$1 \text{ mmH}_2\text{O} = 9.806\ 65 \text{ Pa}$

更详细的压力单位换算关系可查阅附表 8。

2. 比体积[①]

比体积就是单位质量的物质所占有的体积:

$$v = \frac{V}{m}, \quad V = mv \qquad (1-7)$$

式中:v——比体积;

[①]　"比体积"过去称为"比容"。

V——体积；

m——质量。

比体积的倒数称为密度(ρ)。密度是单位体积的物质所具有的质量：

$$\rho = \frac{m}{V} = \frac{1}{v} \tag{1-8}$$

比体积的单位为 m^3/kg；密度的单位为 kg/m^3。

3. 温度

温度表示物体的冷热程度。对于气体，温度可以用分子平均移动能的大小来表示，即

$$\frac{\overline{m}\,\overline{c}^2}{2} = \frac{3}{2}kT \tag{1-9}$$

式中：$\overline{m}$——分子的平均质量；

$\overline{c}$——分子的均方根移动速度[①]；

$\dfrac{\overline{m}\,\overline{c}^2}{2}$——分子平均移动能；

k——玻尔兹曼常数($k = 1.380\ 658 \times 10^{-23}\ J/K$)；

T——热力学温度。

国际单位制中采用热力学温标，也称为开尔文温标或绝对温标，用 T 表示，单位为 K(开)。摄氏温标或百度温标用 t 表示，单位为℃(摄氏度)。它们之间的换算关系如下：

$$t = T - T_0 \tag{1-10}$$

式中，$T_0 = 273.15\ K$。

显然，摄氏温标的每 1 ℃和开尔文温标的每 1 K 是相等的，只是摄氏温标的零点比开尔文温标的零点高出 273.15 K。

4. 热力学能[②]

热力学能是指组成热力系的大量微观粒子本身具有的能量(不包括热力系宏观运动的能量和外场作用的能量)。所以，热力学能应该包括分子的动能、分子力所形成的位能、构成分子的化学能和构成原子的原子能等。由于在热能和

---

① $\overline{c} = \sqrt{\left(\sum\limits_{i=1}^{N} c_i^2\right) \Big/ N}$，$N$ 为分子数。

② "热力学能"过去称为"内能"。

机械能的转换过程中,一般不涉及化学变化和核反应,从而后两种能量不发生变化,因此在工程热力学中通常只考虑前两种,即

$$热力学能(U)\begin{cases} 分子的动能(U_k) \\ 分子力所形成的位能(U_p) \end{cases}$$

对于气体,分子动能包括分子的移动能、转动能和分子内部的振动能。

单位质量物质的热力学能称为比热力学能(有时也将比热力学能简称为热力学能):

$$u = \frac{U}{m}, \quad U = mu \qquad (1-11)$$

式中：u——比热力学能；

$\quad U$——热力学能；

$\quad m$——质量。

在国际单位制中,热力学能的单位为 J,比热力学能的单位为 J/kg。在工程单位制中,热力学能的单位为 kcal,比热力学能的单位为 kcal/kg。并有

$$1 \text{ kcal} = 4\ 186.8 \text{ J} = 4.186\ 8 \text{kJ}$$

更详细的能量换算关系见附表 9。

5. 焓

焓是一个组合的状态参数：

$$H = U + pV \qquad (1-12)$$

式中：H——焓；

$\quad U$——热力学能；

$\quad p$——压力；

$\quad V$——体积。

单位质量物质的焓称为比焓(有时也将比焓简称为焓)：

$$h = \frac{H}{m} = u + pv, \quad H = mh \qquad (1-13)$$

式中：h——比焓；

$\quad m$——质量。

焓的单位与热力学能一样,在国际单位制中是 J,比焓的单位是 J/kg。在工程单位制中,焓的单位是 kcal,比焓的单位是 kcal/kg。由于在工程单位制中 pV 乘积的单位是功 kgf·m,它和热量单位 kcal 之间的换算关系为

$$1 \text{ kgf} \cdot \text{m} = \frac{1}{426.936} \text{ kcal}$$

所以,如果应用工程单位制,焓和比焓的定义式应写为

$$H = U + ApV, \quad h = u + Apv$$

式中,A 为功和热量的换算常数 $\left[A = \dfrac{1}{426.936} \text{ kcal}/(\text{kgf} \cdot \text{m}) \right]$,称为功的热当量。

6. 熵

熵是一个导出的状态参数。对简单可压缩均匀系(即只有两个独立变量或自由度的均匀的热力系),它可以由其他状态参数按下列关系式导出:

$$S = \int \frac{dU + pdV}{T} + S_0, \quad dS = \frac{dU + pdV}{T} \tag{1-14}$$

单位质量物质的熵称为比熵(有时也将比熵简称为熵):

$$s = \frac{S}{m} = \int \frac{du + pdv}{T} + s_0, \quad ds = \frac{dS}{m} = \frac{du + pdv}{T} \tag{1-15}$$

式(1-14)和(1-15)中:S、s 分别为熵、比熵;S_0、s_0 分别为熵常数、比熵常数。

在国际单位制中,熵的单位为 J/K,比熵的单位为 J/(kg·K)。在工程单位制中,熵的单位为 kcal/K,比熵的单位为 kcal/(kg·K)。考虑到工程单位制中功和热量的换算关系,式(1-14)和(1-15)应写为

$$S = \int \frac{dU + ApdV}{T} + S_0, \quad dS = \frac{dU + ApdV}{T}$$

$$s = \int \frac{du + Apdv}{T} + s_0, \quad ds = \frac{du + Apdv}{T}$$

应该指出,式(1-7)、(1-11)、(1-13)、(1-15)中各个参数和相应的比参数之间的关系($x = X/m$;$X = mx$)只对均匀系才成立。

状态参数是热力系状态的单值函数。状态参数的值仅取决于给定的状态,而与达到这一状态的途径无关。状态参数的这一特性在数学上的表现是:它是点函数,它的微分是全微分,而全微分的循环积分等于零,例如:

$$\oint dp = 0, \quad \oint dv = 0, \quad \oint dT = 0$$

$$\oint du = 0, \quad \oint dh = \oint d(u + pv) = 0$$

$$\oint \mathrm{d}s = \oint \frac{\mathrm{d}u + p\mathrm{d}v}{T} = 0 \ ^{①}$$

例 1-1　某热电厂测得新蒸汽的表压力为 100 at,凝汽器的 p_v/p_b 为 94%,送风机表压为 145 mmHg,当时气压计读数为 755 mmHg。试将它们换算成以 Pa 和 MPa 为单位的绝对压力。

解　大气压力

$$p_b = 755 \ \mathrm{mmHg} \times 133.322\ 4 \ \mathrm{Pa/mmHg} = 100\ 658 \ \mathrm{Pa} = 0.100\ 658 \ \mathrm{MPa}$$

新蒸汽绝对压力为

$$p_1 = p_{g1} + p_b = 100 \ \mathrm{at} \times 98\ 066.5 \ \mathrm{Pa/at} + 100\ 658 \ \mathrm{Pa}$$
$$= 9\ 907\ 308 \ \mathrm{Pa} = 9.907\ 308 \ \mathrm{MPa}$$

凝汽器中蒸汽绝对压力为

$$p_2 = p_b - p_{v2} = p_b \left(1 - \frac{p_{v2}}{p_b} \right) = 100\ 658 \ \mathrm{Pa} \times (1 - 0.94)$$
$$= 6\ 039.5 \ \mathrm{Pa} = 0.006\ 039\ 5 \ \mathrm{MPa}$$

送风机送出的空气的绝对压力为

$$p = p_g + p_b = 145 \ \mathrm{mmHg} \times 133.322\ 4 \ \mathrm{Pa/mmHg} + 100\ 658 \ \mathrm{Pa}$$
$$= 119\ 990 \ \mathrm{Pa} = 0.119\ 99 \ \mathrm{MPa}$$

例 1-2　从工程单位制水蒸气热力性质表中查得水蒸气在 450 ℃、30 at 时的比体积、比焓和比熵为

$$v = 0.109\ 98 \ \mathrm{m}^3/\mathrm{kg}$$
$$h = 799.0 \ \mathrm{kcal/kg}$$
$$s = 1.694\ 6 \ \mathrm{kcal/(kg \cdot K)}$$

在国际单位制中,上述参数各为多少?

解　在国际单位制中:

温度为　　　　　　$T = t + 273.15 \ \mathrm{K} = 450 \ ℃ + 273.15 \ \mathrm{K} = 723.15 \ \mathrm{K}$

压力为　　　　　　$p = 30 \ \mathrm{at} \times 98\ 066.5 \ \mathrm{Pa/at} = 2\ 942\ 000 \ \mathrm{Pa} = 2.942 \ \mathrm{MPa}$

比体积为　　　　　　$v = 0.109\ 98 \ \mathrm{m}^3/\mathrm{kg}$

比焓为　　$h = 799.0 \ \mathrm{kcal/kg} \times 4\ 186.8 \ \mathrm{J/kcal} = 3\ 345\ 300 \ \mathrm{J/kg} = 3\ 345.3 \ \mathrm{kJ/kg}$

比熵为　　$s = 1.694\ 6 \ \mathrm{kcal/(kg \cdot K)} \times 4\ 186.8 \ \mathrm{J/kcal} = 7\ 095 \ \mathrm{J/(kg \cdot K)} = 7.095 \ \mathrm{kJ/(kg \cdot K)}$

---

①　是否 $\oint \frac{\mathrm{d}u + p\mathrm{d}v}{T} = 0$,亦即式(1-14)、(1-15)所定义的熵是否为一状态参数,还有待证明。参看第 4-3 节。

1-3　平 衡 状 态

平衡状态是指热力系在没有外界作用①的情况下宏观性质不随时间变化的状态。平衡状态是宏观状态中一种重要的特殊情况。

例如,设 A、B 两个物体(图 1-4)具有不同的温度 T_A 和 T_B($T_A > T_B$)。当它们相互接触后,由于 A 物体的温度比 B 物体高(热不平衡),就会有热量由 A 物体传向 B 物体,而使 A 物体的温度逐渐降低,B 物体的温度逐渐升高。经过一段时间,当 A、B 两个物体的温度趋于一致(达到热平衡)以后,如果没有外界的作用(比如说不向它们加热或不使它们冷却),那么 A、B 两个物体将一直保持这种平衡状态。

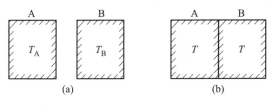

图 1-4

又例如,设有一封闭容器,有隔板将它分成 A、B 两部分。A 部分装有气体,B 部分抽成真空(图 1-5a)。当把隔板抽开以后,由于 A、B 两部分压力不平衡,A 部分的气体会向 B 部分转移。在这个过程中,气体的状态是随时间变化的。过了一段时间,当容器中气体的压力和温度趋于一致后,如果没有外界的作用,容器中气体的状态将不再发生变化,而一直保持这种平衡状态(图 1-5b)。

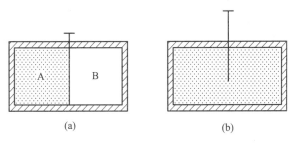

图 1-5

---

① 这里的"外界作用"是指热力系与外界的能量交换和物质交换,而不是指恒定的外场(如重力场)的作用。

再例如,设在一容器中装进水(不装满),并设法将容器中的空气抽出后将容器封闭。由于水的蒸发,容器中水面上方将充满水蒸气(图1-6)。如果没有外界的作用(比如说不向容器中加热,也不从容器中放掉水或水蒸气),那么容器中的水必将逐渐停止蒸发,水和水蒸气不再发生变化而保持一定状态。这也是一种平衡状态。

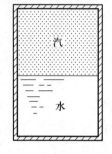

图 1-6

事实上,任何热力系,如果它原来已经处于平衡状态,而又没有外界的作用,那么它将一直保持这种平衡状态;如果原来处于非平衡状态(内部存在不平衡势:温差、压差等),那么它的内部必然会自发地进行一个变化过程。经过一段时间,当不平衡势逐渐消失而内部不再发生变化时,热力系也就达到了平衡状态。如果没有外界作用,它将一直保持这种平衡状态。

处于平衡状态的单相流体(气体或液体),如果忽略重力的影响[①],又没有其他外场作用,那么它内部各处的各种性质都是均匀一致的。不仅流体内部的压力均匀一致(这是建立力平衡的必要条件)、温度均匀一致(这是建立热平衡的必要条件),而且所有其他宏观性质(如比体积、比热力学能、比焓、比熵等)也都是均匀一致的。热力系各部分的性质均匀一致,这给热力学分析带来很大方便。热力学主要研究的正是这种均匀的平衡状态。

处于气-液两相平衡的流体(图1-6),流体内部的压力和温度均匀一致(即建立了力平衡和热平衡),但气相和液相的比体积(或密度)、比热力学能、比焓、比熵则是不同的。

1-4   状态方程和状态参数坐标图

虽然处于一定的平衡(均匀)状态的热力系,其各个状态参数都有确定的值,但是要规定这样的平衡状态却并不要求给出全部状态参数的值。事实上,对于一个和外界只可能有热能和机械能交换的(即两个自由度的)简单热力系,只要给出两个相互独立的状态参数就可以规定它的平衡状态了。所谓两个相互独立的状态参数,即其中一个不能仅仅是另一个的函数。例如,比体积和密度就不是两个相互独立的状态参数$[v=1/\rho=f(\rho)]$,给出比体积值也就意味着给出密度值。

① 如果考虑重力的影响,那么液体的压力以及气体的密度和压力沿高度将有所差别。但是,如果高度相差不很大,这种差别便可以忽略,特别对于气体更是如此。

既然给出两个相互独立的状态参数就能完全确定简单热力系的一个平衡状态,那么其他状态参数也就必然随之而定,也相应地有完全确定的值。这就表明,在其他状态参数和这两个相互独立的状态参数之间必定存在某种单值的函数关系。例如,以压力和温度为独立变化的状态参数时,比体积、比热力学能、比焓、比熵等其他状态参数就一定可以表达为压力和温度的某种函数,即

$$\left.\begin{aligned} v &= f(p,T) \\ u &= f_1(p,T) \\ h &= f_2(p,T) \\ s &= f_3(p,T) \end{aligned}\right\} \tag{1-16}$$

式(1-16)中,$v=f(p,T)$建立了压力、温度、比体积这三个可以直接测量的基本状态参数之间的关系。这一函数关系称为状态方程。状态方程也可以写为如下隐函数的形式:

$$F(p,v,T) = 0 \tag{1-17}$$

既然简单热力系的平衡(均匀)状态可以用两个相互独立的状态参数来确定,那么由任意两个相互独立的状态参数所构成的平面坐标系中的任意一点就相应于热力系的某一平衡(均匀)状态(如图1-7中状态1、2)。至于热力系的不平衡(不均匀)状态,由于热力系各部分状态参数不一致,是无法表示在这样的坐标系中的。但是,如果热力系各部分性质的差异不很悬殊,那么用各部分状态参数的平均值来近似地表示热力系的状态也是可以的。当然,用平均值表示不平衡状态,不能反映实际状态的不平衡程度和分布状况。

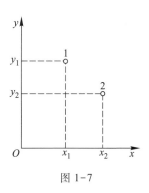

图 1-7

1-5　过程和循环

过程是指热力系从一个状态向另一个状态变化时所经历的全部状态的总合。

热力系从一个平衡(均匀)状态连续经历一系列(无数个)平衡的中间状态过渡到另一个平衡状态,这样的过程称为内平衡过程(意指过程进行时热力系内部一直保持平衡状态,而不强调热力系和外界是否保持平衡);否则便是内不平衡过程。内平衡过程在状态参数坐标图中表示为一条连续的曲线(图1-8)。

内不平衡过程严格说来不能表示在状态坐标图中,但是如果过程的初终两状态是平衡的,而中间各状态的不平衡(不均匀)程度相对较小,那么也可以如图1-9那样用虚线来近似地表示。

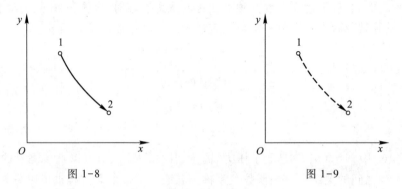

图 1-8   图 1-9

就热力系本身而言,"平衡"意味着宏观静止;而"过程"则意味着变化,意味着平衡被破坏。内平衡过程把"平衡"和"过程"这两个矛盾的概念在一定的条件下统一了起来。这条件就是:要求外界对热力系的作用必须缓慢到足以使热力系内部能及时回复被不断破坏的平衡。

由于流体内部的分子运动和宏观运动,热力系从不平衡回复到近似平衡所需的时间往往很短。因此,很多实际过程进行时,即使热力系和外界之间存在较大的不平衡因素(温差、压差),但在热力系内部仍能及时回复到近似平衡状态,而整个过程仍可认为是内平衡过程。所以,内平衡过程的提出,具有重要的理论意义和实用价值。

循环就是封闭的过程,也就是说,循环是这样的过程:热力系从某一状态开始,经过一系列中间状态后,又回复原来状态。作为过程的一种特例,循环也有内平衡循环(图1-10)和内不平衡循环(图1-11)的区分。

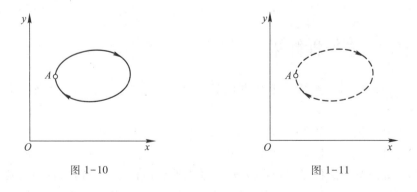

图 1-10   图 1-11

1-6　功和热量

热力系通过界面和外界进行的机械能的交换量称为作功量,简称功(机械功);它们之间的热能的交换量称为传热量,简称热量。

显然,功和热量是和热力系的状态变化(即过程)联系在一起的。它们不是状态量而是过程量。不能说热力系在某一状态下有多少功、多少热量,而只能说热力系在某一过程中对外界作出了或从外界获得了多少功,从外界吸收了或向外界放出了多少热量。

功的符号是 W,热量的符号是 Q;对单位质量的热力系而言,功用 w 表示,热量用 q 表示。热力学中通常规定:热力系对外界作的功为正($W>0$),外界对热力系作的功为负($W<0$);热力系从外界吸收的热量为正($Q>0$),热力系向外界放出的热量为负($Q<0$)。

在国际单位制中,W 和 Q 的单位为 J 或 kJ;w 和 q 的单位为 J/kg 或 kJ/kg。在工程单位制中,W 的单位为 kgf·m,Q 的单位为 kcal;w 的单位为 kgf·m/kg,q 的单位为 kcal/kg。

功、热量和能量的各种单位之间的换算关系见附表 9。

思　考　题

1. 如果容器中气体的压力保持不变,那么压力表的读数一定也保持不变,对吗?

2. "平衡"和"均匀"有什么区别和联系?

3. "平衡"和"过程"是矛盾的还是统一的?

4. "过程量"和"状态量"有什么不同?

习　　题

1-1 一立方形刚性容器,每边长 1 m,将其中气体的压力抽至 1 000 Pa,问其真空度为多少毫米汞柱? 容器每面受力多少牛顿? 已知大气压力为 0.1 MPa。

1-2 试确定表压力为 0.01 MPa 时 U 形管压力计中液柱的高度差。(1) U 形管中装水,其密度为 1 000 kg/m³;(2) U 形管中装酒精,其密度为 789 kg/m³。

1-3 用 U 形管测量容器中气体的压力。在水银柱上加一段水柱(图 1-12)。已测得水柱高 850 mm,汞柱高 520 mm。当时大气压力为 755 mmHg。问容器中气体的绝对压力为多

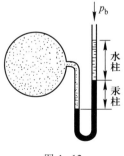

图 1-12

少 MPa?

1-4　用斜管压力计测量锅炉烟道中烟气的真空度(图 1-13)。管子的倾角 $\alpha = 30°$;压力计中使用密度为 800 kg/m³ 的煤油;斜管中液柱长度 $l = 200$ mm。当时大气压力 $p_b = 745$ mmHg。问烟气的真空度为多少毫米水柱? 绝对压力为多少毫米汞柱?

1-5　气象报告中说:某高压中心气压是 102.5 kPa。它相当于多少毫米汞柱? 它比标准大气压力高多少 kPa?

1-6　有一容器,内装隔板,将容器分成 A、B 两部分(图 1-14)。容器两部分中装有不同压力的气体,并在 A 的不同部位安装了两个刻度为不同压力单位的压力表。已测得 1、2 两个压力表的表压依次为 9.82 at 和 4.24 atm。当时大气压力为 745 mmHg。试求 A、B 两部分中气体的绝对压力(单位用 MPa)。

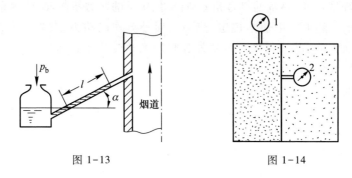

图 1-13　　　　　　　　　　　图 1-14

1-7　从工程单位制热力性质表中查得,水蒸气在 500 ℃、100 at 时的比体积和比焓分别为 $v = 0.033\,47$ m³/kg、$h = 806.6$ kcal/kg。在国际单位制中,这时水蒸气的压力和比热力学能各为多少?

1-8　摄氏温标取水在标准大气压下的冰点和沸点分别为 0 ℃ 和 100 ℃,而华氏温标则相应地取为 32 ℉ 和 212 ℉。试导出华氏温度和摄氏温度之间的换算关系,并求出绝对零度(0 K 或 -273.15 ℃)所对应的华氏温度。

第二章　热力学第一定律

热力学第一定律就是不同形式的能量在传递与转换过程中守恒的原理。要弄清各种能量存在形式（状态量）和传递形式（过程量）之间的区别和联系，以便正确建立起能量守恒的表达式。

本章一开始就对代表普遍情况的虚拟热力系（包括开口系和闭口系）建立起能量方程的基本表达式，然后再针对各种情况，从基本表达式演绎出不同的具体表达式，借此凸显出不同能量方程形式之间的本质联系。

2-1　热力学第一定律的实质及表达式

人们从无数的实践经验中总结出了这样一条规律：各种不同形式的能量都可以转移（从一个物体传递到另一个物体），也可以相互转换（从一种能量形式转变为另一种能量形式），但在转移和转换过程中，它们的总量保持不变。这一规律称为能量守恒与转换定律。能量守恒与转换定律应用在热力学中，或者说应用在伴有热效应的各种过程中，便是热力学第一定律。在工程热力学中，热力学第一定律主要说明热能和机械能在转移和转换时，能量的总量必定守恒。

来考察一种普遍情况。设想有一热力系如图 2-1 中虚线（界面）所包围的体积所示，其总能量为 E（图 2-1a）。所谓总能量是指热力学能（U）、宏观动能（E_k）和重力位能（E_p）的总和：

$$E = U + E_k + E_p \tag{2-1}$$

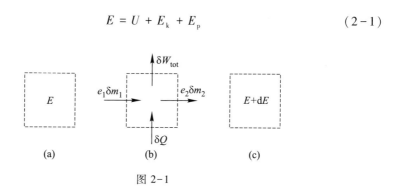

图 2-1

假定这一热力系在一段极短的时间 $d\tau$ 内从外界吸收了微小的热量 δQ，又从外界流进了每千克总能量为 $e_1(e_1 = u_1 + e_{k1} + e_{p1})$ 的质量 δm_1（注意：这里用"δ"表示微元过程中传递的微小量，以便和用全微分符号"d"表示的状态量的微小增量区分开）；与此同时，热力系对外界作出了微小的总功 δW_{tot}（即各种形式的功的总和），并向外界流出了每千克总能量为 $e_2(e_2 = u_2 + e_{k2} + e_{p2})$ 的质量 δm_2（图 2-1b）。经过时间 $d\tau$ 后，热力系的总能量变成了 $E + dE$（图 2-1c）。

根据质量守恒定律可知，热力系质量的变化等于流进和流出质量的差：

$$dm = \delta m_1 - \delta m_2 \tag{2-2}$$

式中：dm 为热力系在 $d\tau$ 时间内质量的增量，它是热力系状态量的变化；δm_1 和 δm_2 为热力系在 $d\tau$ 时间内和外界交换的质量，它们是过程量。

根据热力学第一定律可知：

　　　加入热力系的能量的总和 – 热力系输出的能量的总和

　　= 热力系总能量的增量

即　　　　　　　$(\delta Q + e_1 \delta m_1) - (\delta W_{tot} + e_2 \delta m_2) = (E + dE) - E$

或　　　　　　　$\delta Q = dE + (e_2 \delta m_2 - e_1 \delta m_1) + \delta W_{tot} \tag{2-3}$

对有限长的时间 τ，可将式（2-3）积分，从而得

$$Q = \Delta E + \int_{(\tau)} (e_2 \delta m_2 - e_1 \delta m_1) + W_{tot} \tag{2-4}$$

式（2-3）和式（2-4）是热力学第一定律的最基本的表达式，适用于任何工质进行的任何无摩擦或有摩擦的过程。

下面以工程中常见的三种情况（闭口系、开口系、稳定流动）为例，进一步把热力学第一定律的上述表达式具体化。

1. 闭口系的能量方程

设有一带活塞的气缸，内装气体（图 2-2）。气体在初始状态下热力学能为 U_1，吸热（Q）膨胀并对外界作功（W）后达到终状态，热力学能变为 U_2。下面来分析这一过程的能量平衡关系。

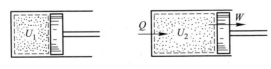

图 2-2

取封闭在活塞气缸中的工质为研究对象，即图 2-2 中虚线（界面）所包围的闭

口系。该热力系的宏观动能和重力位能均无变化（$\Delta E_\mathrm{k} = \Delta E_\mathrm{p} = 0, \Delta E = \Delta U$），而且与外界无物质交换（$\delta m_1 = \delta m_2 = 0$），同时在 W_tot 中只有由于热力系的体积变化而和外界交换的功 W（称为膨胀功）。因此，根据式（2-4），它和外界交换的热量为

$$Q = \Delta U + W = U_2 - U_1 + W \qquad (2-5)$$

对每千克工质而言，可得

$$q = \Delta u + w = u_2 - u_1 + w \qquad (2-6)$$

对微元过程而言，则可将式（2-6）微分，从而得

$$\delta q = \mathrm{d}u + \delta w \qquad (2-7)$$

式（2-5）、（2-6）、（2-7）都是闭口系的能量方程（热力学第一定律表达式）。

2. 开口系的能量方程

活塞式动力机械在工作时，工质并不一直封闭在气缸中，而总是伴有进气、排气过程交替进行着（图 2-3）。如果考虑工质的流进、流出，那么界面为气缸内壁和活塞顶面的热力系在整个工作周期中就不再是闭口系——在进气、排气期间，它和外界有质量交换，因而是开口系。

在开始进气前，活塞位于气缸顶端，如图 2-3a 所示。这时气缸中没有气体，热力系的质量为零，总能量也为零。进气过程中（图 2-3b），进入气缸的气体给热力系带进热力学能 U_1［宏观动能忽略或并入滞止参数（参看第 5-3 节）］，进出口气体的重力位能基本不变，因而在计算能量变化时可以不必考虑。同时，外界对体积 V_1 的气体作了推动功 $p_1 V_1$，使它通过进气口进入热力系，这部分推动功通过活塞传递给动力机械（飞轮），这样动力机械就获得了进气功（$W_\text{进气}$）。进气完毕后，气体工质被封闭在气缸中。从这时开始，外界向气体供给热量 Q，气体膨胀并通过活塞向动力机械做出膨胀功 W，同时气体由状态 1 变化到状态 2，如图 2-3c 所示。然后开始排气，动力机械通过活塞向气体输送排气功（$W_\text{排气}$），而热力系又通过排气口将这部分功以推动功的形式传递给外界（$p_2 V_2$）（图 2-3d）。排气完毕后，活塞又回到气缸的顶端。动力机械完成了一个工作周期。这时气缸中没有气体，热力系的总能量回复到零。

现在来分析这个开口系在一个工作周期中的能量进出情况。按式（2-4）中的每一项列出：

$$Q = Q$$

$$\Delta E = 0（工作周期始末，气缸中均无气体）$$

$$\int_{(\tau)} (e_2 \delta m_2 - e_1 \delta m_1) = U_2 - U_1（忽略宏观动能和重力位能的变化）$$

$$W_\mathrm{tot} = -p_1 V_1 + W_\text{进气} + W - W_\text{排气} + p_2 V_2$$

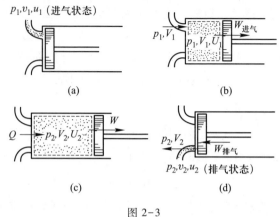

图 2-3

（热力系对外界作功为正,从外界获得功为负）

所以,根据式(2-4)可得

$$Q = U_2 - U_1 + p_2V_2 - p_1V_1 + W_{进气} + W - W_{排气} \qquad (2\text{-}8)$$

式中 $W_{进气}+W-W_{排气}$ 为动力机械在一个工作周期中获得的功,称为<u>技术功</u>,用 W_t 表示,即

$$W_t = W_{进气} + W - W_{排气} \qquad (2\text{-}9)$$

式(2-9)是技术功的定义式。将它代入式(2-8)可得

$$Q = H_2 - H_1 + W_t \qquad (2\text{-}10)$$

对每千克工质而言,则得

$$q = h_2 - h_1 + w_t \qquad (2\text{-}11)$$

对微元过程,可将式(2-11)微分,从而得

$$\delta q = \mathrm{d}h + \delta w_t \qquad (2\text{-}12)$$

式(2-10)、(2-11)、(2-12)都是开口系的能量方程(热力学第一定律表达式)。

3. 稳定流动的能量方程

　　稳定流动是指流道中任何位置上流体的流速及其他状态参数(温度、压力、比体积、比热力学能等)<u>都不随时间而变化</u>的流动。各种工业设备处于正常运行状态时,流动工质所经历的过程都接近于稳定流动。设有流体流过一复杂通道(图 2-4),取通道进出口之间的流体为研究对象,即图 2-4 中虚线(界面)所包围的开口系。假定进出口截面上流体的各个参数均匀一致(如果不均匀则取平均值),其压力、比体积、比热力学能、流速、高度、比总能量依次为

$$p_1, v_1, u_1, c_1, z_1, e_1（进口截面）$$
$$p_2, v_2, u_2, c_2, z_2, e_2（出口截面）$$

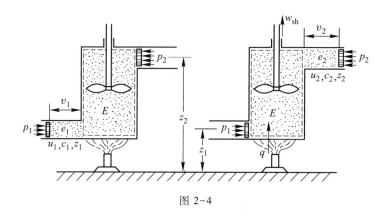

图 2-4

显然,对于稳定流动,这些参数不随时间变化,开口系的总能量 E 也不随时间变化。取一段时间 τ,设在这段时间内恰好有 1 kg 流体流过通道(因为是稳定流动,所以在这段时间内流过进出口截面以及流过任意截面的流体都是 1 kg),同时有热量 q 从外界通过界面传入该热力系,又有轴功 w_{sh} 由热力系通过叶轮的轴向外界作出。对这样一个稳定流动的开口系,式(2-4)中各项为

$$Q = q$$

$$\Delta E = 0 \ (E = 定值)$$

$$\int_{(\tau)} (e_2 \delta m_2 - e_1 \delta m_1) = (e_2 - e_1) \int_{(\tau)} \delta m = e_2 - e_1$$

$$W_{tot} = w_{sh} - p_1 v_1 + p_2 v_2$$

W_{tot} 中除叶轮的轴功 w_{sh} 外,在进口处外界对热力系作推动功 $p_1 v_1$(负值),在出口处热力系对外界作推动功 $p_2 v_2$(正值)。所以,根据式(2-4)可得

$$q = e_2 - e_1 + w_{sh} - p_1 v_1 + p_2 v_2 = (e_2 + p_2 v_2) - (e_1 + p_1 v_1) + w_{sh}$$

式中

$$e_2 + p_2 v_2 = u_2 + e_{k2} + e_{p2} + p_2 v_2 = h_2 + \frac{c_2^2}{2} + gz_2$$

$$e_1 + p_1 v_1 = u_1 + e_{k1} + e_{p1} + p_1 v_1 = h_1 + \frac{c_1^2}{2} + gz_1$$

最后得

$$q = (h_2 - h_1) + \frac{1}{2}(c_2^2 - c_1^2) + g(z_2 - z_1) + w_{sh} \qquad (2-13)$$

从式(2-11)和式(2-13)的推导过程可以看出:对流动工质,焓可以理解为流体向下游传送的热力学能和推动功之和($h_1 = u_1 + p_1 v_1$;$h_2 = u_2 + p_2 v_2$)。

式(2-13)也可以换一种方式推得。如果取图 2-4 中两个假想的活塞之间的流体为热力系,那么这就是一个闭口系。对这一闭口系,根据式(2-4),可得

$$Q = q$$

$$\Delta E = (E + e_2) - (E + e_1) = e_2 - e_1$$

$$\int_{(\tau)} (e_2 \delta m_2 - e_1 \delta m_1) = 0 \, (对闭口系 \, \delta m_2 = \delta m_1 = 0)$$

$$W_{tot} = w_{sh} - p_1 v_1 + p_2 v_2$$

结果同样可得

$$q = e_2 - e_1 + w_{sh} - p_1 v_1 + p_2 v_2 = (h_2 - h_1) + \frac{1}{2}(c_2^2 - c_1^2) + g(z_2 - z_1) + w_{sh}$$

式(2-13)即稳定流动的能量方程(热力学第一定律表达式)。

上述两种推导稳定流动能量方程的方法和相应的两种热力系的选取方法,可谓是异曲同工、殊途同归。

式(2-6)、(2-11)、(2-13)三个能量方程有各自适用的场合,但也有着基本的共性。事实上,如果把稳定流动能量方程中流体动能的增量和重力位能的增量看作是暂存于流体(热力系)本身而尚未对外界作出的功,并把它们和轴功合并,那么合并以后的功也就相当于开口系能量方程中的技术功。这样,式(2-13)和式(2-11)也就完全一样了,即

$$q = h_2 - h_1 + \left[\frac{1}{2}(c_2^2 - c_1^2) + g(z_2 - z_1) + w_{sh} \right] = h_2 - h_1 + w_t$$

$$(2-14)$$

如果再把式(2-14)中的焓写为热力学能和推动功之和,把技术功写为进气功、膨胀功及排气功的代数和,消去一些项后,便可得到式(2-6)

$$q = (u_2 + p_2 v_2) - (u_1 + p_1 v_1) + w_{进气} + w - w_{排气}$$

因为

$$w_{进气} = p_1 v_1, \quad w_{排气} = p_2 v_2$$

所以

$$q = u_2 - u_1 + w$$

这就是说,归根结底,反映热能和机械能转换的是式(2-6)。可以将式(2-6)改写为

$$w = (u_1 - u_2) + q$$

它说明:在任何情况下,膨胀功都只能从热力系本身的热力学能储备或从外界供给的热量转变而来。所不同的只是,在闭口系中,膨胀功(w)全部向外界输出;在开口系中,膨胀功中有一部分要用来弥补排气推动功和进气推动功的差值($p_2 v_2 - p_1 v_1$),剩下的部分(即为技术功)可供输出。所以

$$w = (p_2 v_2 - p_1 v_1) + w_t$$

$$(2-15)$$

而在稳定流动中,膨胀功除用于弥补排气推动功和进气推动功的差值外,还要用

于增加流体的动能 $\frac{1}{2}(c_2^2 - c_1^2)$ 和位能 $g(z_2 - z_1)$，剩下的部分（即为轴功）才供输出。所以

$$w = (p_2v_2 - p_1v_1) + \frac{1}{2}(c_2^2 - c_1^2) + g(z_2 - z_1) + w_{\mathrm{sh}} \qquad (2-16)$$

将式（2-15）和式（2-16）分别代入式（2-6），即可得出式（2-11）和式（2-13）。

从以上的推导和讨论中可以清楚地看到总功（W_{tot}）、膨胀功（W）、技术功（W_{t}）和轴功（W_{sh}）之间的区别和内在联系，但不应得出膨胀功大于技术功、技术功大于轴功的结论，因为 $(p_2v_2 - p_1v_1)$、$\frac{1}{2}(c_2^2 - c_1^2)$、$g(z_2 - z_1)$ 都是可正、可负的。

2-2 功和热量的计算及其在压容图和温熵图中的表示

设有一截面积为 A 的带活塞的气缸，里面装有 1 kg 气体（图 2-5），气体处于平衡状态，压力、比体积、热力学能、温度、熵顺次为 p、v、u、T、s。气体对活塞的作用力由外力 F 和活塞与气缸壁之间的摩擦力 F_{f} 加以平衡，即

$$pA = F + F_{\mathrm{f}}$$

如果像通常那样取气缸中的气体为热力系，那么活塞气缸便是外界，它们之间的摩擦便是外摩擦。现在，为了直观地分析热力系内摩擦的影响，仍旧利用图 2-5，但取气缸内的气体连同活塞和气缸一并作为热力系。这样，活塞与气缸壁之间的摩擦便是内摩擦了。当然，这个热力系也就不是一个简单的均匀系了。但是，如果假定活塞与气缸壁之间由于摩擦生成的热全部由气缸中的气体吸收，而活塞和气缸的热力状态无改变，那么

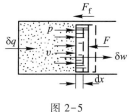

图 2-5

在分析过程时，对活塞和气缸就可以不予考虑了。下面来分析摩擦[①]对过程的影响。

当外界向气体加入热量 δq 以后，气体膨胀，并在平衡状态下使活塞移动了 $\mathrm{d}x$ 距离，气体对外界作出了（外界获得了）δw 的功：

$$\delta w = F\mathrm{d}x = (pA - F_{\mathrm{f}})\mathrm{d}x = p\mathrm{d}v - F_{\mathrm{f}}\mathrm{d}x = p\mathrm{d}v - \delta w_{\mathrm{L}} < p\mathrm{d}v \qquad (2-17)$$

---

① 本章以及以后各章中，凡"摩擦"均指热力系的内摩擦。

式中,δw_L 是由于存在摩擦而损失的功,称为功损。由功损产生的热称为热产,用 q_g 表示。显然

$$q_g = w_L \qquad (2-18)$$

应该指出,不等式(2-17)对压缩过程同样是适用的。在压缩过程中,如果存在摩擦(这时摩擦力反向),由于有功损,外界将消耗比 pdv 计算值较多的功 $|\delta w| > |pdv|$,但由于这时 δw 和 pdv 均为负值,所以不等式(2-17)($\delta w < pdv$)仍然成立。

如果不存在摩擦($\delta w_L = 0$),则无论对膨胀过程或是压缩过程,均可得

$$\delta w = pdv \qquad (2-19)$$

对式(2-19)积分,可得膨胀功的计算式(对无摩擦的内平衡过程而言):

$$w = \int_1^2 pdv \qquad (2-20)$$

根据式(2-15)和式(2-20),可得技术功的计算式(对无摩擦的内平衡过程而言):

$$w_t = w - p_2 v_2 + p_1 v_1 = \int_1^2 pdv - \int_1^2 d(pv) = -\int_1^2 vdp \qquad (2-21)$$

根据熵的定义式(1-15):

$$ds = \frac{du + pdv}{T}, \quad du + pdv = Tds$$

在无摩擦内平衡的情况下,式(2-7)可写为

$$\delta q = du + pdv$$

所以,对无摩擦的内平衡过程可得

$$\delta q = Tds$$

积分后得

$$q = \int_1^2 Tds \qquad (2-22)$$

式(2-20)、(2-21)、(2-22)表明:一个无摩擦的内平衡过程,其膨胀功和技术功可以用压容图(p-v 图)中过程曲线下边和左边相应的面积表示(图 2-6);而热量则可以用温熵图(T-s 图)中过程曲线下边相应的面积表示(图 2-7)。

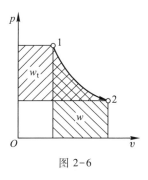

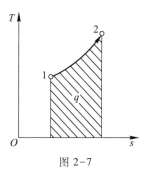

图 2-6　　　　　　　　　　　　　　　图 2-7

对一个无摩擦的内平衡的循环而言,其膨胀功与技术功相等(证明见下面),用循环的功 w_0 表示。在压容图中 w_0 可用循环曲线包围的面积 $abcda$ 表示(图 2-8):

$$w_0 = \oint p\mathrm{d}v = \int_{abc} p\mathrm{d}v + \int_{cda} p\mathrm{d}v$$

$$= 面积\ abcefa - 面积\ cdafec$$

$$= 面积\ abcda$$

$$w_0 = -\oint v\mathrm{d}p = -\int_{bcd} v\mathrm{d}p - \int_{dab} v\mathrm{d}p$$

$$= 面积\ bcdghb - 面积\ dabhgd$$

$$= 面积\ abcda$$

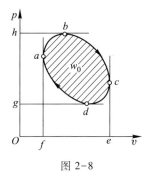

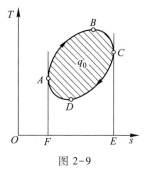

图 2-8　　　　　　　　　　　　　　　图 2-9

循环的热量 q_0 则可用温熵图中循环曲线包围的面积 $ABCDA$ 表示(图 2-9):

$$q_0 = \oint T\mathrm{d}s = \int_{ABC} T\mathrm{d}s + \int_{CDA} T\mathrm{d}s$$

$$= 面积\ ABCEFA - 面积\ CDAFEC$$

$$= 面积\ ABCDA$$

对能量方程式(2-7)循环积分,可得

$$\oint \delta q = \oint \mathrm{d}u + \oint \delta w = \oint \delta w$$

即
$$q_0 = w_0 \tag{2-23}$$

式(2-23)表明:循环的净热量等于循环的净功。这是很容易理解的,因为工质完成一个循环后回到了原状态,工质的热力学能未变,所以循环对外界作出的净功,只能由从外界获得的净热量转变而来。正因为如此,对有摩擦的内不平衡循环,虽然 w_0 和 q_0 不能用压容图和温熵图中循环曲线包围的面积表示,但是由于 $\oint \mathrm{d}u = 0$,所以 $q_0 = w_0$ 的结论仍然成立。

例2-1　水泵向 50 m 高的水塔送水(图2-10)。试问:

(1)每输送 1 kg 水,理论上最少应消耗多少功?

(2)如果水泵的效率 $\eta_P = \dfrac{w_{P\text{理论}}}{w_{P\text{实际}}} = 70\%$,那么实际消耗多少功?

(3)理论消耗的功变成了什么?实际比理论多消耗的功到哪里去了?

(4)过程 1→2 和过程 1→3 的比焓和比热力学能的变化如何?

计算时可以忽略和外界的热交换及动能的变化,并认为水是不可压缩的。

解　(1)理论上最少应消耗的功即无摩擦情况下消耗的功(对水泵而言,通常取消耗功为正):

$$w_{P\text{理论}} = -w_t = \int_1^2 v\mathrm{d}p = v(p_2 - p_1) = v[(p_b + \rho g \Delta z) - p_b]$$

$$= v\rho g \Delta z = g \Delta z = 9.807 \text{ m/s}^2 \times 50 \text{ m} = 490.4 \text{ J/kg} = 0.490\,4 \text{ kJ/kg}$$

在压容图中这部分理论功如图2-11中矩形面积所示。

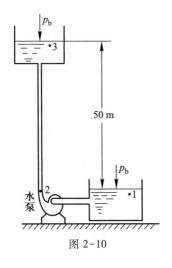

图 2-10

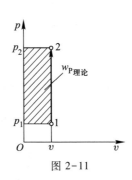

图 2-11

（2）实际消耗的功

$$w_{P实际} = \frac{w_{P理论}}{\eta_P} = \frac{0.490\ 4\ \text{kJ/kg}}{0.70} = 0.700\ 6\ \text{kJ/kg}$$

（3）理论消耗的功（0.490 4 kJ/kg），在水泵出口处（状态 2）由于压力提高而增加了水的焓；在水塔里（状态 3）由于高度增加而变成水的重力位能。实际比理论多消耗的功为

$$\Delta w_P = 0.700\ 6\ \text{kJ/kg} - 0.490\ 4\ \text{kJ/kg} = 0.210\ 2\ \text{kJ/kg}$$

这部分功变成了热（功损变为热产），加给了水，使水的热力学能增加（温度升高）。

（4）稳定流动的能量方程为

$$q = \Delta h + \frac{\Delta c^2}{2} + g\Delta z + w_{sh}$$

在过程 1→2 中

$$q = 0, \quad \frac{\Delta c^2}{2} = 0, \quad \Delta z = 0$$

从而得

$$- w_{sh} = w_{P实际} = \Delta h = \Delta u + \Delta(pv) = \Delta u + v\Delta p$$

所以，焓的变化为

$$h_2 - h_1 = w_{P实际} = 0.700\ 6\ \text{kJ/kg}$$

热力学能的变化为

$$u_2 - u_1 = (h_2 - h_1) - (p_2 v_2 - p_1 v_1) = w_{P实际} - v(p_2 - p_1) = \Delta w_P = 0.210\ 2\ \text{kJ/kg}$$

在过程 1→3 中

$$q = 0, \quad \frac{\Delta c^2}{2} = 0, \quad \Delta p = 0$$

从而得

$$- w_{sh} = w_{P实际} = \Delta h + g\Delta z = \Delta u + v\Delta p + g\Delta z = \Delta u + g\Delta z$$

所以，焓的变化为

$$h_3 - h_1 = w_{P实际} - g(z_3 - z_1)$$

$$= 0.700\ 6\ \text{kJ/kg} - 9.807\ \text{m/s}^2 \times 50\ \text{m} \times 10^{-3}\ \text{kJ/J} = 0.210\ 2\ \text{kJ/kg}$$

热力学能的变化为

$$u_3 - u_1 = (h_3 - h_1) - (p_3 v_3 - p_1 v_1)$$

$$= h_3 - h_1 = 0.210\ 2\ \text{kJ/kg}$$

例 2-2 某燃气轮机装置如图 2-12 所示。空气流量 $q_m = 10\ \text{kg/s}$；在压气机进口处空气的焓 $h_1 = 290\ \text{kJ/kg}$；经过压气机压缩后，空气的焓升为 580 kJ/kg；在燃烧室中喷油燃烧生成高温燃气，其焓 $h_3 = 1\ 250\ \text{kJ/kg}$；在燃气轮机中膨胀作功后，焓降低为 $h_4 = 780\ \text{kJ/kg}$，然后排向大气。试求：

（1）压气机消耗的功率；

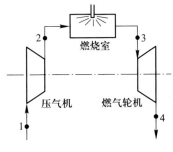

图 2-12

（2）燃料消耗量（已知燃料发热量 $H_v = 43\ 960$ kJ/kg）；

（3）燃气轮机发出的功率；

（4）燃气轮机装置输出的功率。

解　稳定流动的能量方程为

$$q = \Delta h + \frac{\Delta c^2}{2} + g\Delta z + w_{sh}$$

（1）对压气机

$$q = 0, \quad \frac{\Delta c^2}{2} = 0, \quad g\Delta z = 0$$

因而得　　　　$-w_{sh} = w_C = \Delta h = h_2 - h_1 = 580$ kJ/kg $- 290$ kJ/kg $= 290$ kJ/kg

所以压气机消耗的功率为

$$P_C = q_m w_C = 10 \text{ kg/s} \times 290 \text{ kJ/kg} = 2\ 900 \text{ kW}$$

（2）对燃烧室

$$\frac{\Delta c^2}{2} = 0, \quad g\Delta z = 0, \quad w_{sh} = 0$$

因而得　　　　$q = \Delta h = h_3 - h_2 = 1\ 250$ kJ/kg $- 580$ kJ/kg $= 670$ kJ/kg

所以，燃料消耗量为

$$q_{mf} = \frac{q_m q}{H_v} = \frac{10 \text{ kg/s} \times 670 \text{ kJ/kg}}{43\ 960 \text{ kJ/kg}} = 0.152\ 4 \text{ kg/s}$$

（3）对燃气轮机

$$q = 0, \quad \frac{\Delta c^2}{2} = 0, \quad g\Delta z = 0$$

因而得　　　　$w_{sh} = w_T = -\Delta h = h_3 - h_4 = 1\ 250$ kJ/kg $- 780$ kJ/kg $= 470$ kJ/kg

所以，燃气轮机发出的功率为

$$P_T = q_m w_T = 10 \text{ kg/s} \times 470 \text{ kJ/kg} = 4\ 700 \text{ kW}$$

（4）燃气轮机装置输出的功率为

$$P = P_T - P_C = 4\ 700 \text{ kW} - 2\ 900 \text{ kW} = 1\ 800 \text{ kW}$$

思　考　题

1. 热量和热力学能有什么区别？有什么联系？

2. 如果将能量方程写为

$$\delta q = \mathrm{d}u + p\mathrm{d}v$$

或

$$\delta q = \mathrm{d}h - v\mathrm{d}p$$

那么它们的适用范围如何?

3. 能量方程 $\delta q = \mathrm{d}u + p\mathrm{d}v$ 与焓的微分式 $\mathrm{d}h = \mathrm{d}u + \mathrm{d}(pv)$ 很相像,为什么热量 q 不是状态参数,而焓 h 是状态参数?

4. 用隔板将绝热刚性容器分成 A、B 两部分(图 2–13),A 部分装有 1 kg 气体,B 部分为高度真空。将隔板抽去后,气体热力学能是否会发生变化?能不能用 $\delta q = \mathrm{d}u + p\mathrm{d}v$ 来分析这一过程?

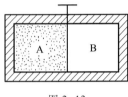

5. 说明下列论断是否正确:

(1) 气体吸热后一定膨胀,热力学能一定增加;

(2) 气体膨胀时一定对外作功;

(3) 气体压缩时一定消耗外功。

图 2–13

习　　题

2–1 冬季,工厂某车间要使室内维持一适宜温度。在这一温度下,透过墙壁和玻璃窗等处,室内向室外每小时传出 0.7×10^6 kcal 的热量。车间各工作机器消耗的动力为 500 PS[①] (认为机器工作时将全部动力转变为热能)。另外,室内经常开着 50 盏 100 W 的电灯。要使这个车间的温度维持不变,问每小时需供给多少 kJ 的热量(单位换算关系可查阅附表 9 和附表 10)?

2–2 某机器运转时,由于润滑不良产生摩擦热,使质量为 150 kg 的钢制机体在 30 min 内温度升高 50 ℃。试计算摩擦引起的功率损失(已知每千克钢每升高 1 ℃需热量 0.461 kJ)。

2–3 气体在某一过程中吸入热量 12 kJ,同时热力学能增加 20 kJ。问此过程是膨胀过程还是压缩过程?对外所作的功是多少(不考虑摩擦)?

2–4 有一闭口系,从状态 1 经过 a 变化到状态 2(图 2–14),又从状态 2 经过 b 变化回到状态 1,再从状态 1 经过 c 变化到状态 2。在这三个过程中,热量和功的某些值已知(如下表中所列数值),某些值未知(表中空白)。试确定这些未知值。

过程	热量 Q/kJ	膨胀功 W/kJ
1-a-2	10	
2-b-1	-7	-4
1-c-2		8

---

① PS 为公制马力的符号,1 PS = 75 kgf · m/s。

2-5 绝热封闭的气缸中储有不可压缩的液体 $0.002\ \mathrm{m^3}$，通过活塞使液体的压力从 $0.2\ \mathrm{MPa}$ 提高到 $4\ \mathrm{MPa}$（图 2-15）。试求：(1) 外界对液体所作的功；(2) 液体热力学能的变化；(3) 液体焓的变化。

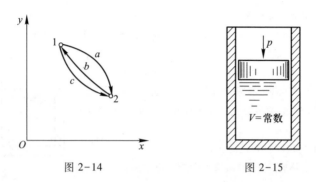

图 2-14　　　　　　　　　　　图 2-15

2-6 同上题，如果认为液体是从压力为 $0.2\ \mathrm{MPa}$ 的低压管道进入气缸，经提高压力后排向 $4\ \mathrm{MPa}$ 的高压管道，这时外界消耗的功以及液体的热力学能和焓的变化如何？

2-7 已知汽轮机中蒸汽的流量 $q_m = 40\ \mathrm{t/h}$，汽轮机进口蒸汽焓 $h_1 = 3\,442\ \mathrm{kJ/kg}$，出口蒸汽焓 $h_2 = 2\,448\ \mathrm{kJ/kg}$，试计算汽轮机的功率（不考虑汽轮机的散热以及进、出口气流的动能差和位能差）。

如果考虑到汽轮机每小时散失热量 $0.5\times10^6\ \mathrm{kJ}$，进口流速为 $70\ \mathrm{m/s}$，出口流速为 $120\ \mathrm{m/s}$，进口比出口高 $1.6\ \mathrm{m}$，那么汽轮机的功率又是多少？

2-8 一汽车以 $45\ \mathrm{km/h}$ 的速度行驶，每小时耗油 $34.1\times10^{-3}\ \mathrm{m^3}$。已知汽油的密度为 $0.75\ \mathrm{g/cm^3}$，汽油的发热量为 $44\,000\ \mathrm{kJ/kg}$，通过车轮输出的功率为 $87\ \mathrm{PS}$。试求每小时通过排气及水箱散出的总热量。

2-9 有一热机循环，在吸热过程中工质从外界获得热量 $1\,800\ \mathrm{J}$，在放热过程中向外界放出热量 $1\,080\ \mathrm{J}$，在压缩过程中外界消耗功 $700\ \mathrm{J}$。试求膨胀过程中工质对外界所作的功。

2-10 某蒸汽循环 12341，各过程中的热量、技术功及焓的变化有的已知（如下表中所列数值），有的未知（表中空白）。试确定这些未知值，并计算循环的净功 w_0 和净热量 q_0。

过程	$q/(\mathrm{kJ/kg})$	$w_t/(\mathrm{kJ/kg})$	$\Delta h/(\mathrm{kJ/kg})$
1-2	0		18
2-3		0	
3-4	0		-1\,142
4-1		0	-2\,094

第三章　气体的热力性质和热力过程

本章先介绍最简单的工作流体——理想气体的各种特性,进而对以理想气体为工质的各种热力过程进行状态变化规律的分析以及功和热量计算式的推导。 这些内容构成了本课程的计算基础,应通过例题、习题熟练掌握。

本章的大部分计算式都是工质特性和能量方程结合各种过程的具体特征得出的结果,应注意各计算式的适用条件,避免在计算时因盲目套用公式而造成错误。

3-1　实际气体和理想气体

正如绪论中已经提到的,热机中的工质都采用气体。气体与液体及固体一样,都是由大量分子组成的。这些分子处于永不停息的紊乱运动状态。这种被称为"热运动"的分子无序运动,正是热的本质。

气体通常具有较大的比体积,也就是说,气体分子之间的平均距离通常要比液体和固体的大得多。因此,气体分子本身的体积通常比气体所占的体积小得多,气体分子之间的作用力(分子力)也较小,分子运动所受到的约束较弱,因而分子运动很自由。

如上所述,气体分子是有体积的(尽管通常比气体所占的体积小得多),气体分子之间也是有作用力的(尽管比液体和固体的小得多)。当气体的比体积不是很大,在工程计算中必须考虑分子本身体积和分子间作用力的影响时,人们把它称为实际气体。实际气体的性质比较复杂。

为了使问题简化,可以想象有一类气体,它们的分子本身不具有体积,分子之间也没有作用力,这样的气体称为理想气体。所以,理想气体是由大量相互之间没有作用力的质点组成的可压缩流体。实际气体当比体积趋于无穷大时也就成了理想气体,因为这时分子间的作用力随着距离的无限增大而消失了,分子本身的体积比起气体的极大体积来也完全可以忽略了。至于气体在什么情况下才能按理想气体处理,什么情况下必须按实际气体对待,这主要取决于气体所处的状态以及计算所要求的精确度。在热力工程中经常遇到的很多气体(如空气、燃气、烟气等），如果压力不很高，一般都可以按理想气体进行分析和计算，并能保证满意的精确度。所以，关于理想气体的讨论，无论在理论上或者在实用上都有很重要的意义。工程中常用的蒸气（如水蒸气及很多制冷剂的蒸气），如果压力不很低，则需按实际气体对待。

3-2　理想气体状态方程和摩尔气体常数

根据分子运动理论和理想气体的假定（分子本身不具有体积，分子之间无作用力），可以得出如下的基本方程（参看分子物理学）：

$$p = \frac{2}{3}n\frac{\overline{m}\,\overline{c}^{\,2}}{2} \quad (\overline{m}\text{ 为分子平均质量}) \tag{3-1}$$

式中：n——分子浓度，即单位体积包含的分子数（$n = N/V$）；

$\overline{m}\,\overline{c}^{\,2}/2$——分子平均移动能。

式（3-1）可用文字表述如下：理想气体的压力等于单位体积中全部分子移动能总和的 2/3。

根据式（1-9）有

$$\frac{\overline{m}\,\overline{c}^{\,2}}{2} = \frac{3}{2}kT$$

代入式（3-1）后得

$$p = \frac{2}{3}n\frac{\overline{m}\,\overline{c}^{\,2}}{2} = \frac{2}{3}\frac{N}{V}\frac{3}{2}kT = \frac{N}{mv}kT \quad (m\text{ 为气体质量})$$

所以

$$\frac{pv}{T} = k\frac{N}{m} = kN_{(1\,\text{kg})}$$

令

$$kN_{(1\,\text{kg})} = R_g \tag{3-2}$$

则得

$$\frac{pv}{T} = R_g \quad \text{或} \quad pv = R_gT \tag{3-3}$$

式（3-3）即理想气体的状态方程。R_g 称为气体常数，它等于玻尔兹曼常数 k 与每千克气体所包含的分子数 $N_{(1\,\text{kg})}$ 的乘积。气体常数的单位在我国法定计量单位中是 J/(kg·K)，在工程单位制中是 kgf·m/(kg·K)。

对于同一种气体，$N_{(1\,\text{kg})}$ 是一定的，所以 R_g 是一个不变的常数；对于不同的气体，其相对分子质量不同，$N_{(1\,\text{kg})}$ 的数值是不同的，所以各种气体具有不同的气体常数。

如果对不同气体都取 1 mol，那么式（3-3）变为

$$Mpv = MR_gT \quad \text{或} \quad pV_m = RT \tag{3-4}$$

式中：M——摩尔质量，单位为 g/mol 或 kg/mol；

V_m——1 mol 气体的体积,称为摩尔体积;

R——1 mol 气体的气体常数,称为摩尔气体常数或通用气体常数。

对不同气体,R 是同一数量。这可证明如下:

式(3-2)乘以 M 得

$$kMN_{(1\ kg)} = MR_g$$

即

$$kN_{(1\ mol)} = kN_A = R \tag{3-5}$$

N_A 为阿伏伽德罗常数。对任何物质

$$N_A = 6.022\ 136\ 7 \times 10^{23}\ \mathrm{mol}^{-1} \tag{3-6}$$

所以,对任何气体

$$R = kN_A = 1.380\ 658 \times 10^{-23}\ \mathrm{J/K} \times 6.022\ 136\ 7 \times 10^{23}\ \mathrm{mol}^{-1}$$

$$= 8.314\ 51\ \mathrm{J/(mol \cdot K)} \tag{3-7}$$

在工程单位制中

$$R = 0.847\ 844\ \mathrm{kgf \cdot m/(mol \cdot K)} \tag{3-8}$$

若已知气体的摩尔质量,则可以很方便地由摩尔气体常数计算出气体常数:

$$R_g = \frac{R}{M} \tag{3-9}$$

例如,已知氮气的摩尔质量是 0.028 016 kg/mol,所以氮气的气体常数为

$$R_{g,N_2} = \frac{8.314\ 51\ \mathrm{J/(mol \cdot K)}}{0.028\ 016\ \mathrm{kg/mol}} = 296.777\ \mathrm{J/(kg \cdot K)} = 0.296\ 777\ \mathrm{J/(g \cdot K)}$$

$$= \frac{0.847\ 844\ \mathrm{kgf \cdot m/(mol \cdot K)}}{0.028\ 016\ \mathrm{kg/mol}} = 30.262\ 8\ \mathrm{kgf \cdot m/(kg \cdot K)}$$

根据摩尔气体常数也可以很容易地计算出标准摩尔体积,即 1 mol 理想气体在标准状况(1 atm,0 ℃)下的体积:

$$V_{m,std} = \frac{RT_{std}}{p_{std}} = \frac{8.314\ 51\ \mathrm{J/(mol \cdot K)} \times 273.15\ \mathrm{K}}{101\ 325\ \mathrm{Pa}}$$

$$= 0.022\ 414\ 1\ \mathrm{m^3/mol} \tag{3-10}$$

式中下角标 std 表示标准状况。

3-3 理想混合气体

1. 混合气体的成分

在热力工程中经常遇到混合气体,如空气、燃气、烟气、湿空气等。要确定混合气体的性质,首先要知道混合气体的成分。混合气体的成分可以用质量(m)标出,也可以用物质的量(n)或体积(V)标出。如果用体积标出,应该指明是什么状

态下的体积。通常都用标准状态下的体积标出。例如,某混合气体的成分为

$$m_{O_2} = 8 \text{ kg}, \ m_{N_2} = 14 \text{ kg}, \ m_{H_2} = 2 \text{ kg}, \cdots$$

$$n_{O_2} = 0.25 \text{ kmol}, \ n_{N_2} = 0.5 \text{ kmol}, \ n_{H_2} = 1 \text{ kmol}, \cdots$$

$$V_{O_2,std} = 5.6 \text{ m}^3, \ V_{N_2,std} = 11.2 \text{ m}^3, \ V_{H_2,std} = 22.4 \text{ m}^3, \cdots$$

这些用绝对量标出的成分都是所谓绝对成分。更常用的是相对成分。相对成分就是各分量和总量的比值。例如,已知某混合气体由 n 种气体组成,其中第 i 种气体的质量为 m_i、物质的量为 n_i、标准状况下的体积为 $V_{i,std}$,那么第 i 种气体的相对质量成分,即质量分数为

$$w_i = \frac{m_i}{\sum_{i=1}^{n} m_i} = \frac{m_i}{m_{mix}} \tag{3-11}$$

式中下角标 mix 表示混合气体。显然

$$\sum_{i=1}^{n} w_i = 100\% = 1 \tag{3-12}$$

第 i 种气体的相对摩尔成分,即摩尔分数为

$$x_i = \frac{n_i}{\sum_{i=1}^{n} n_i} = \frac{n_i}{n_{mix}} \tag{3-13}$$

第 i 种气体的相对体积成分,即体积分数为

$$\varphi_i = \frac{V_i}{\sum_{i=1}^{n} V_i} = \frac{V_{i,std}}{V_{mix,std}} \tag{3-14}$$

对理想混合气体来说,摩尔分数在数值上等于其体积分数:

$$x_i = \frac{n_i}{n_{mix}} = \frac{V_{i,std}/0.022\,414\,1 \text{ m}^3/\text{mol}}{V_{mix,std}/0.022\,414\,1 \text{ m}^3/\text{mol}} = \frac{V_{i,std}}{V_{mix,std}} = \varphi_i \tag{3-15}$$

显然

$$\sum_{i=1}^{n} x_i = \sum_{i=1}^{n} \varphi_i = 100\% = 1 \tag{3-16}$$

质量分数和摩尔分数(或体积分数)之间的换算关系如下:

$$w_i = \frac{m_i}{\sum_{i=1}^{n} m_i} = \frac{M_i n_i}{\sum_{i=1}^{n} M_i n_i} = \frac{M_i n_i/n_{mix}}{\sum_{i=1}^{n} M_i n_i/n_{mix}}$$

所以

$$w_i = \frac{M_i x_i}{\sum_{i=1}^{n} M_i x_i} \tag{3-17}$$

另外

$$x_i = \frac{n_i}{\sum\limits_{i=1}^{n} n_i} = \frac{m_i/M_i}{\sum\limits_{i=1}^{n} m_i/M_i} = \frac{m_i/(M_i m_{\text{mix}})}{\sum\limits_{i=1}^{n} m_i/(M_i m_{\text{mix}})}$$

所以
$$x_i = \frac{w_i/M_i}{\sum\limits_{i=1}^{n} w_i/M_i} \tag{3-18}$$

2. 混合气体的平均摩尔质量和气体常数

混合气体的平均摩尔质量可以根据各组成气体的摩尔质量和各相对成分来计算。

任何物质的摩尔质量都等于质量除以物质的量。据此可求得混合气体的平均摩尔质量:

$$M_{\text{mix}} = \frac{m_{\text{mix}}}{n_{\text{mix}}} = \frac{\sum\limits_{i=1}^{n} m_i}{n_{\text{mix}}} = \frac{\sum\limits_{i=1}^{n} M_i n_i}{n_{\text{mix}}}$$

即
$$M_{\text{mix}} = \sum\limits_{i=1}^{n} M_i x_i \tag{3-19}$$

所以,混合气体的平均摩尔质量等于各组成气体的摩尔质量与摩尔分数乘积的总和。与此相仿

$$M_{\text{mix}} = \frac{m_{\text{mix}}}{n_{\text{mix}}} = \frac{\sum\limits_{i=1}^{n} m_i}{\sum\limits_{i=1}^{n} n_i} = \frac{\sum\limits_{i=1}^{n} m_i}{\sum\limits_{i=1}^{n} \dfrac{m_i}{M_i}} = \frac{\sum\limits_{i=1}^{n} \dfrac{m_i}{m_{\text{mix}}}}{\sum\limits_{i=1}^{n} \dfrac{m_i}{M_i m_{\text{mix}}}} = \frac{\sum\limits_{i=1}^{n} w_i}{\sum\limits_{i=1}^{n} \dfrac{w_i}{M_i}}$$

即
$$M_{\text{mix}} = \frac{1}{\sum\limits_{i=1}^{n} \dfrac{w_i}{M_i}} \tag{3-20}$$

所以,混合气体的平均摩尔质量也等于各组成气体的质量分数与其摩尔质量比值的总和的倒数。

知道了混合气体的平均摩尔质量后,就可以用摩尔气体常数除以平均摩尔质量而得出混合气体的气体常数:

$$R_{\text{g,mix}} = \frac{R}{M_{\text{mix}}} \tag{3-21}$$

3. 道尔顿定律

道尔顿定律指出,理想混合气体的压力(p_{mix})等于各组成气体的分压力(p_i)

的总和:

$$p_{mix} = \sum_{i=1}^{n} p_i \qquad (3-22)$$

所谓分压力,就是假定混合气体中各组成气体单独存在,并具有与混合气体相同的温度和体积时给予容器壁的压力。

道尔顿定律的正确性是显而易见的。既然是理想气体,各组成气体混合在一起并不互相影响,因此混合气体全部分子碰撞容器壁的效果,必定等于各组成气体各自碰撞容器壁的效果的总和,也就是总压力等于分压力的总和。

理想混合气体中各组成气体的分压力与总压力之比等于各组成气体的摩尔分数(或体积分数)。这可证明如下:

$$\frac{p_i}{p_{mix}} = \frac{m_i R_{g,i} T_i / V_i}{m_{mix} R_{g,mix} T_{mix} / V_{mix}} = \frac{m_i R T_i / (M_i V_i)}{m_{mix} R T_{mix} / (M_{mix} V_{mix})} = \frac{n_i T_i / V_i}{n_{mix} T_{mix} / V_{mix}}$$

因为 $$T_i = T_{mix}, \qquad V_i = V_{mix}$$

所以 $$\frac{p_i}{p_{mix}} = \frac{n_i}{n_{mix}} = x_i \qquad (3-23)$$

因此,只要知道混合气体的总压力以及各组成气体的摩尔分数(或体积分数),即可方便地求得各组成气体的分压力:

$$p_i = p_{mix} x_i \qquad (3-24)$$

例 3-1 已知空气的体积分数为 $\varphi_{N_2} = 78.026\%$、$\varphi_{O_2} = 21.000\%$、$\varphi_{CO_2} = 0.030\%$、$\varphi_{H_2} = 0.014\%$、$\varphi_{Ar} = 0.930\%$,试计算其平均摩尔质量、气体常数和各组成气体的分压力(设总压力为 1 atm)。

解 $M_a = \sum_{i=1}^{n} M_i \varphi_i$

$= 0.028\ 016\ kg/mol \times 0.780\ 26 + 0.032\ kg/mol \times 0.210\ 00 +$

$\quad 0.044\ 011\ kg/mol \times 0.000\ 3 + 0.002\ 016\ kg/mol \times 0.000\ 14 +$

$\quad 0.039\ 948\ kg/mol \times 0.009\ 30$

$= 0.028\ 965\ kg/mol$

$R_{g,a} = \dfrac{R}{M_a} = \dfrac{8.314\ 51\ J/(mol \cdot K)}{0.028\ 965\ kg/mol} = 287.05\ J/(kg \cdot K)$

$\qquad = \dfrac{0.847\ 844\ kgf \cdot m/(mol \cdot K)}{0.028\ 965\ kg/mol} = 29.271\ kgf \cdot m/(kg \cdot K)$

在这里 $p_{mix} = 1$ atm,根据式(3-24)可知各组成气体的分压力为 $p_{N_2} = 0.780\ 26$ atm、$p_{O_2} = 0.210\ 00$ atm、$p_{CO_2} = 0.000\ 30$ atm、$p_{H_2} = 0.000\ 14$ atm、$p_{Ar} = 0.009\ 30$ atm。

3-4 气体的热力性质

1. 气体的比热容

比热容是物质的重要热力性质之一。它定义为单位质量的物质在无摩擦内平衡的特定过程(x)中,发生单位温度变化时所吸收或放出的热量:

$$c_x = \left(\frac{\delta q}{\partial T}\right)_x \tag{3-25}$$

比热容的单位在国际单位制中是 J/(kg·K),在工程单位制中是 kcal/(kg·K)。

比热容不仅因不同物质和不同过程而异,而且还和物质所处的状态有关:

$$c_x = f(T, p) \tag{3-26}$$

如果已知某种物质在某过程中比热容随状态的变化规律,即已知式(3-26)所表达函数的具体形式,则可根据下列积分式求出该过程的热量:

$$q_x = \int_{T_1}^{T_2} c_x \mathrm{d}T \tag{3-27}$$

式中,T_1、T_2 依次为过程开始和终了时的温度。

气体的比热容,常用的有比定容热容(c_V)和比定压热容(c_p):

$$c_V = \left(\frac{\delta q}{\partial T}\right)_v = \frac{\delta q_V}{\mathrm{d}T} \tag{3-28}$$

$$c_p = \left(\frac{\delta q}{\partial T}\right)_p = \frac{\delta q_p}{\mathrm{d}T} \tag{3-29}$$

它们对应的特定过程分别是定容过程(过程进行时保持比体积不变)和定压过程(过程进行时保持压力不变)。

对无摩擦的内平衡过程,热力学第一定律的表达式可写为

$$\delta q = \mathrm{d}u + p\mathrm{d}v$$
$$\delta q = \mathrm{d}h - v\mathrm{d}p$$

因而得

$$c_V = \left(\frac{\delta q}{\partial T}\right)_v = \left(\frac{\partial u}{\partial T}\right)_v \tag{3-30}$$

$$c_p = \left(\frac{\delta q}{\partial T}\right)_p = \left(\frac{\partial h}{\partial T}\right)_p \tag{3-31}$$

式(3-30)和式(3-31)可用文字表述为:比定容热容是单位质量的物质,在比体积不变的条件下,作单位温度变化时相应的热力学能变化;比定压热容是单位质

量的物质,在压力不变的条件下,作单位温度变化时相应的焓变化。

气体的比定容热容和比定压热容在计算热力学能、焓、熵及过程的热量等方面很有用。

2. 理想气体的比热容、热力学能和焓

理想气体的热力学能中只有分子的动能,而没有分子力形成的位能。因为分子的动能仅仅取决于温度,所以理想气体的热力学能仅仅是温度的函数:

$$u = u(T) \tag{3-32}$$

另外,对于理想气体

$$h = u + pv = u(T) + R_g T = h(T) \tag{3-33}$$

所以,理想气体的焓也仅仅是温度的函数。

因此,对于理想气体

$$c_{V0} = \frac{\mathrm{d}u}{\mathrm{d}T}, \quad \mathrm{d}u = c_{V0}\mathrm{d}T \tag{3-34}$$

$$c_{p0} = \frac{\mathrm{d}h}{\mathrm{d}T}, \quad \mathrm{d}h = c_{p0}\mathrm{d}T \tag{3-35}$$

在这里,用 c_{V0} 和 c_{p0} 分别表示理想气体的比定容热容和比定压热容,以区别于实际气体的 c_V 和 c_p。

由于理想气体的热力学能和焓仅仅是温度的函数,所以对于理想气体,式 (3-34) 和式(3-35)对任何过程都是成立的,而不局限于定容或定压的条件。也就是说,理想气体进行的任何过程,其热力学能的微元变化均为 $c_{V0}\mathrm{d}T$,其焓的微元变化均为 $c_{p0}\mathrm{d}T$。

根据焓的定义式

$$h = u + pv$$

微分后可得

$$\mathrm{d}h = \mathrm{d}u + \mathrm{d}(pv)$$

对理想气体又可写为

$$c_{p0}\mathrm{d}T = c_{V0}\mathrm{d}T + R_g\mathrm{d}T$$

所以

$$c_{p0} = c_{V0} + R_g \tag{3-36}$$

式(3-36)称为迈耶公式。它建立了理想气体比定容热容和比定压热容之间的关系。无论比热容是定值或是变量(随温度变化),只要是理想气体,该式都成立。

如果将式(3-36)乘以摩尔质量,则得

$$Mc_{p0} = Mc_{V0} + MR_g$$

或写为

$$C_{p0,\mathrm{m}} = C_{V0,\mathrm{m}} + R \tag{3-37}$$

式中，$C_{p0,m}$ 和 $C_{V0,m}$ 是理想气体的摩尔定压热容和摩尔定容热容。式（3-37）说明，对任何理想气体，摩尔定压热容恰好比摩尔定容热容大一个摩尔气体常数的值：

$$C_{p0,m} - C_{V0,m} = R = 8.314\ 51\ \text{J}/(\text{mol} \cdot \text{K})$$
$$= 1.985\ 88\ \text{cal}/(\text{mol} \cdot \text{K}) \quad (3-38)$$

因为理想气体的热力学能和焓都只是温度的函数，所以根据式（3-34）和式（3-35）可知，理想气体的比定容热容和比定压热容也都只是温度的函数。这一函数，通常可以表示为温度的三次多项式（经验式）：

$$c_{p0} = a_0 + a_1 T + a_2 T^2 + a_3 T^3 \quad (3-39)$$

$$c_{V0} = (a_0 - R_g) + a_1 T + a_2 T^2 + a_3 T^3 \quad (3-40)$$

对不同气体，a_0、a_1、a_2、a_3 各有一套不同的经验数值，可查阅本书附表2。

利用式（3-39）、（3-40）计算定压过程和定容过程的热量时需要积分：

$$q_p = \int_{T_1}^{T_2} c_{p0} \mathrm{d}T = \int_{T_1}^{T_2} (a_0 + a_1 T + a_2 T^2 + a_3 T^3) \mathrm{d}T$$

$$= a_0(T_2 - T_1) + \frac{a_1}{2}(T_2^2 - T_1^2) + \frac{a_2}{3}(T_2^3 - T_1^3) + \frac{a_3}{4}(T_2^4 - T_1^4)$$

$$q_V = \int_{T_1}^{T_2} c_{V0} \mathrm{d}T = \int_{T_1}^{T_2} [(a_0 - R_g) + a_1 T + a_2 T^2 + a_3 T^3] \mathrm{d}T \quad (3-41)$$

$$= (a_0 - R_g)(T_2 - T_1) + \frac{a_1}{2}(T_2^2 - T_1^2) + \frac{a_2}{3}(T_2^3 - T_1^3) +$$

$$\frac{a_3}{4}(T_2^4 - T_1^4) \quad (3-42)$$

为了避免积分的麻烦，可利用平均比热容表（附表3和附表4）来计算热量。这种平均比热容表中的数据通常均指 0 ℃ 到 t 之间的平均比热容：

$$\bar{c}_{p0}\Big|_0^t = \frac{\int_0^t c_{p0} \mathrm{d}t}{t - 0} = \frac{q_p\Big|_0^t}{t} \quad (3-43)$$

$$\bar{c}_{V0}\Big|_0^t = \frac{\int_0^t c_{V0} \mathrm{d}t}{t - 0} = \frac{q_V\Big|_0^t}{t} \quad (3-44)$$

所以，利用平均比热容表中的数据求 0 ℃ 到 t 之间的热量（$q_p\Big|_0^t$ 或 $q_V\Big|_0^t$）非常方便，只要查出 t 时的平均比热容 $\bar{c}_{p0}\Big|_0^t$ 或 $\bar{c}_{V0}\Big|_0^t$，再乘以 t 即可直接计算出热量：

$$q_p = \bar{c}_{p0}\Big|_0^t t \quad (3-45)$$

$$q_V = \bar{c}_{V0}\Big|_0^t t \quad (3-46)$$

利用平均比热容表中的数据求 t_1 到 t_2 之间的热量($q_p \big|_{t_1}^{t_2}$ 或 $q_V \big|_{t_1}^{t_2}$)也很方便,只需将 0 到 t_2 之间的热量减去 0 到 t_1 之间的热量即可:

$$q_p \bigg|_{t_1}^{t_2} = q_p \bigg|_0^{t_2} - q_p \bigg|_0^{t_1} = \bar{c}_{p0} \bigg|_0^{t_2} t_2 - \bar{c}_{p0} \bigg|_0^{t_1} t_1 \tag{3-47}$$

$$q_V \bigg|_{t_1}^{t_2} = q_V \bigg|_0^{t_2} - q_V \bigg|_0^{t_1} = \bar{c}_{V0} \bigg|_0^{t_2} t_2 - \bar{c}_{V0} \bigg|_0^{t_1} t_1 \tag{3-48}$$

具体算例参看本节末例 3-3。

应该指出,单原子气体的比定容热容和比定压热容基本上是定值,可以认为与温度无关。对双原子气体和多原子气体,如果温度接近常温,为了简化计算,亦可将比热容看作定值。通常取 298 K(25 ℃)时气体比热容的值为定比热容的值。某些常用气体在理想气体状态下的定比热容值可查阅附表 1。

比定压热容和比定容热容的比值称为热容比,用 γ 表示:

$$\gamma = \frac{c_p}{c_V} \tag{3-49}$$

对理想气体,结合式(3-49)和迈耶公式可得

$$\gamma_0 = \frac{c_{p0}}{c_{V0}} = 1 + \frac{R_g}{c_{V0}} \tag{3-50}$$

$$R_g = c_{V0}(\gamma_0 - 1) \tag{3-51}$$

$$c_{V0} = \frac{R_g}{\gamma_0 - 1} \tag{3-52}$$

$$c_{p0} = \frac{\gamma_0 R_g}{\gamma_0 - 1} \tag{3-53}$$

理想气体的热力学能和焓可以根据式(3-34)和式(3-35)积分而得

$$u = \int_0^T c_{V0} \, dT = u(T) \tag{3-54}$$

$$h = \int_0^T c_{p0} \, dT = h(T) \tag{3-55}$$

如果利用式(3-40)和式(3-39)进行积分,则得

$$u = (a_0 - R_g)T + \frac{a_1}{2}T^2 + \frac{a_2}{3}T^3 + \frac{a_3}{4}T^4 + C \tag{3-56}$$

$$h = a_0 T + \frac{a_1}{2}T^2 + \frac{a_2}{3}T^3 + \frac{a_3}{4}T^4 + C \tag{3-57}$$

式中,C 为积分常数。因此可得出

$$h - u = R_g T = pv \quad (\text{对理想气体}) \tag{3-58}$$

3. 理想气体的熵

熵的定义式为[参看式(1-15)]:

$$ds = \frac{du + p\,dv}{T}$$

对理想气体

$$du = c_{V0}\,dT, \qquad \frac{p}{T} = \frac{R_g}{v}$$

所以

$$ds = \frac{c_{V0}}{T}\,dT + \frac{R_g}{v}\,dv$$

积分后得

$$s = \int \frac{c_{V0}}{T}\,dT + R_g \ln v + C_1 = f_1(T, v) \tag{3-59}$$

式中, C_1 为积分常数。

如果利用式(3-40)表示的比定容热容的经验式,则积分后可得

$$s = (a_0 - R_g)\ln T + a_1 T + \frac{a_2}{2}T^2 + \frac{a_3}{3}T^3 + R_g \ln v + C_1$$
$$= f_2(T, v) \tag{3-60}$$

如果认为理想气体的比定容热容是定值,则得

$$s = c_{V0}\ln T + R_g \ln v + C_1 = f_3(T, v) \tag{3-61}$$

式(1-15)亦可写为

$$ds = \frac{dh - v\,dp}{T}$$

对理想气体

$$dh = c_{p0}\,dT, \qquad \frac{v}{T} = \frac{R_g}{p}$$

所以

$$ds = \frac{c_{p0}}{T}\,dT - \frac{R_g}{p}\,dp$$

积分后得

$$s = \int \frac{c_{p0}}{T}\,dT - R_g \ln p + C_2 = f_1(T, p) \tag{3-62}$$

式中, C_2 为积分常数。

如果利用式(3-39)表示的比定压热容的经验式,则积分后可得

$$s = a_0\ln T + a_1 T + \frac{a_2}{2}T^2 + \frac{a_3}{3}T^3 - R_g \ln p + C_2$$
$$= f_2(T, p) \tag{3-63}$$

如果认为理想气体的比热容是定值,则得

$$s = c_{p0}\ln T - R_g \ln p + C_2 = f_3(T, p) \tag{3-64}$$

式(3-60)和式(3-63)是理想气体的熵的计算式;式(3-61)和式(3-64)是定比

热容理想气体的熵的计算式。从这些式子可以得出结论：对理想气体来说，熵确实是一个状态参数（无论比热容是定值或随温度而变）。另外，应该注意：如果说理想气体的热力学能和焓都只是温度的函数，那么理想气体的熵则不仅仅是温度的函数，它还和压力或比体积有关。

例 3-2 有低压混合气体，其体积分数为 $\varphi_{CO_2}=7\%$、$\varphi_{O_2}=15\%$、$\varphi_{N_2}=78\%$，试利用比热容的经验公式计算它在 1 000 K 时的焓值。

解 查附表 2 得各组成气体的比定压热容经验公式为

CO$_2$ $\quad \{c_{p0}\}_{kJ/(kg \cdot K)} = 0.505\ 8 + 1.359\ 0 \times 10^{-3}\{T\}_K - 0.795\ 5 \times 10^{-6}\{T\}_K^2 +$
$\qquad\qquad\qquad 0.169\ 7 \times 10^{-9}\{T\}_K^3$

O$_2$ $\quad \{c_{p0}\}_{kJ/(kg \cdot K)} = 0.805\ 6 + 0.434\ 1 \times 10^{-3}\{T\}_K - 0.181\ 0 \times 10^{-6}\{T\}_K^2 +$
$\qquad\qquad\qquad 0.027\ 48 \times 10^{-9}\{T\}_K^3$

N$_2$ $\quad \{c_{p0}\}_{kJ/(kg \cdot K)} = 1.031\ 6 - 0.056\ 08 \times 10^{-3}\{T\}_K + 0.288\ 4 \times 10^{-6}\{T\}_K^2 -$
$\qquad\qquad\qquad 0.102\ 5 \times 10^{-9}\{T\}_K^3$

根据式(3-17)将体积分数换算成质量分数：

$$w_{CO_2} = \frac{M_i \varphi_i}{\sum_{i=1}^{n} M_i \varphi_i}$$

$$= \frac{44.011\ g/mol \times 0.07}{44.011\ g/mol \times 0.07 + 32.000\ g/mol \times 0.15 + 28.016\ g/mol \times 0.78}$$

$$= \frac{3.080\ 8\ g/mol}{29.733\ g/mol} = 0.103\ 6$$

$$w_{O_2} = \frac{32.000\ g/mol \times 0.15}{29.733\ g/mol} = 0.161\ 4$$

$$w_{N_2} = \frac{28.016\ g/mol \times 0.78}{29.733\ g/mol} = 0.735\ 0$$

混合气体在 1 000 K 时的焓[式(3-57)，取 0 K 时的焓为零]为

$$h_{mix} = \sum_{i=1}^{n} \int_{0\ K}^{1\ 000\ K} w_i c_{p0,i}\, dT$$

$$= 0.103\ 6 \times \left(0.505\ 8 \times 1\ 000 + \frac{1.359\ 0}{2} \times 10^{-3} \times 1\ 000^2 - \right.$$

$$\left. \frac{0.795\ 5}{3} \times 10^{-6} \times 1\ 000^3 + \frac{0.169\ 7}{4} \times 10^{-9} \times 1\ 000^4 \right)\ kJ/kg +$$

$$0.161\ 4 \times \left(0.805\ 6 \times 1\ 000 + \frac{0.434\ 1}{2} \times 10^{-3} \times 1\ 000^2 - \right.$$

$$\left. \frac{0.181\ 0}{3} \times 10^{-6} \times 1\ 000^3 + \frac{0.027\ 48}{4} \times 10^{-9} \times 1\ 000^4 \right)\ kJ/kg +$$

$$0.735\ 0 \times \left(1.031\ 6 \times 1\ 000 - \frac{0.056\ 08}{2} \times 10^{-3} \times 1\ 000^2 + \right.$$

$$\frac{0.288\ 4}{3} \times 10^{-6} \times 1\ 000^3 - \frac{0.102\ 5}{4} \times 10^{-9} \times 1\ 000^4 \Bigg) \ \text{kJ/kg}$$

$$= 99.7\ \text{kJ/kg} + 156.4\ \text{kJ/kg} + 789.4\ \text{kJ/kg} = 1\ 045.5\ \text{kJ/kg}$$

例 3–3 利用比热容与温度的关系式及平均比热容表,计算每千克低压氮气从500 ℃定压加热到1 000 ℃所需要的热量。

解 从附表2得到氮气在低压下(理想气体状态下)比定压热容随温度的变化关系为

$$\{c_{p0}\}_{\text{kJ/(kg·K)}} = 1.031\ 6 - 0.056\ 08 \times 10^{-3} \{T\}_{\text{K}} + 0.288\ 4 \times 10^{-6} \{T\}_{\text{K}}^2 - 0.102\ 5 \times 10^{-9} \{T\}_{\text{K}}^3$$

所以

$$q_p \Bigg|_{500\ ℃}^{1\ 000\ ℃} = \int_{773.15\ \text{K}}^{1\ 273.15\ \text{K}} c_{p0}\,\mathrm{d}T$$

$$= \Bigg[1.031\ 6 \times (1\ 273.15 - 773.15) - \frac{0.056\ 08}{2} \times 10^{-3} \times (1\ 273.15^2 - 773.15^2) +$$

$$\frac{0.288\ 4}{3} \times 10^{-6} \times (1\ 273.15^3 - 773.15^3) -$$

$$\frac{0.102\ 5}{4} \times 10^{-9} \times (1\ 273.15^4 - 773.15^4) \Bigg] \ \text{kJ/kg}$$

$$= 583\ \text{kJ/kg}$$

利用平均比热容表进行计算则更为简便。由附表3查得,氮气在理想气体状态下温度为500 ℃和1 000 ℃的平均比定压热容分别为

$$\bar{c}_{p0} \Bigg|_{0\ ℃}^{500\ ℃} = 1.066\ \text{kJ/(kg·℃)}$$

$$\bar{c}_{p0} \Bigg|_{0\ ℃}^{1\ 000\ ℃} = 1.118\ \text{kJ/(kg·℃)}$$

所以

$$q_p \Bigg|_{500\ ℃}^{1\ 000\ ℃} = 1.118\ \text{kJ/(kg·℃)} \times 1\ 000\ ℃ - 1.066\ \text{kJ/(kg·℃)} \times 500\ ℃ = 585\ \text{kJ/kg}$$

例 3–4 空气初态为 $p_1 = 0.1$ MPa、$T_1 = 300$ K,经压缩后变为 $p_2 = 1$ MPa、$T_2 = 600$ K。试求该压缩过程中热力学能、焓和熵的变化。

(1)按定比热容理想气体计算;

(2)按理想气体比热容经验公式计算。

解 (1)按附表1取空气的定比热容值为

$$c_{p0} = 1.005\ \text{kJ/(kg·K)}$$

$$c_{V0} = 0.718\ \text{kJ/(kg·K)}$$

气体常数 $\qquad R_g = 0.287\ 1\ \text{kJ/(kg·K)}$

根据式(3–54)和式(3–55)可知:

$$\Delta u = u_2 - u_1 = c_{V0}(T_2 - T_1) = 0.718\ \text{kJ/(kg·K)} \times (600 - 300)\ \text{K} = 215.4\ \text{kJ/kg}$$

$$\Delta h = h_2 - h_1 = c_{p0}(T_2 - T_1) = 1.005\ \text{kJ/(kg·K)} \times (600 - 300)\ \text{K} = 301.5\ \text{kJ/kg}$$

根据式(3–64)可知

$$\Delta s = s_2 - s_1 = c_{p0}\ln\frac{T_2}{T_1} - R_g\ln\frac{p_2}{p_1}$$

$$= 1.005\ \text{kJ/(kg·K)} \times \ln\frac{600\ \text{K}}{300\ \text{K}} - 0.287\ 1\text{kJ/(kg·K)} \times \ln\frac{1\ \text{MPa}}{0.1\ \text{MPa}}$$

$$= 0.035\ 5\ \text{kJ/(kg} \cdot \text{K)}$$

（2）从附表2查得空气比定压热容各项系数的数值为

$\{a_0\} = 0.970\ 5$，$\{a_1\} = 0.067\ 91 \times 10^{-3}$，$\{a_2\} = 0.165\ 8 \times 10^{-6}$，$\{a_3\} = -0.067\ 88 \times 10^{-9}$

根据式（3-57）可得

$$\Delta h = h_2 - h_1 = a_0(T_2 - T_1) + \frac{a_1}{2}(T_2^2 - T_1^2) + \frac{a_2}{3}(T_2^3 - T_1^3) + \frac{a_3}{4}(T_2^4 - T_1^4)$$

$$= \left[0.970\ 5 \times (600 - 300) + \frac{0.067\ 91 \times 10^{-3}}{2} \times (600^2 - 300^2) + \right.$$

$$\left. \frac{0.165\ 8 \times 10^{-6}}{3} \times (600^3 - 300^3) + \frac{-0.067\ 88 \times 10^{-9}}{4} \times (600^4 - 300^4) \right] \text{kJ/kg}$$

$$= 308.7\ \text{kJ/kg}$$

根据式（3-58）可得

$$\Delta u = u_2 - u_1 = (h_2 - h_1) - (p_2 v_2 - p_1 v_1) = (h_2 - h_1) - R_g(T_2 - T_1)$$

$$= 308.7\ \text{kJ/kg} - 0.287\ 1\ \text{kJ/(kg} \cdot \text{K)} \times (600 - 300)\ \text{K} = 222.6\ \text{kJ/kg}$$

根据式（3-63）可得

$$\Delta s = s_2 - s_1 = a_0 \ln\frac{T_2}{T_1} + a_1(T_2 - T_1) + \frac{a_2}{2}(T_2^2 - T_1^2) + \frac{a_3}{3}(T_2^3 - T_1^3) - R_g \ln\frac{p_2}{p_1}$$

$$= \left[0.970\ 5 \times \ln\frac{600}{300} + 0.067\ 91 \times 10^{-3} \times (600 - 300) + \frac{0.165\ 8 \times 10^{-6}}{2} \times \right.$$

$$(600^2 - 300^2) + \frac{-0.067\ 88 \times 10^{-9}}{3} \times (600^3 - 300^3) - 0.287\ 1 \times$$

$$\left. \ln\frac{1}{0.1} \right] \text{kJ/(kg} \cdot \text{K)}$$

$$= 0.050\ 1\ \text{kJ/(kg} \cdot \text{K)}$$

应该认为：按比热容公式积分计算的结果比按定比热容计算的结果精确。

3-5 定容过程、定压过程、定温过程和定熵过程

本节所讨论的过程均指内平衡过程。

气体进行热力过程时，一般说来，所有状态参数都可能发生变化，但也可以使气体的某个状态参数保持不变，而让其他状态参数发生变化。定容过程、定压过程、定温过程和定熵过程正是这样的过程，它们在进行时分别保持比体积、压力、温度和比熵为定值。

1. 定容过程

定容过程是热力系在保持比体积不变的情况下进行的吸热或放热过程。在

压容图中,定容过程是一条垂直线(图 3-1a)。

理想气体在进行定容过程时,压力和温度的变化保持正比关系,即

$$\frac{p}{T} = \frac{R_g}{v} = 常数 \tag{3-65}$$

定比热容理想气体进行定容过程时,根据式(3-61)可知,温度和熵的变化将保持如下关系:

$$s = c_{V0} \ln T + C_1' \tag{3-66}$$

或

$$T = \exp \frac{s - C_1'}{c_{V0}} \tag{3-67}$$

式中,C_1' 为常数($C_1' = R_g \ln v + C_1$)。式(3-67)表明,定比热容理想气体进行的定容过程在温熵图中是一条指数曲线(图 3-1b),它的斜率是

$$\left(\frac{\partial T}{\partial s}\right)_v = \frac{\exp \dfrac{s - C_1'}{c_{V0}}}{c_{V0}} = \frac{T}{c_{V0}} \tag{3-68}$$

显然,温度愈高,定容线的斜率愈大。

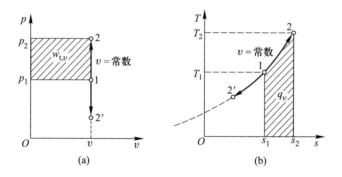

图 3-1

1→2 为定容吸热过程;1→2′为定容放热过程

在没有摩擦的情况下,定容过程的膨胀功、技术功和热量可分别计算如下:

$$w_v = \int_1^2 p dv = 0 \tag{3-69}$$

$$w_{t,v} = -\int_1^2 v dp = v(p_1 - p_2) \tag{3-70}$$

$$q_v = \int_1^2 T ds = \int_1^2 c_V dT = \bar{c}_V \Big|_0^{t_2} t_2 - \bar{c}_V \Big|_0^{t_1} t_1 \tag{3-71}$$

或根据式(2-6)得
$$q_v = u_2 - u_1 + w_v = u_2 - u_1 \tag{3-72}$$

2. 定压过程

定压过程是指热力系在保持压力不变的情况下进行的吸热或放热过程。在压容图中,定压线是一条水平线(图3-2a)。

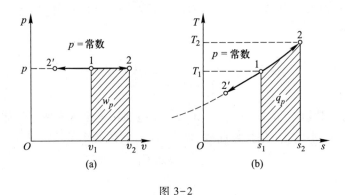

图 3-2

1→2 为定压吸热过程;1→2′为定压放热过程

理想气体在进行定压过程时,比体积和温度的变化保持正比关系:

$$\frac{v}{T} = \frac{R_{\mathrm{g}}}{p} = 常数 \tag{3-73}$$

定比热容理想气体在进行定压过程时,根据式(3-64)可知,温度和熵的变化将保持如下关系:

$$s = c_{p0}\ln T + C_2' \tag{3-74}$$

或

$$T = \exp\frac{s - C_2'}{c_{p0}} \tag{3-75}$$

式中,C_2' 为常数($C_2' = -R_{\mathrm{g}}\ln p + C_2$)。式(3-75)说明,定比热容理想气体进行的定压过程在温熵图中也是一条指数曲线(图3-2b),它的斜率为

$$\left(\frac{\partial T}{\partial s}\right)_p = \frac{\exp\dfrac{s - C_2'}{c_{p0}}}{c_{p0}} = \frac{T}{c_{p0}} \tag{3-76}$$

温度愈高,定压线的斜率也愈大。由于 $c_{p0} > c_{V0}$,在相同的温度下,定压线的斜率小于定容线的斜率,因而整个定压线比定容线要平坦些。

在没有摩擦的情况下,定压过程的膨胀功、技术功和热量可分别计算如下:

$$w_p = \int_1^2 p\mathrm{d}v = p(v_2 - v_1) \tag{3-77}$$

$$w_{\mathrm{t},p} = -\int_1^2 v\mathrm{d}p = 0 \tag{3-78}$$

$$q_p = \int_1^2 T\mathrm{d}s = \int_1^2 c_p \mathrm{d}T = \bar{c}_p \Big|_0^{t_2} t_2 - \bar{c}_p \Big|_0^{t_1} t_1 \qquad (3-79)$$

或根据式（2-11）得 $\qquad q_p = h_2 - h_1 + w_{t,p} = h_2 - h_1 \qquad (3-80)$

3. 定温过程

定温过程是指热力系在温度保持不变的情况下进行的膨胀（吸热）或压缩（放热）过程。理想气体在进行定温过程时,压力和比体积保持反比关系:

$$pv = R_g T = 常数 \qquad (3-81)$$

所以,理想气体进行的定温过程在压容图中是一条等边双曲线（图 3-3a）,定温过程在温熵图中是一条水平线（图 3-3b）。

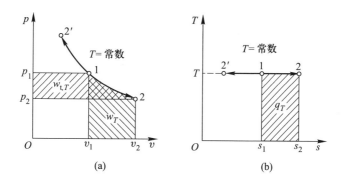

图 3-3

1→2 为定温膨胀（吸热）过程；1→2′为定温压缩（放热）过程

在没有摩擦的情况下,理想气体进行的定温过程,其膨胀功和技术功可分别计算如下:

$$w_T = \int_1^2 p\mathrm{d}v = \int_1^2 \frac{R_g T}{v} \mathrm{d}v = R_g T \ln \frac{v_2}{v_1} \qquad (3-82)$$

$$w_{t,T} = -\int_1^2 v\mathrm{d}p = -\int_1^2 \frac{R_g T}{p} \mathrm{d}p = R_g T \ln \frac{p_1}{p_2} \qquad (3-83)$$

由于定温过程中 $\qquad\qquad \dfrac{v_2}{v_1} = \dfrac{p_1}{p_2}$

因此 $\qquad w_T = R_g T \ln \dfrac{v_2}{v_1} = R_g T \ln \dfrac{p_1}{p_2} = w_{t,T} \qquad (3-84)$

所以,理想气体进行的定温过程,其膨胀功和技术功是相等的。

在无摩擦的情况下,定温过程的热量为

$$q_T = \int_1^2 T\mathrm{d}s = T(s_2 - s_1) \qquad (3-85)$$

根据式（3-59）和（3-62）可知,对理想气体所进行的定温过程

$$s_2 - s_1 = R_g \ln \frac{v_2}{v_1} = R_g \ln \frac{p_1}{p_2} \qquad (3-86)$$

另外,根据热力学第一定律[式(2-6)和式(2-11)](它们适用于任何工质进行的任何无摩擦或有摩擦的过程),对定温过程可得如下关系:

$$q_T = u_2 - u_1 + w_T = h_2 - h_1 + w_{t,T}$$

对理想气体进行的定温过程,由于 $u_2 = u_1$、$h_2 = h_1$,所以无论有无摩擦,下列关系始终成立:

$$q_T = w_T = w_{t,T} \qquad (3-87)$$

4. 定熵过程

定熵过程是指热力系在保持比熵不变的条件下进行的膨胀或压缩过程。根据式(1-15)可得定熵过程的条件是

$$ds = \frac{du + pdv}{T} = 0$$

即 $$du + pdv = 0 \qquad (3-88)$$

从式(2-7)得 $$du = \delta q_s - \delta w_s$$

代入式(3-88)并参考式(2-17)、(2-18),可得

$$\delta q_s + (pdv - \delta w_s) = \delta q_s + \delta w_{L,s} = \delta q_s + \delta q_{g,s} = 0$$

即 $$\delta q_s = -\delta q_{g,s} \qquad (3-89)$$

式(3-89)说明:只要过程进行时热力系向外界放出的热量始终等于热产,那么过程就是定熵的。虽然如此,通常所说的定熵过程都是指无摩擦的绝热过程(即 $\delta q_s = -\delta q_{g,s} = 0$ 的情况)。

对理想气体进行的定熵过程,根据式(3-62)和(3-59)可得

$$ds = \frac{c_{p0}}{T}dT - \frac{R_g}{p}dp = 0$$

$$ds = \frac{c_{v0}}{T}dT + \frac{R_g}{v}dv = 0$$

即

$$\frac{c_{p0}}{T}dT = \frac{R_g}{p}dp$$

$$\frac{c_{v0}}{T}dT = -\frac{R_g}{v}dv$$

二式相除得

$$\frac{c_{p0}}{c_{v0}} = \gamma_0 = -\frac{v}{p}\left(\frac{\partial p}{\partial v}\right)_s \qquad (3-90)$$

对此式积分得

$$\int \gamma_0 \frac{\mathrm{d}v}{v} + \int \frac{\mathrm{d}p}{p} = 常数$$

如果比热容(c_{p0}和c_{V0})是定值,那么热容比(γ_0)也是定值。所以,对定比热容理想气体可得

$$\ln pv^{\gamma_0} = 常数$$

或 $$pv^{\gamma_0} = 常数 \qquad (3-91)$$

γ_0是理想气体的热容比,在这里也称为定熵指数。式(3-91)表明:定比热容理想气体的定熵过程在压容图中是一条高次双曲线($\gamma_0 > 1$),它比定温线陡些(图3-4a)。定熵过程在温熵图中是一条垂直线(图3-4b)。

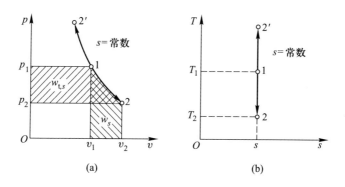

图 3-4

1→2 为定熵膨胀过程;1→2′为定熵压缩过程

式(3-91)结合理想气体状态方程可得

$$pv^{\gamma_0} = pvv^{\gamma_0-1} = R_g Tv^{\gamma_0-1} = 常数$$

即 $$Tv^{\gamma_0-1} = 常数 \qquad (3-92)$$

$$pv^{\gamma_0} = \frac{p^{\gamma_0}v^{\gamma_0}}{p^{\gamma_0-1}} = \frac{R_g^{\gamma_0}T^{\gamma_0}}{p^{\gamma_0-1}} = 常数$$

即 $$\frac{T}{p^{(\gamma_0-1)/\gamma_0}} = 常数 \qquad (3-93)$$

式(3-91)、(3-92)、(3-93)都是定比热容理想气体的定熵过程方程,它们建立了p、v、T三者中两两之间的变化关系。

在无摩擦的情况下,定比热容理想气体定熵过程的膨胀功和技术功可以根据式(3-91)通过积分计算:

$$w_s = \int_1^2 p\,\mathrm{d}v = \int_1^2 \frac{p_1 v_1^{\gamma_0}}{v^{\gamma_0}}\,\mathrm{d}v = p_1 v_1^{\gamma_0} \int_1^2 \frac{\mathrm{d}v}{v^{\gamma_0}}$$

$$= \frac{p_1 v_1^{\gamma_0}}{\gamma_0 - 1}\left(\frac{1}{v_1^{\gamma_0-1}} - \frac{1}{v_2^{\gamma_0-1}}\right) = \frac{1}{\gamma_0 - 1}R_g T_1\left[1 - \left(\frac{v_1}{v_2}\right)^{\gamma_0-1}\right]$$

$$= \frac{1}{\gamma_0 - 1}R_g T_1\left[1 - \left(\frac{p_2}{p_1}\right)^{(\gamma_0-1)/\gamma_0}\right] \tag{3-94}$$

从式(3-90)可得　　　　　　　　　　$-v\mathrm{d}p = \gamma_0 p\,\mathrm{d}v$

所以

$$w_{t,s} = -\int_1^2 v\,\mathrm{d}p = \gamma_0 \int_1^2 p\,\mathrm{d}v = \gamma_0 w_s = \frac{\gamma_0}{\gamma_0 - 1}R_g T_1\left[1 - \left(\frac{v_1}{v_2}\right)^{\gamma_0-1}\right]$$

$$= \frac{\gamma_0}{\gamma_0 - 1}R_g T_1\left[1 - \left(\frac{p_2}{p_1}\right)^{(\gamma_0-1)/\gamma_0}\right] \tag{3-95}$$

例 3-5　已知空气的初参数为 $T_1 = 600$ K、$p_1 = 0.62$ MPa,定熵膨胀到 $p_2 = 0.1$ MPa,求终参数 T_2、v_2 及膨胀功和技术功(认为空气是定比热容理想气体)。

解　查附表 1 得空气的 $\gamma_0 = 1.4$,根据式(3-93)可得

$$T_2 = T_1\left(\frac{p_2}{p_1}\right)^{\frac{\gamma_0-1}{\gamma_0}} = 600\ \text{K} \times \left(\frac{0.1\ \text{MPa}}{0.62\ \text{MPa}}\right)^{\frac{1.4-1}{1.4}} = 356.2\ \text{K}$$

根据式(3-91)

$$v_2 = v_1\left(\frac{p_1}{p_2}\right)^{\frac{1}{\gamma_0}} = \frac{R_g T_1}{p_1}\left(\frac{p_1}{p_2}\right)^{\frac{1}{\gamma_0}} = \frac{287.1\ \text{J}/(\text{kg}\cdot\text{K}) \times 600\ \text{K}}{0.62 \times 10^6\ \text{Pa}} \times \left(\frac{0.62\ \text{MPa}}{0.1\ \text{MPa}}\right)^{\frac{1}{1.4}}$$

$$= 1.023\ \text{m}^3/\text{kg} \quad (\text{或根据 } v_2 = R_g T_2/p_2 \text{ 计算})$$

根据式(3-94)

$$w_s = \frac{1}{\gamma_0 - 1}R_g T_1\left[1 - \left(\frac{p_2}{p_1}\right)^{\frac{\gamma_0-1}{\gamma_0}}\right]$$

$$= \frac{1}{1.4 - 1} \times 287.1\ \text{J}/(\text{kg}\cdot\text{K}) \times 600\ \text{K} \times \left[1 - \left(\frac{0.1\ \text{MPa}}{0.62\ \text{MPa}}\right)^{\frac{1.4-1}{1.4}}\right]$$

$$= 174.95 \times 10^3\ \text{J}/\text{kg} = 174.95\ \text{kJ}/\text{kg}$$

根据式(3-95)　　　　　$w_{t,s} = \gamma_0 w_s = 1.4 \times 174.95\ \text{kJ}/\text{kg} = 244.93\ \text{kJ}/\text{kg}$

例 3-6　空气从 $T_1 = 720$ K、$p_1 = 0.2$ MPa 先定容冷却,压力降到 $p_2 = 0.1$ MPa;然后定压加热,使比体积增加 3 倍(即 $v_3 = 4v_2$)。求过程 1→2 和过程 2→3 中的热量以及过程 2→3 中

的膨胀功(不考虑摩擦),并计算最后的温度(T_3)、比体积(v_3)以及整个过程熵的变化($s_3 - s_1$)。

解 在压容图和温熵图中,过程 1→2 和 2→3 如图 3-5 所示。

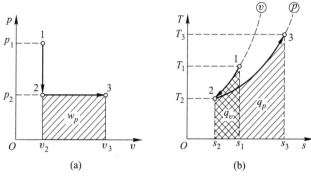

(a)   (b)

图 3-5

根据式(3-65)

$$T_2 = T_1 \frac{p_2}{p_1} = 720 \text{ K} \times \frac{0.1 \text{ MPa}}{0.2 \text{ MPa}} = 360 \text{ K}$$

从附表 1 查得空气的气体常数为

$$R_g = 0.287 \ 1 \text{ kJ/(kg} \cdot \text{K)} = 287.1 \text{ J/(kg} \cdot \text{K)}$$

$$v_2 = v_1 = \frac{R_g T_1}{p_1} = \frac{287.1 \text{ J/(kg} \cdot \text{K)} \times 720 \text{ K}}{0.2 \times 10^6 \text{ Pa}} = 1.033 \ 6 \text{ m}^3/\text{kg}$$

$$v_3 = 4v_2 = 4 \times 1.033 \ 6 \text{ m}^3/\text{kg} = 4.134 \ 4 \text{ m}^3/\text{kg}$$

根据式(3-73)

$$T_3 = T_2 \frac{v_3}{v_2} = 360 \text{ K} \times 4 = 1 \ 440 \text{ K}$$

按定比热容计算热量和熵的变化,查附表 1,得

$$c_{V0} = 0.718 \text{ kJ/(kg} \cdot \text{K)}$$

$$c_{p0} = 1.005 \text{ kJ/(kg} \cdot \text{K)}$$

则

$$q_V = u_2 - u_1 = c_{V0}(T_2 - T_1) = 0.718 \text{ kJ/(kg} \cdot \text{K)} \times (360 - 720) \text{ K} = -258.5 \text{ kJ/kg}$$

$$q_p = h_3 - h_2 = c_{p0}(T_3 - T_2) = 1.005 \text{ kJ/(kg} \cdot \text{K)} \times (1 \ 440 - 360) \text{ K} = 1 \ 085.4 \text{ kJ/kg}$$

根据式(3-64)

$$s_3 - s_1 = c_{p0} \ln \frac{T_3}{T_1} - R_g \ln \frac{p_3}{p_1}$$

$$= 1.005 \text{ kJ/(kg} \cdot \text{K)} \times \ln \frac{1 \ 440 \text{ K}}{720 \text{ K}} - 0.287 \ 1 \text{ kJ/(kg} \cdot \text{K)} \times \ln \frac{0.1 \text{ MPa}}{0.2 \text{ MPa}}$$

$$= 0.895\ 6\ \text{kJ/(kg} \cdot \text{K)}$$

例 3-7　空气在压气机中从 $p_1 = 0.1$ MPa、$T_1 = 300$ K 定熵压缩到 0.5 MPa,试求压缩终了的温度及压气机消耗的功(技术功)。

解　按定比热容理想气体计算。查附表 1 得空气的热容比 $\gamma_0 = 1.400$,气体常数 $R_g = 0.287\ 1$ kJ/(kg·K)。根据式(3-93)得

$$T_2 = T_1 \left(\frac{p_2}{p_1} \right)^{\frac{\gamma_0 - 1}{\gamma_0}} = 300\ \text{K} \times \left(\frac{0.5\ \text{MPa}}{0.1\ \text{MPa}} \right)^{\frac{1.4-1}{1.4}} = 475.15\ \text{K}$$

根据式(3-95)可得压气机的功为

$$w_{t,s} = \frac{\gamma_0}{\gamma_0 - 1} R_g T_1 \left[1 - \left(\frac{p_2}{p_1} \right)^{\frac{\gamma_0 - 1}{\gamma_0}} \right]$$

$$= \frac{1.4}{1.4 - 1} \times 0.287\ 1\ \text{kJ/(kg} \cdot \text{K)} \times 300\ \text{K} \times \left[1 - \left(\frac{0.5\ \text{MPa}}{0.1\ \text{MPa}} \right)^{\frac{1.4-1}{1.4}} \right]$$

$$= -176.0\ \text{kJ/kg}(负值表示消耗外功)$$

3-6　多变过程

上节讨论的四种过程(定容过程、定压过程、定温过程和定熵过程)只是千变万化的热力过程中的四种特殊情况。要找出一个普遍的过程方程来描述气体在一切可能的热力过程中的状态变化规律是不可能的。下面来分析这样一类内平衡过程,它们具有如下的状态变化规律:

$$pv^n = 常数 \tag{3-96}$$

式中,n 可以是任何实数($-\infty$ 到 $+\infty$ 之间的任意一个指定值)。不同的 n 值决定了不同的状态变化规律,描述了不同的热力过程,因此式(3-96)代表了无数个热力过程的状态变化规律。

凡是状态变化规律符合式(3-96)的过程都称为**多变过程**。每一个特定的多变过程都具有一个不变的指数 n,n 称为**多变指数**。不同的多变过程具有不同的多变指数。

事实上,多变过程已经包括了定容过程、定压过程、理想气体的定温过程和定比热容理想气体的定熵过程。

式(3-96)可以改写为

$$p^{1/n} v = 常数$$

当 $n = \pm\infty$ 时,可得

$$p^{1/\pm\infty}v = p^0 v = v = 常数$$

所以,定容过程是 $n = \pm\infty$ 的特殊的多变过程。

当 $n = 0$ 时,式(3-96)变为

$$pv^0 = p = 常数$$

所以,定压过程是 $n = 0$ 的特殊的多变过程。

当 $n = 1$ 时,式(3-96)变为

$$pv = 常数$$

对理想气体 $\qquad\qquad pv = R_g T = 常数$

亦即 $\qquad\qquad\qquad\qquad T = 常数$

所以,理想气体的定温过程是 $n = 1$ 的特殊的多变过程。

当 $n = \gamma_0$ 时,式(3-96)变为

$$pv^{\gamma_0} = 常数$$

此式为定比热容理想气体定熵过程方程。所以,定比热容理想气体的定熵过程是 $n = \gamma_0$ 的特殊的多变过程。

气体从某个状态 A 开始,可以进行各种各样的多变过程。这些过程曲线在压容图中的形状如图3-6所示:

当 $n = 0$、$\pm\infty$、-1 时为直线;

当 $0 < n < +\infty$ 时为不同方次的双曲线;

当 $-\infty < n < -1$ 和 $-1 < n < 0$ 时为不同方次的抛物线。

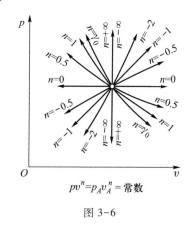

$$pv^n = p_A v_A^n = 常数$$

图 3-6

对式(3-96)取对数,则得

$$\lg p + n\lg v = 常数$$

移项后得

$$\lg p = -n\lg v + 常数 \qquad\qquad (3-97)$$

式(3-97)表明:如果将多变过程画在以 $\lg p$ 为纵轴、$\lg v$ 为横轴的对数平面坐标系中,那么所有的多变过程都是直线(图3-7),而每条直线的斜率正好等于多变指数的负值:

$$\frac{\mathrm{d}\lg p}{\mathrm{d}\lg v} = -n \qquad\qquad (3-98)$$

这就提供了一种分析任意过程的方法:将任意过程画到 $\lg p$-$\lg v$ 对数坐标系中(图3-8),不管它是一条如何不规则的曲线,它总可以近似地用几条相互衔接

的直线段来替代。这就是说,不管某一过程在进行时压力和比体积的变化如何复杂,总可以用几个相互衔接的多变过程近似地描述这一过程。

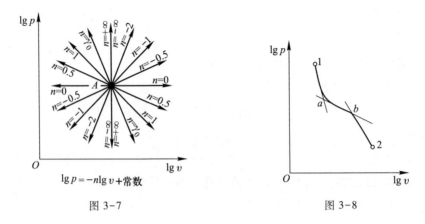

图 3-7　　　　　　　　　　　　　　　　图 3-8

在无摩擦的条件下,知道了多变指数,要计算多变过程的功是很方便的:

$$w_n = \int_1^2 p\,\mathrm{d}v$$

$$w_{t,n} = -\int_1^2 v\,\mathrm{d}p$$

与推导式(3-94)和(3-95)的步骤完全一样,结果得无摩擦的多变过程的膨胀功和技术功的计算式如下:

$$w_n = \frac{1}{n-1}p_1v_1\left[1-\left(\frac{v_1}{v_2}\right)^{n-1}\right] = \frac{1}{n-1}p_1v_1\left[1-\left(\frac{p_2}{p_1}\right)^{\frac{n-1}{n}}\right] \quad (3-99)$$

$$w_{t,n} = \frac{n}{n-1}p_1v_1\left[1-\left(\frac{v_1}{v_2}\right)^{n-1}\right] = \frac{n}{n-1}p_1v_1\left[1-\left(\frac{p_2}{p_1}\right)^{\frac{n-1}{n}}\right] \quad (3-100)$$

对于理想气体进行的多变过程,根据式(3-96)、(3-99)和(3-100),结合理想气体的状态方程,可进一步得出下列各式[参看式(3-92)～(3-95)的推导过程]:

$$Tv^{n-1} = 常数 \quad (3-101)$$

$$\frac{T}{p^{\frac{n-1}{n}}} = 常数 \quad (3-102)$$

$$w_n = \frac{1}{n-1}R_gT_1\left[1-\left(\frac{v_1}{v_2}\right)^{n-1}\right] = \frac{1}{n-1}R_gT_1\left[1-\left(\frac{p_2}{p_1}\right)^{\frac{n-1}{n}}\right]$$

$$= \frac{1}{n-1}R_g(T_1-T_2) \quad (3-103)$$

$$w_{t,n} = \frac{n}{n-1}R_g T_1 \left[1 - \left(\frac{v_1}{v_2}\right)^{n-1} \right] = \frac{n}{n-1}R_g T_1 \left[1 - \left(\frac{p_2}{p_1}\right)^{\frac{n-1}{n}} \right]$$

$$= \frac{n}{n-1}R_g(T_1 - T_2) \tag{3-104}$$

多变过程的温度和熵的变化规律如下:

$$s = \int \frac{\delta q_n}{T} + 常数 = \int \frac{c_n dT}{T} + 常数 \tag{3-105}$$

式中, c_n 为比多变热容。

$$c_n = \frac{\delta q_n}{dT} = T\left(\frac{\partial s}{\partial T}\right)_n$$

如果比多变热容是不变的定值,则得

$$\left.\begin{array}{l} s = c_n \ln T + 常数 \\ T = \exp\dfrac{s - 常数}{c_n} \end{array}\right\} \tag{3-106}$$

式(3-106)表明,如果比多变热容是定值,那么多变过程在温熵图中是一簇指数曲线。只有当 $c_n = c_T = \pm\infty$ 以及 $c_n = c_s = 0$ 时,指数曲线才退化为直线,因而定温过程和定熵过程在温熵图中是直线(图3-9)。

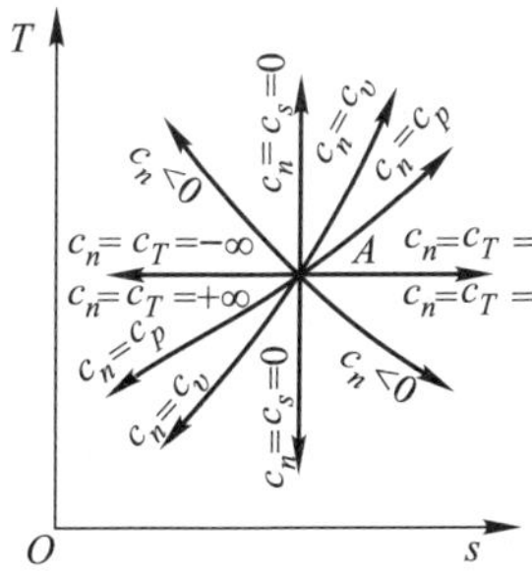

对于理想气体,比多变热容和多变指数之间有如下关系:

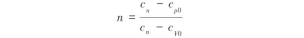

图 3-9

$$c_n = \frac{nc_{V0} - c_{p0}}{n-1} \tag{3-107}$$

$$n = \frac{c_n - c_{p0}}{c_n - c_{V0}} \tag{3-108}$$

式(3-107)和(3-108)可证明如下:

根据热力学第一定律

$$\delta q_n = c_n dT = du + \delta w_n \tag{a}$$

对理想气体

$$du = c_{V0} dT \tag{b}$$

从式(3-103)得

$$\delta \omega_n = \frac{1}{n-1}R_g(-dT) \tag{c}$$

将式(b)、(c)代入式(a):

$$c_n dT = c_{V0} dT - \frac{R_g}{n-1}dT$$

所以
$$c_n = c_{V0} - \frac{R_g}{n-1} = c_{V0} - \frac{c_{p0} - c_{V0}}{n-1}$$

即
$$c_n = \frac{nc_{V0} - c_{p0}}{n-1} \qquad (d)$$

变化式(d)即可得
$$n = \frac{c_n - c_{p0}}{c_n - c_{V0}} \qquad (e)$$

多变过程的热量可根据比多变热容计算:
$$q_n = \int_1^2 c_n \mathrm{d}T \qquad (3-109)$$

如果比多变热容是定值,则
$$q_n = c_n(T_2 - T_1) \qquad (3-110)$$

如果工质是理想气体,则
$$q_n = \int_1^2 \frac{nc_{V0} - c_{p0}}{n-1} \mathrm{d}T \qquad (3-111)$$

如果工质是定比热容理想气体,则
$$q_n = \frac{nc_{V0} - c_{p0}}{n-1}(T_2 - T_1) \qquad (3-112)$$

例3-8 某气体可作理想气体处理。其摩尔质量 $M = 0.028$ kg/mol,摩尔定压热容 $C_{p0,m} = 29.01$ J/(mol·K)=定值。气体从初态 $p_1 = 0.4$ MPa、$T_1 = 400$ K,在无摩擦的情况下,经过(1)定温过程、(2)定熵过程、(3)$n = 1.25$ 的多变过程,膨胀到 $p_2 = 0.1$ MPa。试求终态温度、每千克气体所作的技术功、所吸收的热量及熵的变化。

解 (1)定温过程
$$T_2 = T_1 = 400 \text{ K}$$
$$R_g = \frac{R}{M} = \frac{8.314\ 51 \text{ J}/(\text{mol}\cdot\text{K})}{0.028 \text{ kg/mol}} = 296.95 \text{ J}/(\text{kg}\cdot\text{K})$$

根据式(3-83)
$$w_{t,T} = R_g T \ln \frac{p_1}{p_2} = 0.296\ 95 \text{ kJ}/(\text{kg}\cdot\text{K}) \times 400 \text{ K} \times \ln \frac{0.4 \text{ MPa}}{0.1 \text{ MPa}} = 164.66 \text{ kJ/kg}$$

根据式(3-87)
$$q_T = w_{t,T} = 164.66 \text{ kJ/kg}$$

根据式(3-85)可得
$$\Delta s = s_2 - s_1 = \frac{q_T}{T} = \frac{164.66 \text{ kJ/kg}}{400 \text{ K}} = 0.411\ 65 \text{ kJ}/(\text{kg}\cdot\text{K})$$

(2)定熵过程
$$\gamma_0 = \frac{c_{p0}}{c_{V0}} = \frac{C_{p0,m}}{C_{p0,m} - R} = \frac{29.10 \text{ J}/(\text{mol}\cdot\text{K})}{29.10 \text{ J}/(\text{mol}\cdot\text{K}) - 8.314\ 51 \text{ J}/(\text{mol}\cdot\text{K})} = 1.400$$

根据式(3-93)可知

$$T_2 = T_1\left(\frac{p_2}{p_1}\right)^{\frac{\gamma_0-1}{\gamma_0}} = 400\text{ K} \times \left(\frac{0.1\text{ MPa}}{0.4\text{ MPa}}\right)^{\frac{1.4-1}{1.4}} = 269.18\text{ K}$$

根据式(3-95)

$$w_{t,s} = \frac{\gamma_0}{\gamma_0-1}R_gT_1\left[1-\left(\frac{p_2}{p_1}\right)^{\frac{\gamma_0-1}{\gamma_0}}\right]$$

$$= \frac{1.4}{1.4-1} \times 0.296\,95\text{ kJ/(kg·K)} \times 400\text{ K} \times \left[1-\left(\frac{0.1\text{ MPa}}{0.4\text{ MPa}}\right)^{\frac{1.4-1}{1.4}}\right]$$

$$= 135.96\text{ kJ/kg}$$

$$q_s = 0$$
$$\Delta s = s_2 - s_1 = 0$$

（3）多变过程($n=1.25$)

根据式(3-102)可知

$$T_2 = T_1\left(\frac{p_2}{p_1}\right)^{\frac{n-1}{n}} = 400\text{ K} \times \left(\frac{0.1\text{ MPa}}{0.4\text{ MPa}}\right)^{\frac{1.25-1}{1.25}} = 303.14\text{ K}$$

根据式(3-104)

$$w_{t,n} = \frac{n}{n-1}R_gT_1\left[1-\left(\frac{p_2}{p_1}\right)^{\frac{n-1}{n}}\right]$$

$$= \frac{1.25}{1.25-1} \times 0.296\,95\text{ kJ/(kg·K)} \times 400\text{ K} \times \left[1-\left(\frac{0.1\text{ MPa}}{0.4\text{ MPa}}\right)^{\frac{1.25-1}{1.25}}\right]$$

$$= 143.81\text{ kJ/kg}$$

根据式(3-107)

$$c_n = \frac{nc_{V0}-c_{p0}}{n-1} = \frac{n(C_{p0,m}-R)-C_{p0,m}}{M(n-1)}$$

$$= \frac{1.25 \times (29.10-8.314\,51)\text{ J/(mol·K)} - 29.10\text{ J/(mol·K)}}{0.028\text{ kg/mol} \times (1.25-1)}$$

$$= -445.45\text{ J/(kg·K)} = -0.445\,45\text{ kJ/(kg·K)}$$

根据式(3-110)

$$q_n = c_n(T_2-T_1) = -0.445\,45\text{ kJ/(kg·K)} \times (303.14-400)\text{ K} = 43.15\text{ kJ/kg}$$

根据式(3-64)可得

$$\Delta s = s_2 - s_1 = c_{p0}\ln\frac{T_2}{T_1} - R_g\ln\frac{p_2}{p_1}$$

$$= \frac{29.10\text{ J/(mol·K)}}{0.028\text{ kg/mol}} \times \ln\frac{303.14\text{ K}}{400\text{ K}} - 296.95\text{ J/(kg·K)} \times \ln\frac{0.1\text{ MPa}}{0.4\text{ MPa}}$$

$$= 123.50\text{ J/(kg·K)} = 0.123\,50\text{ kJ/(kg·K)}$$

*3-7 不作功过程和绝热过程

前两节讨论的各种过程(定容过程、定压过程、定温过程、定熵过程以及多变过程)都是用热力系内部特征来定义的,但也可以用热力系和外界的能量交换情况来定义热力过程。不作功过程和绝热过程正是这样的过程。不作功过程分为两种:一种是不作膨胀功的过程,一种是不作技术功的过程。事实上,绝大多数的热工设备的传热过程和作功过程都是分开完成的。各种换热设备(如锅炉、冷凝器、加热器以及其他各种换热器)只完成传热过程而不同时作功(技术功)。流体在这些设备中进行的是不作技术功的(传热)过程。另一方面,各种动力机械(如涡轮机、压气机、液体泵以及各种活塞式动力机械)在完成作功过程时,和外界基本上没有热量交换,工质进行的是绝热的(作功)过程。所以,分析讨论这些不作功过程和绝热过程是十分必要的,而这种"传热过程不作功($w_t = 0$)"和"作功过程传热难($q \approx 0$)"的特点也给热力学分析和能量计算带来很大方便。下面分别加以讨论。

1. 不作膨胀功的过程

不作膨胀功的过程是指闭口热力系在经历状态变化时,不对外界作出膨胀功,也不消耗外功,即

$$\delta w = 0 \tag{3-113}$$

如果不存在摩擦,那么不作膨胀功的过程也是定容过程:

$$\delta w = p \mathrm{d}v = 0$$

因为

$$p > 0$$

所以

$$\mathrm{d}v = 0(定容过程) \tag{3-114}$$

如果存在摩擦(包括流体的黏性摩擦),那么不作膨胀功的过程必定是一个比体积增大的过程:

$$p \mathrm{d}v = \delta w + \delta w_L > \delta w = 0$$

即

$$p \mathrm{d}v > 0$$

因为

$$p > 0$$

所以

$$\mathrm{d}v > 0(比体积增大) \tag{3-115}$$

例如,气体向真空自由膨胀就是这种比体积增大而又不作膨胀功的过程(图3-10)。

根据热力学第一定律可知:热力系进行不作膨胀功的过程时,它和外界交换的热量必定等于热力学能的变化:

$$\delta q = \mathrm{d}u + \delta w = \mathrm{d}u \tag{3-116}$$

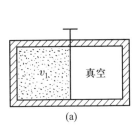 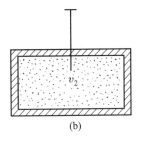

图 3-10

积分后得

$$q = u_2 - u_1 \qquad (3-117)$$

该式适用于任何工质。无论是否存在摩擦,也无论内部是否平衡(但过程始末状态必须平衡),只要不作膨胀功,该式均成立。

如果是理想气体,则得

$$q = \int_1^2 c_{V0} \mathrm{d}T \qquad (3-118)$$

如果是定比热容理想气体,则得

$$q = c_{V0}(T_2 - T_1) \qquad (3-119)$$

应该指出:不作膨胀功的过程和定容过程并不一样。它们只是在无摩擦的情况下才是一致的——不作膨胀功的过程只是在无摩擦的情况下比体积才不变(在有摩擦的情况下比体积一定增大),而定容过程也只是在无摩擦的情况下才不消耗外功(在有摩擦的情况下一定消耗外功)。另外,不作膨胀功的过程,无论有无摩擦,其热量必定等于热力学能的变化[式(3-117)],而定容过程只有在无摩擦的情况下,其热量才等于热力学能的变化[式(3-72)]。

2. 不作技术功的过程

不作技术功的过程是指热力系(工质)在稳定流动过程中或者一个工作周期中(指活塞式动力机械),不对外界作出技术功,也不消耗外功,即

$$\delta w_t = 0 \qquad (3-120)$$

如果不存在摩擦,那么不作技术功的过程也是定压过程:

$$\delta w_t = - v\mathrm{d}p = 0$$

因为 $$v > 0$$

所以 $$\mathrm{d}p = 0 (定压过程) \qquad (3-121)$$

如果存在摩擦,那么不作技术功的过程必定引起压力降落:

$$- v\mathrm{d}p = \delta w_t + \delta w_L > \delta w_t = 0$$

即 $$- v\mathrm{d}p > 0$$

因为 $\qquad v > 0$

所以 $\qquad \mathrm{d}p < 0(\text{压力降落}) \qquad (3-122)$

例如,流体在各种换热设备及输送管道中的流动就是这种压力不断降低而又不作技术功的过程。

根据热力学第一定律可知,热力系进行不作技术功的过程,它和外界交换的热量必定等于焓的变化:

$$\delta q = \mathrm{d}h + \delta w_\mathrm{t} = \mathrm{d}h \qquad (3-123)$$

积分后得

$$q = h_2 - h_1 \qquad (3-124)$$

该式适用于任何工质。无论是否存在摩擦,压力是否降落,也无论内部是否平衡(但过程始末状态必须平衡),只要不作技术功,该式均成立。

如果工质是理想气体,则

$$q = \int_1^2 c_{p0} \mathrm{d}T \qquad (3-125)$$

如果工质是定比热容理想气体,则

$$q = c_{p0}(T_2 - T_1) \qquad (3-126)$$

不作技术功的过程和定压过程也不一样。只是在无摩擦的情况下它们才是一致的——不作技术功的过程只是在无摩擦的情况下压力才不变(如果存在摩擦,那么压力一定下降),而定压过程也只是在无摩擦的情况下才不消耗技术功(如果存在摩擦,那么一定消耗技术功)。另外,不作技术功的过程,无论有无摩擦,其热量一定等于焓的变化[式(3-124)],而定压过程只是在无摩擦的情况下,其热量才等于焓的变化[式(3-80)]。

在各种换热设备中,尽管存在着或大或小的摩擦阻力,因而有不同程度的压力降落,但与外界交换的热量均可用流体的焓的变化进行计算。这是由于流体进行的是不作技术功的过程,本该这样计算,而并非是近似认为定压过程后的简化计算方法。

3. 绝热过程

绝热过程是指热力系在和外界无热量交换的情况下进行的过程,即

$$\delta q = 0 \qquad (3-127)$$

如果不存在摩擦,而过程是内平衡的,那么绝热过程也是定熵过程:

$$\delta q = \mathrm{d}u + p\mathrm{d}v = T\mathrm{d}s = 0$$

因为 $\qquad T > 0$

所以 $\qquad \mathrm{d}s = 0(\text{定熵过程}) \qquad (3-128)$

如果存在摩擦,那么绝热过程必定引起熵的增加:

$$T\mathrm{d}s = \mathrm{d}u + p\mathrm{d}v = \mathrm{d}u + \delta w + \delta w_\mathrm{L} = \delta q + \delta q_\mathrm{g} > \delta q = 0$$

即 $$T\mathrm{d}s > 0$$

因为 $$T > 0$$

所以 $$\mathrm{d}s > 0（熵增加） \qquad (3-129)$$

例如，气体在各种叶轮式动力机械中以及在高速活塞式机械中进行的膨胀或压缩过程都是这种绝热而又增熵的过程。

根据热力学第一定律可知，热力系进行绝热过程时，无论有无摩擦，它对外界作出的膨胀功和技术功分别等于过程前后热力学能的减少和焓的减少（焓降）：

$$\delta q = \mathrm{d}u + \delta w = \mathrm{d}h + \delta w_\mathrm{t} = 0$$

所以 $$\delta w = -\mathrm{d}u \qquad (3-130)$$

$$\delta w_\mathrm{t} = -\mathrm{d}h \qquad (3-131)$$

积分后得 $$w = u_1 - u_2 \qquad (3-132)$$

$$w_\mathrm{t} = h_1 - h_2 \qquad (3-133)$$

式(3-132)和式(3-133)适用于任何工质。无论是否存在摩擦，熵是否增加，也无论内部是否平衡（但过程始末状态必须平衡），只要是绝热过程，它们都是成立的。

如果工质是理想气体，则

$$w = -\int_1^2 c_{V0}\mathrm{d}T \qquad (3-134)$$

$$w_\mathrm{t} = -\int_1^2 c_{p0}\mathrm{d}T \qquad (3-135)$$

如果工质是定比热容理想气体，则

$$w = c_{V0}(T_1 - T_2) \qquad (3-136)$$

$$w_\mathrm{t} = c_{p0}(T_1 - T_2) \qquad (3-137)$$

例 3-9 空气（按定比热容理想气体考虑）从 20 ℃、0.1 MPa 在压气机中绝热压缩至 1 MPa。由于存在摩擦，压缩过程偏离 $pv^{\gamma_0} =$ 常数的变化规律，而近似地符合 $pv^{1.5} =$ 常数的规律。试计算压缩终了时空气的温度、生产 1 kg 压缩空气消耗的功及压气机的绝热效率。

解 根据式(3-102)可知，压缩终了时空气的温度为

$$T_2 = T_1\left(\frac{p_2}{p_1}\right)^{\frac{n-1}{n}} = (20 + 273.15)\ \mathrm{K} \times \left(\frac{1\ \mathrm{MPa}}{0.1\ \mathrm{MPa}}\right)^{\frac{1.5-1}{1.5}} = 631.57\ \mathrm{K}$$

压气机绝热压缩实际消耗的功可根据式(3-137)计算：

$$w_{C实际} = -w_\mathrm{t} = c_{p0}(T_2 - T_1)$$

$$= 1.005\ \mathrm{kJ/(kg \cdot K)} \times (631.57 - 293.15)\ \mathrm{K} = 340.11\ \mathrm{kJ/kg}$$

压气机绝热（定熵）压缩消耗的理论功可根据式(3-95)计算：

$$w_{C理论} = -w_{t,s} = \frac{\gamma_0}{\gamma_0 - 1}R_g T_1\left[\left(\frac{p_2}{p_1}\right)^{\frac{\gamma_0-1}{\gamma_0}} - 1\right]$$

$$= \frac{1.4}{1.4-1} \times 0.287\ 1\ kJ/(kg \cdot K) \times 293.15\ K \times \left[\left(\frac{1\ MPa}{0.1\ MPa}\right)^{\frac{1.4-1}{1.4}} - 1\right]$$

$$= 274.16\ kJ/kg$$

压气机的绝热效率

$$\eta_{C,s} = \frac{w_{C理论}}{w_{C实际}} = \frac{274.16\ kJ/kg}{340.11\ kJ/kg} = 0.806\ 1 = 80.61\%$$

3-8　绝热自由膨胀过程和绝热节流过程

1. 绝热自由膨胀过程

　　绝热自由膨胀过程是指气体在与外界绝热的条件下向真空进行的不作膨胀功的膨胀过程(参看图 3-10)。气体最初处于平衡状态(图 3-10a),抽开隔板后,由于容器两边的显著压差,使气体迅速从左侧冲向右侧,经过一段时间的混乱扰动后静止下来,达到平衡的终态(图 3-10b)。在这一过程中,气体的体积虽然增大了,但未对外界作膨胀功,同时这一过程又是在绝热的条件下进行的,因此

$$w = 0, \quad q = 0$$

根据热力学第一定律[式(2-6)],可知

$$\left.\begin{aligned} \Delta u &= 0 \\ u_2 &= u_1 \end{aligned}\right\} \tag{3-138}$$

所以,绝热自由膨胀后,气体的热力学能保持不变。如果是理想气体,由于热力学能只是温度的函数,热力学能不变,温度也不变:

$$\left.\begin{aligned} \Delta T &= 0 \\ T_2 &= T_1 \end{aligned}\right\}\ (理想气体) \tag{3-139}$$

如果是实际气体,由于自由膨胀后比体积增大,热力学能中分子力所形成的位能有所增加,因此热力学能中分子动能部分就会减小(总的热力学能保持不变),从而使气体的温度有所降低(这就是所谓"焦耳效应"):

$$\left.\begin{aligned} \Delta T &< 0 \\ T_2 &< T_1 \end{aligned}\right\} \tag{3-140}$$

　　绝热自由膨胀是典型的存在内摩擦的绝热过程。由式(3-129)可知,它必然引起气体熵的增加:

$$\left.\begin{aligned}\Delta s &> 0\\ s_2 &> s_1\end{aligned}\right\} \tag{3-141}$$

2. 绝热节流过程

节流是工程中常见的流动过程。流体在管道中流动时，中途遇到阀门、孔板等物，流体将从突然缩小的通流截面流过，由于局部阻力较大，流体压力会有显著的降落（图 3-11），这种流动称为节流。节流过程是有内摩擦的不作技术功的过程。由式（3-122）可知，流体节流后的压力一定低于节流前的压力：

$$p_2 < p_1 \tag{3-142}$$

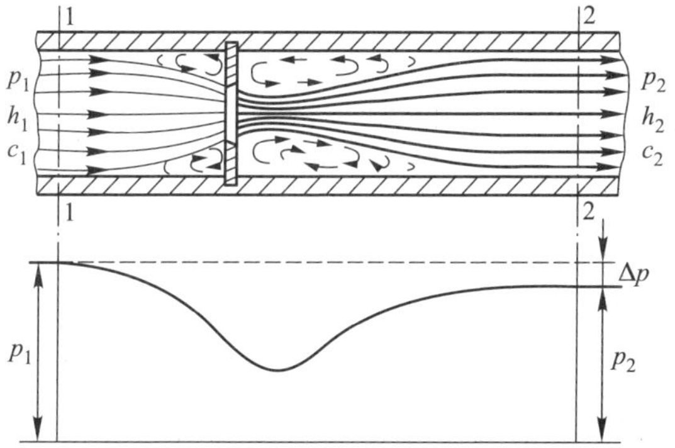

图 3-11

通常的节流可以认为是绝热的，因为流体很快通过节流孔，在节流孔前后不长的管段中，流体和外界交换的热量通常都很少，可以忽略不计（$q \approx 0$）。在节流孔附近，涡流、扰动（流体的内摩擦）是不可避免的，所以节流过程是典型的存在内摩擦的绝热流动过程。由式（3-129）可知，节流后流体的熵一定增加：

$$s_2 > s_1 \tag{3-143}$$

既然绝热节流是一个不作技术功的绝热的稳定流动过程（$w_t = 0, q = 0$），节流过程前后流体重力位能和动能的变化都可以忽略不计$\left[g(z_2 - z_1) \approx 0, \frac{1}{2}(c_2^2 - c_1^2) \approx 0\right]$，因此根据热力学第一定律［式（2-14）］可知，绝热节流后流体的焓不变：

$$h_2 = h_1 \tag{3-144}$$

如果流体是理想气体，由于节流后焓不变，因而温度也不变（理想气体的焓只是温度的函数）：

$$T_2 = T_1 \tag{3-145}$$

如果流体是实际气体，那么节流后温度可能降低，可能不变，也可能升高，即

$$T_2 \lesseqgtr T_1 \tag{3-146}$$

绝热节流引起的流体的温度变化称为绝热节流的温度效应,也称<u>焦耳-汤姆孙效应</u>。

节流过程存在内摩擦。从减少可用能损失的角度,应该避免节流过程。但是,由于节流过程有降低压力、减少流量、降低温度(节流的冷效应 $\Delta T < 0$)等作用,而且又很容易实现(比如说,只需在管道上安上一个阀门即可实现节流过程),因此在工程中经常利用节流过程来调节压力和流量,以及利用节流的冷效应达到制冷目的。另外,还经常利用节流孔板前后的压差测量流量,利用多次节流的显著压降减少气缸体和转动轴之间的泄漏(轴封),以及通过节流过程的温度效应研究实际气体的性质等。

例 3-10 设在图 3-10a 所示的容器左侧装有 3 kg 氮气,压力为 0.2 MPa,温度为 400 K;右侧为真空。左右两侧容积相同。抽掉隔板后气体进行自由膨胀。

(1)由于向外界放热,温度降至 300 K;

(2)过程在与外界绝热的条件下进行。

求过程的终态压力、热量及熵的变化。

解 按定比热容理想气体计算。由附表 1 查得氮气的气体常数和比定容热容为

$$R_g = 0.296\ 8\ \text{kJ}/(\text{kg} \cdot \text{K}), \quad c_{v0} = 0.742\ \text{kJ}/(\text{kg} \cdot \text{K})$$

(1) $p_2 = \dfrac{mR_gT_2}{V_2} = \dfrac{mR_gT_2}{2V_1} = \dfrac{mR_gT_2}{2mR_gT_1/p_1} = \dfrac{p_1}{2}\dfrac{T_2}{T_1} = \dfrac{0.2\ \text{MPa}}{2} \times \dfrac{300\ \text{K}}{400\ \text{K}} = 0.075\ \text{MPa}$

自由膨胀过程是一个不作膨胀功的过程,根据式(3-119)可知

$$Q = mq = mc_{v0}(T_2 - T_1)$$

$$= 3\ \text{kg} \times 0.742\ \text{kJ}/(\text{kg} \cdot \text{K}) \times (300 - 400)\ \text{K} = -222.6\ \text{kJ}$$

根据式(3-61)可知

$$\Delta S = m\Delta s = m\left(c_{v0}\ln\frac{T_2}{T_1} + R_g\ln\frac{V_2}{V_1}\right)$$

$$= 3\ \text{kg} \times \left[0.742\ \text{kJ}/(\text{kg} \cdot \text{K}) \times \ln\frac{300\ \text{K}}{400\ \text{K}} + 0.296\ 8\ \text{kJ}/(\text{kg} \cdot \text{K}) \times \ln\frac{2V_1}{V_1}\right]$$

$$= -0.023\ 2\ \text{kJ/K}$$

(2)理想气体绝热自由膨胀后,热力学能不变,温度也不变[式(3-139)]:

$$T_2 = T_1 = 400\ \text{K}$$

所以

$$p_2 = p_1\frac{T_2}{T_1}\frac{V_1}{V_2} = 0.2\ \text{MPa} \times \frac{400\ \text{K}}{400\ \text{K}} \times \frac{V_1}{2V_1} = 0.1\ \text{MPa}$$

根据式(3-61)计算熵的变化:

$$\Delta S = m\Delta s = m\left(c_{v0}\ln\frac{T_2}{T_1} + R_g\ln\frac{V_2}{V_1}\right)$$

$$= mR_g\ln\frac{V_2}{V_1} = 3 \text{ kg} \times 0.296\ 8 \text{ kJ/(kg}\cdot\text{K)} \times \ln 2 = 0.617\ 2 \text{ kJ/K}$$

[正如式(3-141)所示,绝热自由膨胀一定引起熵增。]

*3-9　定容混合过程和流动混合过程

1. 定容混合过程

设有一刚性容器,内置隔板将它分隔成 n 个空间, n 种气体分别装于其间,如图 3-12 所示。现将隔板全部抽掉,使它们充分混合,来分析混合后的情况。

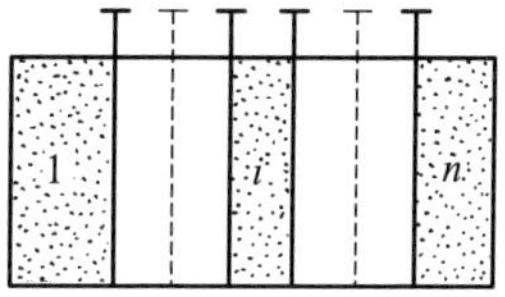

图 3-12

显然,混合后的质量等于各气体质量的总和:

$$m = \sum_{i=1}^{n} m_i \qquad (3-147)$$

混合后的体积等于原来各体积的总和:

$$V = \sum_{i=1}^{n} V_i \qquad (3-148)$$

这一混合过程是在密闭容器中进行的不作膨胀功的过程($W = 0$)。根据热力学第一定律可知

$$Q = \Delta U$$

如果认为和外界没有热量交换(对短暂的混合过程常常可以认为是绝热的, $Q = 0$),那么混合后的热力学能将不发生变化:

$$\left.\begin{array}{c} \Delta U = U - \sum_{i=1}^{n} U_i = 0 \\ \\ U = \sum_{i=1}^{n} U_i \end{array}\right\} \qquad (3-149)$$

或

为便于分析,假定 n 种气体都是定比热容理想气体。这时,式(3-149)可写为

$$mc_{V0}T = \sum_{i=1}^{n} m_i c_{V0,i} T_i \qquad (a)$$

另外,理想混合气体的热力学能应该等于各组成气体在混合状态下的热力学能的总和:

$$mc_{V0}T = \sum_{i=1}^{n} m_i c_{V0,i} T$$

消去 T,得

$$mc_{V0} = \sum_{i=1}^{n} m_i c_{V0,i} \qquad (3-150)$$

式(3-150)表明,混合气体的热容等于各组成气体的热容的总和。将该式代入式(a)后即可得混合气体温度的计算式:

$$T = \frac{\displaystyle\sum_{i=1}^{n} m_i c_{V0,i} T_i}{\displaystyle\sum_{i=1}^{n} m_i c_{V0,i}} \qquad (3-151)$$

混合后的压力则可根据理想气体的状态方程计算:

$$p = \frac{mR_g T}{V} = \frac{mRT}{VM}$$

式中混合气体的平均摩尔质量 M 可根据式(3-20)计算:

$$M = 1 \bigg/ \sum_{i=1}^{n} \frac{w_i}{M_i}$$

所以

$$p = \frac{mRT}{V} \sum_{i=1}^{n} \frac{w_i}{M_i} \qquad (3-152)$$

混合过程的熵增等于每一种气体由混合前的状态变到混合后的状态(具有混合气体的温度并占有整个体积)的熵增的总和[参看式(3-61)]:

$$\Delta S = \sum_{i=1}^{n} \Delta S_i = \sum_{i=1}^{n} m_i \left(c_{V0,i} \ln \frac{T}{T_i} + R_{g,i} \ln \frac{V}{V_i} \right) \qquad (3-153)$$

如果进行混合的是同一种理想气体($c_{V0,i} = c_{V0}$,$M_i = M$),则式(3-151)和(3-152)变为

$$T = \frac{\displaystyle\sum_{i=1}^{n} m_i T_i}{m} \qquad (3-154)$$

$$p = \frac{mRT}{VM} \qquad (3-155)$$

但是,由于同一种气体的分子混合后无法区分,熵增的计算不能根据式(3-153)进行,而应根据混合后全部气体的熵与混合前各部分气体的熵的差值来计算:

$$\Delta S = S - \sum_{i=1}^{n} S_i$$

$$= m \left(c_{V0} \ln T + R_g \ln \frac{V}{m} + C_1 \right) - \sum_{i=1}^{n} m_i \left(c_{V0} \ln T_i + R_g \ln \frac{V_i}{m_i} + C_1 \right)$$

常数 C_1 可消去,从而得

$$\Delta S = m\left(c_{v0}\ln T + R_{\rm g}\ln \frac{V}{m}\right) - \sum_{i=1}^{n} m_i\left(c_{v0}\ln T_i + R_{\rm g}\ln \frac{V_i}{m_i}\right) \quad (3-156)$$

如按式(3-153)计算同种气体混合后的熵增将会引起谬误(即所谓吉布斯佯谬)。为了说明佯谬的产生,举一个最简单的例子。设容器中装有某种定比热容理想气体。它处于平衡状态,温度为 T,体积为 V,质量为 m(图3-13a)。根据式(3-61)可知,它的熵为

$$S = m\left(c_{v0}\ln T + R_{\rm g}\ln \frac{V}{m} + C_1\right)$$

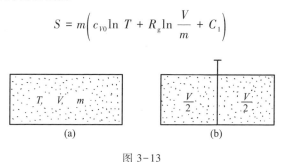

图 3-13

现用一块很薄的隔板将它一分为二。两部分温度仍为 T,每部分容积为 $V/2$,质量为 $m/2$(图3-13b)。这两部分的熵的总和仍为 S:

$$S_1 + S_2 = \frac{m}{2}\left(c_{v0}\ln T + R_{\rm g}\ln \frac{V/2}{m/2} + C_1\right) + \frac{m}{2}\left(c_{v0}\ln T + R_{\rm g}\ln \frac{V/2}{m/2} + C_1\right)$$

$$= m\left(c_{v0}\ln T + R_{\rm g}\ln \frac{V}{m} + C_1\right) = S$$

$S_1+S_2=S$,这是很容易理解的。现在再将隔板抽开,两部分进行"混合","混合"后的温度仍为 T,容积仍为 V,质量仍为 m。如果按式(3-153)来计算"混合"过程的熵增,则得

$$\Delta S = \Delta S_1 + \Delta S_2$$

$$= \frac{m}{2}\left(c_{v0}\ln \frac{T}{T} + R_{\rm g}\ln \frac{V}{V/2}\right) + \frac{m}{2}\left(c_{v0}\ln \frac{T}{T} + R_{\rm g}\ln \frac{V}{V/2}\right)$$

$$= mR_{\rm g}\ln 2 > 0$$

如果按式(3-156)计算,则得

$$\Delta S = S - (S_1 + S_2)$$

$$= m\left(c_{v0}\ln T + R_{\rm g}\ln \frac{V}{m} + C_1\right) - 2 \times \frac{m}{2}\left(c_{v0}\ln T + R_{\rm g}\ln \frac{V/2}{m/2} + C_1\right)$$

$$= 0$$

显然后者是正确的,而前者产生了佯谬。

2. 流动混合过程

设有 n 股不同气体流入混合室,充分混合后再流出,如图 3-14 所示。

如果流动是稳定的,那么混合后的流量应等于混合前各股流量的总和:

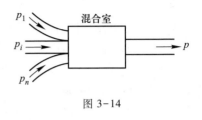

图 3-14

$$q_m = \sum_{i=1}^{n} q_{mi} \qquad (3-157)$$

流动混合过程是一个不作技术功的过程,混合前后流体动能及重力位能的变化可以略去不计,同时,通常都可以忽略混合室及其附近管段与外界的热交换,因此它是一个不作技术功的绝热过程 ($W_t = 0, Q = 0$)。根据热力学第一定律[式(2-14)]可知,混合后流体的总焓不变:

$$\left. \begin{aligned} \Delta \dot{H} = q_m h - \sum_{i=1}^{n} q_{mi} h_i = 0 \\ q_m h = \sum_{i=1}^{n} q_{mi} h_i \end{aligned} \right\} \qquad (3-158)$$

如果 n 种流体均为定比热容理想气体,则式(3-158)可写为

$$q_m c_{p0} T = \sum_{i=1}^{n} q_{mi} c_{p0,i} T_i \qquad (b)$$

另外,理想混合气流的焓应该等于各组成气体在混合流状态下焓的总和:

$$q_m c_{p0} T = \sum_{i=1}^{n} q_{mi} c_{p0,i} T$$

即

$$q_m c_{p0} = \sum_{i=1}^{n} q_{mi} c_{p0,i} \qquad (3-159)$$

代入式(b)后即可得混合气流的温度计算式:

$$T = \frac{\sum\limits_{i=1}^{n} q_{mi} c_{p0,i} T_i}{\sum\limits_{i=1}^{n} q_{mi} c_{p0,i}} \qquad (3-160)$$

混合后各种气体成分的分压力(p_i')等于混合气流总压力(p)与各摩尔分数(x_i)的乘积[式(3-24)]。再根据摩尔分数与质量分数的换算关系[式(3-18)],可得各分压力为

$$p_i' = p x_i = p \frac{w_i/M_i}{\sum\limits_{i=1}^{n} w_i/M_i} = p \frac{q_{mi}/M_i}{\sum\limits_{i=1}^{n} q_{mi}/M_i} \qquad (3-161)$$

单位时间内混合过程的熵增,等于每一种气流由混合前的状态变化到混合后的状态(具有混合气流的温度及相应的分压力)的熵增的总和:

$$\Delta \dot{S} = \sum_{i=1}^{n} q_{mi} \Delta s_i = \sum_{i=1}^{n} q_{mi} \left(c_{p0,i} \ln \frac{T}{T_i} - R_{g,i} \ln \frac{p_i'}{p_i} \right) \qquad (3-162)$$

如果进行混合的是同一种理想气体($c_{p0,i} = c_{p0}$),则式(3-160)变为

$$T = \frac{\sum_{i=1}^{n} q_{mi} T_i}{q_m} \qquad (3-163)$$

考虑到同种分子混合后无法区分,单位时间内混合过程的熵增应根据混合后全部气流的熵与混合前各股气流的熵之和的差值来计算:

$$\Delta \dot{S} = q_m s - \sum_{i=1}^{n} q_{mi} s_i$$

$$= q_m (c_{p0} \ln T - R_g \ln p + C_2) - \sum_{i=1}^{n} q_{mi} (c_{p0} \ln T_i - R_g \ln p_i + C_2)$$

消去常数 C_2,从而得

$$\Delta \dot{S} = q_m (c_{p0} \ln T - R_g \ln p) - \sum_{i=1}^{n} q_{mi} (c_{p0} \ln T_i - R_g \ln p_i) \qquad (3-164)$$

例 3-11　两瓶氧气,一瓶压力为 10 MPa,一瓶为 2.5 MPa,其容积均为 100 L,温度与大气温度相同,均为 290 K。将它们连通后,达到平衡,最后温度仍为 290 K。问这时压力为多少? 整个过程的熵增为多少? 与大气有无热交换?

解　将氧气作定比热容理想气体处理。从附表 1 查得:

$$R_{g,O_2} = 0.259\,8 \text{ kJ/(kg · K)}, \quad c_{v0} = 0.657 \text{ kJ/(kg · K)}$$

未连通前,两瓶氧气的质量分别为

$$m_1 = \frac{p_1 V_1}{R_{g,O_2} T_1} = \frac{10 \times 10^6 \text{ Pa} \times 100 \times 10^{-3} \text{ m}^3}{0.259\,8 \times 10^3 \text{ J/(kg · K)} \times 290 \text{ K}} = 13.273 \text{ kg}$$

$$m_2 = \frac{p_2 V_2}{R_{g,O_2} T_2} = \frac{2.5 \times 10^6 \text{ Pa} \times 100 \times 10^{-3} \text{ m}^3}{0.259\,8 \times 10^3 \text{ J/(kg · K)} \times 290 \text{ K}} = 3.318 \text{ kg}$$

连通并达到平衡后,总质量为 $(m_1 + m_2)$,总容积为 $(V_1 + V_2)$,温度仍为 290 K,所以压力为

$$p = \frac{(m_1 + m_2) R_{g,O_2} T}{V_1 + V_2}$$

$$= \frac{(13.273 + 3.318) \text{ kg} \times 0.259\,8 \times 10^3 \text{ J/(kg · K)} \times 290 \text{ K}}{(100 + 100) \times 10^{-3} \text{ m}^3}$$

$$= 6.250 \times 10^6 \text{ Pa} = 6.25 \text{ MPa}$$

因为是同种气体的混合,熵增应根据式(3-156)计算:

$$\Delta S = (m_1 + m_2) \left(c_{v0} \ln T + R_{g,O_2} \ln \frac{V_1 + V_2}{m_1 + m_2} \right) -$$

$$\left[m_1 \left(c_{V0} \ln T_1 + R_{g,O_2} \ln \frac{V_1}{m_1} \right) + m_2 \left(c_{V0} \ln T_2 + R_{g,O_2} \ln \frac{V_2}{m_2} \right) \right]$$

$$= R_{g,O_2} \left[(m_1 + m_2) \ln \frac{V_1 + V_2}{m_1 + m_2} - m_1 \ln \frac{V_1}{m_1} - m_2 \ln \frac{V_2}{m_2} \right]$$

$$= 0.259\ 8\ \mathrm{kJ/(kg \cdot K)} \times \left[(13.273 + 3.318)\ \mathrm{kg} \times \ln \frac{200 \times 10^{-3}\ \mathrm{m^3}}{(13.273 + 3.318)\ \mathrm{kg}} - \right.$$

$$\left. 13.273\ \mathrm{kg} \times \ln \frac{100 \times 10^{-3}\ \mathrm{m^3}}{13.273\ \mathrm{kg}} - 3.318\ \mathrm{kg} \times \ln \frac{100 \times 10^{-3}\ \mathrm{m^3}}{3.318\ \mathrm{kg}} \right]$$

$$= 0.830\ 9\ \mathrm{kJ/K}$$

这一混合过程未作膨胀功($W = 0$),所以

$$Q = \Delta U + W = \Delta U = U - (U_1 + U_2) = (m_1 + m_2)c_{V0}T - (m_1 c_{V0} T_1 + m_2 c_{V0} T_2)$$

由于

$$T_1 = T_2 = T$$

因而得

$$Q = 0$$

从两个容器的整体来看,未从大气吸热,也未向大气放热。实际上,较高压力的氧气瓶从大气吸收了热量,较低压力的氧气瓶向大气放出了热量,只是吸收的热量等于放出的热量,二者正好抵消(参看例 3-13)。

例 3-12 压力为 0.12 MPa、温度为 300 K、流量为 0.1 kg/s 的天然气(CH_4),与压力为 0.2 MPa、温度为 350 K、流量为 3.5 kg/s 的压缩空气混合。混合后的压力为 0.1 MPa。求混合气流的温度及单位时间的熵增。

解 将天然气和空气均作定比热容理想气体处理。查附表 1 得:

天然气 $\qquad M_1 = 16.043\ \mathrm{g/mol}, \quad R_{g,1} = 0.518\ 3\ \mathrm{kJ/(kg \cdot K)}$

$$c_{p0,1} = 2.227\ \mathrm{kJ/(kg \cdot K)}$$

空气 $\qquad M_2 = 28.965\ \mathrm{g/mol}, \quad R_{g,2} = 0.287\ 1\ \mathrm{kJ/(kg \cdot K)}$

$$c_{p0,2} = 1.005\ \mathrm{kJ/(kg \cdot K)}$$

根据式(3-160)可计算出混合气流的温度为

$$T = \frac{q_{m1} c_{p0,1} T_1 + q_{m2} c_{p0,2} T_2}{q_{m1} c_{p0,1} + q_{m2} c_{p0,2}}$$

$$= \frac{0.1\ \mathrm{kg/s} \times 2.227\ \mathrm{kJ/(kg \cdot K)} \times 300\ \mathrm{K} + 3.5\ \mathrm{kg/s} \times 1.005\ \mathrm{kJ/(kg \cdot K)} \times 350\ \mathrm{K}}{0.1\ \mathrm{kg/s} \times 2.227\ \mathrm{kJ/(kg \cdot K)} + 3.5\ \mathrm{kg/s} \times 1.005\ \mathrm{kJ/(kg \cdot K)}}$$

$$= 347\ \mathrm{K}$$

混合后,天然气和空气的分压力可根据式(3-161)计算:

$$p_1' = p \frac{q_{m1}/M_1}{\dfrac{q_{m1}}{M_1} + \dfrac{q_{m2}}{M_2}}$$

$$= 0.1\ \mathrm{MPa} \times \frac{0.1\ \mathrm{kg/s} \Big/ 16.043\ \mathrm{g/mol}}{\dfrac{0.1\ \mathrm{kg/s}}{16.043\ \mathrm{g/mol}} + \dfrac{3.5\ \mathrm{kg/s}}{28.965\ \mathrm{g/mol}}} = 0.004\ 9\ \mathrm{MPa}$$

$$p_2' = p - p_1' = 0.1\ \mathrm{MPa} - 0.004\ 9\ \mathrm{MPa} = 0.095\ 1\ \mathrm{MPa}$$

因为是不同气体的流动混合,单位时间的熵增应根据式(3-162)计算:

$$\Delta \dot{S} = q_{m1}\left(c_{p0,1}\ln \frac{T}{T_1} - R_{g,1}\ln \frac{p_1'}{p_1}\right) + q_{m2}\left(c_{p0,2}\ln \frac{T}{T_2} - R_{g,2}\ln \frac{p_2'}{p_2}\right)$$

$$= 0.1 \text{ kg/s} \times \left[2.227 \text{ kJ/(kg}\cdot\text{K)} \times \ln \frac{347 \text{ K}}{300 \text{ K}} - 0.518\ 3 \text{ kJ/(kg}\cdot\text{K)} \times \ln \frac{0.004\ 9 \text{ MPa}}{0.12 \text{ MPa}}\right] +$$

$$3.5 \text{ kg/s} \times \left[1.005 \text{ kJ/(kg}\cdot\text{K)} \times \ln \frac{347 \text{ K}}{350 \text{ K}} - 0.287\ 1 \text{ kJ/(kg}\cdot\text{K)} \times \ln \frac{0.095\ 1 \text{ MPa}}{0.2 \text{ MPa}}\right]$$

$$= 0.914\ 9 \text{ kJ/(K}\cdot\text{s)}$$

*3—10 充气过程和放气过程

工程中除了大量的稳定流动过程外,还会遇到一些非稳定流动过程。充气过程和放气过程就是非稳定流动过程的典型例子。在充气或放气时,除了流量随时间变化外,容器中气体的状态也随时间发生变化。但是,通常可以认为在任何瞬时,气体在整个容器空间的状态是近似均匀的(各处温度、压力一致),这样就给分析计算带来一定的方便。下面分别讨论这两种过程。

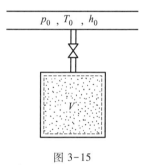

图 3-15

1. 充气过程

由气源向容器充气时(图3-15),气源通常具有稳定的参数(p_0、T_0、h_0 不随时间变化)。

取容器中的气体为热力系,其容积 V 不变。设充气前容器中气体的温度为 T_1、压力为 p_1、质量为 m_1;充气后压力升高至 p_2(p_2 不可能超过 p_0)、温度为 T_2、质量为 m_2。根据热力学第一定律的基本表达式[式(2-4)]可得其中各项为

$$Q = Q$$

$$\Delta E = \Delta U = U_2 - U_1 = m_2 u_2 - m_1 u_1$$

$$\int_{(\tau)} (e_{\text{out}}\delta m_{\text{out}} - e_{\text{in}}\delta m_{\text{in}}) = -\int_{(\tau)} u_0\delta m_0 = -u_0 m_{\text{in}} = -u_0(m_2 - m_1)$$

$$W_{\text{tot}} = -m_{\text{in}}p_0 v_0 = -(m_2 - m_1)p_0 v_0$$

所以 $$Q = (m_2 u_2 - m_1 u_1) - (m_2 - m_1)u_0 - (m_2 - m_1)p_0 v_0$$

即 $$Q = m_2 u_2 - m_1 u_1 - (m_2 - m_1)h_0 \tag{3-165}$$

充气时有两种典型情况。一种是快速充气,充气过程在很短的时间内完成,

或者容器有很好的热绝缘,这样便可以认为充气过程是在与外界基本上绝热的条件下进行的。另一种是缓慢充气,充气过程在较长的时间内完成,或者容器与外界有很好的传热条件,这样便可以认为充气过程基本上是在定温(具有与外界相同的不变温度)下进行的。

对绝热充气的情况($Q=0$),式(3-165)变为

$$m_2 u_2 = m_1 u_1 + (m_2 - m_1)h_0 \tag{3-166}$$

式(3-166)表明:绝热充气后容器中气体的热力学能,等于容器中原有气体的热力学能与充入气体的焓的总和。

如果容器中的气体和充入的气体是同一种定比热容理想气体,则式(3-166)可写为

$$m_2 c_{V0} T_2 = m_1 c_{V0} T_1 + (m_2 - m_1) c_{p0} T_0$$

即

$$\frac{p_2 V}{R_g T_2} T_2 = \frac{p_1 V}{R_g T_1} T_1 + \left(\frac{p_2 V}{R_g T_2} - \frac{p_1 V}{R_g T_1}\right)\frac{c_{p0}}{c_{V0}} T_0$$

从而得充气完毕时的温度

$$T_2 = \frac{p_2 \gamma_0 T_0 T_1}{(p_2 - p_1) T_1 + p_1 \gamma_0 T_0} \tag{3-167}$$

充入容器的质量

$$m_2 - m_1 = \frac{V}{R_g}\left(\frac{p_2}{T_2} - \frac{p_1}{T_1}\right) \tag{3-168}$$

如果容器在充气前是抽成真空的($p_1=0$ 及 $m_1=0$),则从式(3-167)可得

$$T_2 = \gamma_0 T_0 \tag{3-169}$$

这就是说,如果向真空容器绝热充气,那么气体进入容器后温度将提高为原来的 γ_0 倍。比如说,在绝热条件下向真空容器充入压缩空气($\gamma_0 = 1.4$)。如果原来压缩空气的温度为 300 K(27 ℃),那么空气进入容器后,温度将达 420 K(147 ℃)。温度之所以升高,是由于充气时的推动功($p_0 v_0$)转变成了气体的热力学能。

对定温充气的情况($T_2=T_1$),如果将气体作定比热容理想气体处理,则 $u_2 = u_1$,式(3-165)变为

$$Q = (m_2 - m_1) c_{V0} T_1 - (m_2 - m_1) c_{p0} T_0$$

即

$$Q = (m_2 - m_1) c_{V0} (T_1 - \gamma_0 T_0)$$

或写为

$$Q = \frac{V}{R_g T_1}(p_2 - p_1) c_{V0}(T_1 - \gamma_0 T_0)$$

亦即

$$Q = (p_2 - p_1) V \frac{T_1 - \gamma_0 T_0}{T_1(\gamma_0 - 1)} \tag{3-170}$$

充入容器的质量为

$$m_2 - m_1 = \frac{(p_2 - p_1)V}{R_g T_1} \qquad (3-171)$$

2. 放气过程

放气过程是指容器中压力较高的气体向外界排出(图3-16)。取容器中的气体为热力系,其体积 V 不变。设放气前容器中气体的温度为 T_1、压力为 p_1、质量为 m_1;放气后压力降至 p_2(p_2 不可能低于外界压力 p_0)、温度变为 T_2、质量减至 m_2。根据热力学第一定律的基本表达式[式(2-4)]可得其中各项为

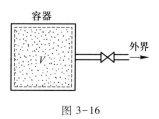

容器

外界

图 3-16

$$Q = Q$$

$$\Delta E = \Delta U = U_2 - U_1 = m_2 u_2 - m_1 u_1$$

$$\int_{(\tau)} (e_{out}\delta m_{out} - e_{in}\delta m_{in}) = \int_{(\tau)} u\delta m_{out} = \int_{(\tau)} u(-dm) = -\int_{m_1}^{m_2} u dm$$

$$W_{tot} = \int_{(\tau)} pv\delta m_{out} = \int_{(\tau)} pv(-dm) = -\int_{m_1}^{m_2} pv dm$$

所以

$$Q = (m_2 u_2 - m_1 u_1) - \int_{m_1}^{m_2} u dm - \int_{m_1}^{m_2} pv dm$$

即

$$Q = m_2 u_2 - m_1 u_1 - \int_{m_1}^{m_2} h dm \qquad (3-172)$$

与充气类似,放气也有绝热和定温两种典型情况。

对绝热放气的情况($Q=0$),式(3-172)变为

$$m_2 u_2 = m_1 u_1 + \int_{m_1}^{m_2} h dm \qquad (3-173)$$

如果认为容器中的气体是定比热容理想气体,则式(3-173)可写为

$$m_2 c_{V0} T_2 = m_1 c_{V0} T_1 + c_{p0} \int_{m_1}^{m_2} T dm$$

即

$$m_2 T_2 = m_1 T_1 + \gamma_0 \int_{m_1}^{m_2} T dm \qquad (3-174)$$

式中 T 为容器中气体的温度,在绝热放气过程中它是不断降低的。在绝热条件下进行的放气过程,通常都可以认为是一个定熵膨胀过程(气体膨胀后超出 V 的体积从容器中排出),因而容器中气体温度和压力的变化关系应为[参看式(3-93)]:

$$T = T_1 \left(\frac{p}{p_1} \right)^{\frac{\gamma_0 - 1}{\gamma_0}}$$

当压力降至 p_2 时,温度为

$$T_2 = T_1 \left(\frac{p_2}{p_1} \right)^{\frac{\gamma_0 - 1}{\gamma_0}} \tag{3-175}$$

这时容器中剩余的气体质量为

$$m_2 = \frac{p_2 V}{R_g T_2} = \frac{p_2 V}{R_g T_1} \left(\frac{p_1}{p_2} \right)^{\frac{\gamma_0 - 1}{\gamma_0}} = \frac{p_1 V}{R_g T_1} \left(\frac{p_2}{p_1} \right)^{\frac{1}{\gamma_0}}$$

即

$$m_2 = m_1 \left(\frac{p_2}{p_1} \right)^{\frac{1}{\gamma_0}} \tag{3-176}$$

放出气体的质量为

$$-\Delta m = m_1 - m_2 = m_1 \left[1 - \left(\frac{p_2}{p_1} \right)^{\frac{1}{\gamma_0}} \right] = \frac{p_1 V}{R_g T_1} \left[1 - \left(\frac{p_2}{p_1} \right)^{\frac{1}{\gamma_0}} \right] \tag{3-177}$$

对定温放气的情况 ($T_2 = T_1$),如果将容器中的气体作定比热容理想气体处理,则式(3-172)变为

$$Q = (m_2 - m_1) c_{V0} T_1 - c_{p0} T_1 (m_2 - m_1) = (m_2 - m_1)(c_{V0} - c_{p0}) T_1$$

$$= R_g T_1 (m_1 - m_2) = R_g T_1 \left(\frac{p_1 V}{R_g T_1} - \frac{p_2 V}{R_g T_1} \right)$$

即

$$Q = (p_1 - p_2) V \tag{3-178}$$

式(3-178)表明:定比热容理想气体在定温放气过程中吸收的热量,与气体的温度、比热容及气体常数等均无关,而只取决于容器的体积和压力降落。

例 3-13 将例 3-11 看作高压氧气瓶向低压氧气瓶放气(图 3-17)。假定放气速度很慢,两个瓶内的气体温度都一直基本上保持为大气温度(290 K),试求高压氧气瓶在整个放气过程中从大气吸收的热量。

解 根据例 3-11 给定的条件及已求得的最终压力值:

$$p_{A1} = 10 \text{ MPa}, \quad p_{B1} = 2.5 \text{ MPa},$$
$$T_{A1} = T_{B1} = T_{A2} = T_{B2} = 290 \text{ K}$$
$$V_A = V_B = 0.1 \text{ m}^3, \quad p_{A2} = p_{B2} = 6.25 \text{ MPa}$$

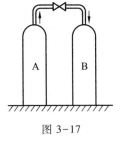

图 3-17

对定温放气过程可由式(3-178)计算其热量:

$$Q_A = (p_{A1} - p_{A2}) V_A = (10 - 6.25) \times 10^6 \text{ Pa} \times 0.1 \text{ m}^3 = 375\ 000 \text{ J} = 375 \text{ kJ}$$

也可以将 A 向 B 放气的过程看作是 B 从 A 充气的过程。在这里,虽然 A 中压力是变化的,但

温度一直未变,因而比焓亦未变,所以式(3-165)仍然成立,式(3-170)亦仍然成立,因此可得

$$Q_B = (p_{B2} - p_{B1})V_B \frac{T_{B1} - \gamma_0 T_{A1}}{T_{B1}(\gamma_0 - 1)}$$

$$= (6.25 - 2.5) \times 10^6 \text{ Pa} \times 0.1 \text{ m}^3 \times \frac{290 \text{ K} - 1.396 \times 290 \text{ K}}{290 \text{ K} \times (1.396 - 1)}$$

$$= -375\ 000 \text{ J} = -375 \text{ kJ}(负号表示 B 放出热量)$$

两个瓶与外界交换的总热量为

$$Q = Q_A + Q_B = 375 \text{ kJ} + (-375)\text{kJ} = 0$$

$Q = 0$,这也正是例 3-11 中将 A、B 两容器作为一个整体直接从能量方程得出的结论。

思　考　题

1. 理想气体的热力学能和焓只和温度有关,而和压力及比体积无关。但是根据给定的压力和比体积又可以确定热力学能和焓。其间有无矛盾?如何解释?

2. 迈耶公式对变比热容理想气体是否适用?对实际气体是否适用?

3. 在压容图中,不同定温线的相对位置如何?在温熵图中,不同定容线和不同定压线的相对位置如何?

4. 在温熵图中,如何将理想气体在任意两状态间热力学能的变化和焓的变化表示出来?

5. 定压过程和不作技术功的过程有何区别和联系?

6. 定熵过程和绝热过程有何区别和联系?

7. $q = \Delta h$;$w_t = -\Delta h$;$w_t = \frac{\gamma_0}{\gamma_0 - 1}R_g T_1\left[1 - \left(\frac{p_2}{p_1}\right)^{\frac{\gamma_0 - 1}{\gamma_0}}\right]$ 各适用于什么工质、什么过程?

8. 举例说明比体积和压力同时增大或同时减小的过程是否可能。如果可能,它们作功(包括膨胀功和技术功,不考虑摩擦)和吸热的情况如何?如果它们是多变过程,那么多变指数在什么范围内?在压容图和温熵图中位于什么区域?

9. 用气管向自行车轮胎打气时,气管发热,轮胎也发热,它们发热的原因各是什么?

习　　题

3-1 已知氖的摩尔质量为 20.183 g/mol,在 25 ℃时比定压热容为 1.030 kJ/(kg·K)。试计算(按理想气体)(1) 气体常数;(2) 标准状况下的比体积和密度;(3) 25 ℃时的比定容热容和热容比。

3-2 容积为 2.5 m³ 的压缩空气储气罐,原来压力表读数为 0.05 MPa,温度为 18 ℃。充气后压力表读数升为 0.42 MPa,温度升为 40 ℃。当时大气压力为 0.1 MPa。求充进空气的质量。

3-3 有一容积为 2 m³ 的氢气球,球壳质量为 1 kg。当大气压力为 750 mmHg、温度为

20 ℃ 时,浮力为 11.2 N。试求其中氢气的质量和表压力。

3-4 汽油发动机吸入空气和汽油蒸气的混合物,其压力为 0.095 MPa。混合物中汽油的质量分数为 6%,汽油的摩尔质量为 114 g/mol。试求混合气体的平均摩尔质量、气体常数及汽油蒸气的分压力。

3-5 50 kg 废气和 75 kg 空气混合。已知废气的质量分数为

$$w_{CO_2} = 14\%, \quad w_{O_2} = 6\%, \quad w_{H_2O} = 5\%, \quad w_{N_2} = 75\%$$

空气的质量分数为

$$w_{O_2} = 23.2\%, \quad w_{N_2} = 76.8\%$$

求混合气体的(1)质量分数;(2)平均摩尔质量;(3)气体常数。

3-6 同习题 3-5。已知混合气体的压力为 0.1 MPa,温度为 300 K。求混合气体的(1)体积分数;(2)各组成气体的分压力;(3)体积;(4)总热力学能(利用附表 2 中的经验公式并令积分常数 $C=0$)。

3-7 定比热容理想气体,进行了 1→2、4→3 两个定容过程以及 1→4、2→3 两个定压过程(图 3-18)。试证明:

$$q_{123} > q_{143}$$

3-8 某轮船从气温为 -20 ℃ 的港口领来一个容积为 40 L 的氧气瓶。当时压力表指示出压力为 15 MPa。该氧气瓶放于储藏舱内长期未使用,检查时氧气瓶压力表读数为 15.1 MPa,储藏室当时温度为 17 ℃。问该氧气瓶是否漏气?如果漏气,漏出了多少(按理想气体计算,并认为大气压力 $p_b \approx 0.1$ MPa)?

3-9 在锅炉装置的空气预热器中(图 3-19),由烟气加热空气。已知烟气流量 $q_m = 1\,000$ kg/h;空气流量 $q'_m = 950$ kg/h。烟气温度 $t_1 = 300$ ℃,$t_2 = 150$ ℃,烟气成分为

$$w_{CO_2} = 15.80\%, \quad w_{O_2} = 5.75\%, \quad w_{H_2O} = 6.20\%, \quad w_{N_2} = 72.25\%$$

空气初温 $t'_1 = 30$ ℃,空气预热器的散热损失为 5 400 kJ/h。求预热器出口空气温度(利用气体平均比热容表)。

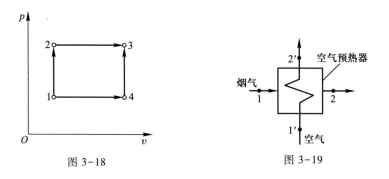

图 3-18   图 3-19

3-10 空气从 300 K 定压加热到 900 K。试按理想气体计算每千克空气吸收的热量及熵的变化:(1)按定比热容计算;(2)利用比定压热容经验公式计算。

3-11 空气(视为定比热容理想气体)在气缸中由初状态 $T_1 = 300$ K、$p_1 = 0.15$ MPa 进行

如下过程:(1)定压吸热膨胀,温度升高到 480 K;(2)先定温膨胀,然后再在定容下使压力增加到 0.15 MPa,温度升高到 480 K。

试将上述两种过程画在压容图和温熵图中;计算这两种过程中的膨胀功、热量、热力学能和熵的变化,并对计算结果略加讨论。

3-12 空气从 $T_1 = 300$ K、$p_1 = 0.1$ MPa 压缩到 $p_2 = 0.6$ MPa。试计算过程的膨胀功(压缩功)、技术功和热量,设过程是(1)定温的、(2)定熵的、(3)多变的($n = 1.25$)。按定比热容理想气体计算,不考虑摩擦。

3-13 空气在膨胀机中由 $T_1 = 300$ K、$p_1 = 0.25$ MPa 绝热膨胀到 $p_2 = 0.1$ MPa。流量 $q_m = 5$ kg/s。试利用空气热力性质表计算膨胀终了时空气的温度和膨胀机的功率:(1)不考虑摩擦损失;(2)考虑内部摩擦损失。已知膨胀机的相对内效率

$$\eta_{ri} = \frac{w_{T实际}}{w_{T理论}} = \frac{w_t}{w_{t,s}} = 85\%$$

3-14 天然气(其主要成分是甲烷 CH_4)由高压输气管道经膨胀机绝热膨胀作功后再使用。已测出天然气进入膨胀机时的压力为 4.9 MPa,温度为 25 ℃;流出膨胀机时压力为 0.15 MPa,温度为 -115 ℃。如果认为天然气在膨胀机中的状态变化规律接近一多变过程,试求多变指数及温度降为 0 ℃时的压力,并确定膨胀机的相对内效率(按定比热容理想气体计算,参看例 3-9)。

3-15 压缩空气的压力为 1.2 MPa,温度为 380 K。由于输送管道的阻力和散热,流至节流阀门前压力降为 1 MPa、温度降为 300 K。经节流后压力进一步降到 0.7 MPa。试求每千克压缩空气由输送管道散到大气中的热量,以及空气流出节流阀时的温度和节流过程的熵增(按定比热容理想气体计算)。

3-16 温度为 500 K、质量流量为 3 kg/s 的烟气(成分如习题 3-9 中所给),与温度为 300 K、质量流量为 1.8 kg/s 的空气(成分近似为 $x_{O_2} = 21\%$,$x_{N_2} = 79\%$)混合。试求混合后气流的温度(按定比热容理想气体计算)。

3-17 某氧气瓶的容积为 50 L。原来瓶中氧气压力为 0.8 MPa、温度为环境温度 293 K。将它与温度为 300 K 的高压氧气管道接通,并使瓶内压力迅速充至 3 MPa(与外界的热交换可以忽略)。试求充进瓶内的氧气质量。

3-18 同习题 3-17。如果充气过程缓慢,瓶内气体温度基本上一直保持为环境温度 293 K。试求压力同样充到 3 MPa 时充进瓶内的氧气质量以及充气过程中向外界放出的热量。

3-19 10 L 的容器中装有压力为 0.15 MPa、温度为室温(293 K)的氩气。现将容器阀门突然打开,氩气迅速排向大气,容器中的压力很快降至大气压力(0.1 MPa)。这时立即关闭阀门。经一段时间后容器内恢复到大气温度。试求:(1)放气过程达到的最低温度;(2)恢复到大气温度后容器内的压力;(3)放出的气体质量;(4)关闭阀门后气体从外界吸收的热量。

3-20 空气的初状态为 0 ℃、0.101 325 MPa,此时的比熵值定为零。经过(1)定压过程、(2)定温过程、(3)定熵过程、(4)$n = 1.2$ 的多变过程,体积变为原来的(a)3 倍、(b)1/3。试按定比热容理想气体并利用计算机,将上述 4 个膨胀过程和 4 个压缩过程的过程曲线准确地绘制在 $p\text{-}v$ 和 $T\text{-}s$ 坐标系中。

第四章 热力学第二定律

热力学第二定律是反映自然界各种过程的方向性、自发性、不可逆性以及能量质贬、能量转换的条件和限度等的基本规律。这一规律可以概括为自然界所有宏观过程进行时必定伴随着熵的产生。

熵和熵产是热力学第二定律的核心问题，也是热力学的难点，只有通过对各种具体过程的分析和思考，找到其内在的联系，才能逐步达到对这一自然规律的深刻领会和自如运用。

和第二章中推导能量方程一样，本章中有关熵方程和㶲方程的推导也是先对代表普遍情况的虚拟热力系进行，然后再演绎出针对不同情况的不同方程形式。

热力学第二定律和热力学第一定律共同构成了热力学的理论基础。

4-1　热力学第二定律的任务

热力学第一定律确定了各种能量的转换和转移不会引起总能量的改变。创造能量(第一类永动机)既不可能，消灭能量也办不到。总之，自然界中一切过程都必须遵守热力学第一定律。然而，是否任何不违反热力学第一定律的过程都是可以实现的呢？事实上又并非如此。我们不妨考察几个常见的例子。

例如，一个烧红了的锻件，放在空气中便会逐渐冷却。显然，热能从锻件散发到周围空气中了，周围空气获得的热量等于锻件放出的热量，这完全遵守热力学第一定律。现在设想这个已经冷却了的锻件从周围空气中收回那部分散失的热能，重新赤热起来。这样的过程也并不违反热力学第一定律(锻件获得的热量等于周围空气供给的热量)。然而，经验告诉我们，这样的过程是不会实现的。

又例如，一个转动的飞轮，如果不继续用外力推动它旋转，那么它的转速就会逐渐减低，最后停止转动。飞轮原先具有的动能由于飞轮轴和轴承之间的摩擦以及飞轮表面和空气的摩擦，变成了热能散发到周围空气中去了，飞轮失去的动能等于周围空气获得的热能，这完全遵守热力学第一定律。但是反过来，周围空气是否可以将原先获得的热能变成动能，还给飞轮，使飞轮重新转动起来呢？经验告诉我们，这又是不可能的，尽管这样的过程并不违反热力学第一定律(飞轮获得的动能等于周围空气供给的热能)。

再例如,装氧气的高压氧气瓶只会向压力较低的大气中漏气,而空气却不会自动向高压氧气瓶中充气。

以上这些例子都说明了过程的方向性。过程总是自发地朝着一定的方向进行:热能总是自发地从温度较高的物体传向温度较低的物体;机械能总是自发地转变为热能;气体总是自发地膨胀等。这些自发过程的反向过程(称为非自发过程)是不会自发进行的:热量不会自发地从温度较低的物体传向温度较高的物体;热能不会自发地转变为机械能;气体不会自发地压缩等。

这里并不是说这些非自发过程根本无法实现,而只是说,如果没有外界的推动,它们是不会自发进行的。事实上,在制冷装置中可以使热能从温度较低的物体(冷库)转移到温度较高的物体(大气)。但是,这个非自发过程的实现是以另一个自发过程的进行(比如说制冷机消耗了一定的功,使之转变为热排给了大气)作为代价的。或者说,前者是靠后者的推动才得以实现的。在热机中可以使一部分高温热能转变为机械能,但是这个非自发过程的实现是以另一部分高温热能转移到低温物体(大气)作为代价的。在压气机中气体被压缩,这一非自发过程的进行是以消耗一定的机械能(这部分机械能变成了热能)作为补偿条件的。总之,一个非自发过程的进行,必须有另外的自发过程来推动,或者说必须以另外的自发过程的进行作为代价、作为补偿条件。

另外,在提高能量转换的有效性方面,包括热效率的提高,还有一个最大限度问题。事实上,在一定条件下,能量的有效转换是有其最大限度的,而热机的热效率在一定条件下也有其理论上的最大值。

研究过程进行的方向、条件和限度正是热力学第二定律的任务。

4-2 可逆过程和不可逆过程

一个实际过程的进行,凡产生相对运动的各接触部分(包括流体各相邻部分)之间,摩擦是不可避免的。因此,不管是膨胀过程还是压缩过程,或多或少总会损失一部分机械能[参见图2-5和式(2-17)]。这样,当热力系进行完一个过程后,如果再使热力系经原路线进行一个反向过程并回到原状态时,就会在外界留下不能消除的影响。这影响就是:由于作机械运动时有摩擦,有一部分机械能不可复逆[①]地变成了热能。

---

① 这里所说的"不能消除""不可复逆",意思不是说无法消除系统中某种已形成的影响而使之恢复原来的状态。事实上,依靠外界的帮助,可以消除系统中任何已形成的影响。但消除这种影响的同时,却给外界留下了新的、往往是更大的影响。因此,要使系统和外界最终都完全消除已形成的影响,使一切恢复初始的状况是不可能的。在这种意义上,我们说已造成的影响是"不能消除"的、"不可复逆"的。

另外,一个实际过程在进行时,如果有热量交换,那么热量总是由温度较高的物体传向温度较低的物体。因此,当热力系从外界吸热时(图 4-1a),外界物体 A 的温度必须高于热力系的温度($T_A > T$);而当热力系沿原路线反向进行而向外界放出热量时(图 4-1b),外界物体 B 的温度必须低于热力系的温度($T_B < T$)。经过一次往返,热力系恢复了原来的状态,但却给外界留下了不能消除的影响。这影响就是:由于传热时有温差,有一部分热能不可复逆地从温度较高的物体转移到了温度较低的物体。

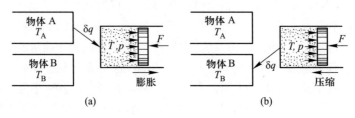

图 4-1

如上所述,任何实际热力过程在作机械运动时不可避免地存在着摩擦(力不平衡),在传热时必定存在着温差(热不平衡)。因此,实际的热力过程必然具有这样的特性:如果使过程沿原路线反向进行,并使热力系回复原状态,将会给外界留下这种或那种影响——这就是实际过程的不可逆性。人们把这样的过程统称为不可逆过程。一切实际的过程都是不可逆过程。

要精确地分析计算不可逆过程往往是比较困难的,因为热力系和外界之间以及热力系内部都可能存在不同程度的力不平衡和热不平衡。为了简便起见,常常宁愿对假想的可逆过程进行分析计算,必要时再用一些经验系数加以修正。

所谓可逆过程是指具有如下特性的过程:过程进行后,如果使热力系沿原过程的路线反向进行并恢复到原状态,将不会给外界留下任何影响。因此,可逆过程的进行必须满足下述条件[①]:

(1)热力系内部原来处于平衡状态;

(2)作机械运动时热力系和外界保持力平衡(无摩擦);

(3)传热时热力系和外界保持热平衡(无温差)。

也可以说:可逆过程是运动无摩擦、传热无温差的内平衡过程。

显然,可逆过程是不能进行的,因为没有温差实际上就不能传热,要完全避免摩擦就不能有机械运动。但是,可逆过程也可以理解为在无限小的温差下传热,在摩擦无限微弱的情况下作机械运动的过程。也就是说,可逆过程可以理解为不可逆过程当不平衡因素无限趋小时的极限情况。

---

① 如果有化学反应或电、磁等其他作用,则还应加上化学平衡或其他平衡条件。

　　虽然可逆过程实际上并不存在,但却是一种有用的抽象。分析可逆过程不但可以得出原则性的结论,而且从工程应用的角度来看,很多实际过程也比较接近可逆过程。因此,对可逆过程进行分析和计算,无论在理论上或是在实用上都有重要意义。

4-3　状 态 参 数 熵

　　要深入分析讨论热力学第二定律,必须利用"熵"这个状态参数。在第1-2节中曾给出了简单可压缩热力系熵的定义式:

$$S = \int \frac{\mathrm{d}U + p\mathrm{d}V}{T} + S_0$$

但是,熵是否具备状态参数的条件(即 $\oint \mathrm{d}S = 0$),这还有待证明。在对热力学第二定律的实质(实际过程的不可逆性)以及对可逆过程的条件和特性有所了解的基础上,就可以来解决这个问题了。

　　作者提出如下的证明方法[①]。

　　在第3-4节中已经证明了理想气体确实存在状态参数熵[参看式(3-59)~(3-64)]。下面进一步证明任何物质也都存在熵这个状态参数。

　　设想有这样一个装置(图4-2)。有一块完全导热的刚性隔板将一个内壁完全绝热的气缸一分为二,隔板两侧分别装有理想气体和任意气体,并由两个内壁完全绝热的活塞封闭。活塞和气缸壁之间无摩擦,也无泄漏。理想气体和任意气体开始时各自处于平衡状态,而且二者具有相同的温度(处于热平衡状态)。

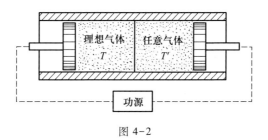

图 4-2

　　因为活塞与气缸壁之间无摩擦,气体内部也无摩擦,所以对理想气体和任意气体可分别得:

---

　　① 详见:严家騄.状态函数:熵.哈尔滨工业大学学报,1982(2)。

理想气体 $\qquad dS = \dfrac{dU+pdV}{T} = \dfrac{dU+\delta W}{T} = \dfrac{\delta Q}{T}$

任意气体 $\qquad dS' = \dfrac{dU'+p'dV'}{T'} = \dfrac{dU'+\delta W'}{T'} = \dfrac{\delta Q'}{T'}$

对理想气体,已经证明确实存在状态参数熵。根据状态参数的数学特性可知

$$\oint dS = \oint \frac{\delta Q}{T} = 0 \qquad\qquad (a)$$

对任意气体而言

$$\oint dS' = \oint \frac{\delta Q'}{T'}$$

但是 $\oint \dfrac{\delta Q'}{T'}$ 是否等于零,这还有待证明。如果能证明 $\oint \dfrac{\delta Q'}{T'} = 0$,那么也就是证明了任意气体也存在状态参数熵。

因为气缸内壁和活塞内壁完全绝热,热量的传递只能发生在理想气体和任意气体之间,所以二者的热量必定时刻数值相等而符号相反:

$$\delta Q = -\delta Q' \qquad\qquad (b)$$

又因为隔板是完全导热的,只要过程进行得足够缓慢,理想气体和任意气体必定时刻处于热平衡状态:

$$T = T' \qquad\qquad (c)$$

假定任意气体缓慢地进行了任意一个循环,根据热力学第一定律可得

$$\oint \delta Q' = \oint dU' + \oint \delta W' \qquad\qquad (d)$$

因为热力学能是任意气体的状态参数,所以

$$\oint dU' = 0 \qquad\qquad (e)$$

式(e)代入式(d)得

$$\oint \delta Q' = \oint \delta W' \qquad\qquad (f)$$

再看理想气体。当任意气体进行一个循环时,由于二者的相互作用,理想气体必然相应地进行了一个过程(暂时不能肯定这个过程是不是一个循环)。根据热力学第一定律可得

$$\int \delta Q = \Delta U + \int \delta W \tag{g}$$

由于任意气体进行了一个循环,回到了原状态,因而温度未变。根据式(c)可知,理想气体在相应地进行了一个过程后也必定回到了原来的温度;而理想气体的热力学能只是温度的函数,温度未变,热力学能也未变:

$$\Delta U = 0 \tag{h}$$

将式(h)代入式(g)得

$$\int \delta Q = \int \delta W \tag{i}$$

根据式(b)可知

$$\int \delta Q = - \oint \delta Q' \tag{j}$$

将式(i)和式(f)代入式(j)得

$$\int \delta W = - \oint \delta W' \tag{k}$$

式(j)和式(k)表明:当任意气体完成一个循环而理想气体相应地进行一个过程后,它们的热量相等,但符号相反;它们的功也相等,符号也相反。对包括理想气体和任意气体的整个热力系而言,总的效果是:未传热 $\left(\int \delta Q + \oint \delta Q' = 0 \right)$;未作功 $\left(\int \delta W + \oint \delta W' = 0 \right)$;任意气体完成了一个循环,回到了原状态;理想气体的温度和热力学能未变(但这不足以说明理想气体也回到了原状态)。现在来分析理想气体的体积是否有变化。

应该指出,整个装置中进行的是可逆过程(热力系原来处于平衡状态;传热时无温差;运动时无摩擦)。如果认为当任意气体完成一个循环后,其他都没有变化,唯独理想气体的体积改变了,就是说,如果认为一个可逆过程进行后的唯一结果是气体自发膨胀了或自发压缩了,这都是不符合可逆过程特性的。因而只能是理想气体的体积也没有改变。

既然理想气体在进行一个过程后温度和体积(当然还有质量)都没有改变,这就足以说明理想气体也完成了一个循环,回到了原状态。这样式(j)就变成了

$$\oint \delta Q = - \oint \delta Q' \tag{l}$$

因此,根据式(l)、(b)、(c)和(a)可得

$$\oint \frac{\delta Q'}{T'} = -\oint \frac{\delta Q}{T} = 0 \qquad\qquad (\text{m})$$

式(m)表明,任意气体也存在状态参数熵。由于式(m)的得出并未涉及任意气体的特性,因此可以推论:任何物质都存在状态参数熵。

以上论证虽然是针对热和机械两个自由度的简单可压缩物质进行的,但其结论可以推广到任意自由度的任何物质。

4-4   热力学第二定律的表达式——熵方程

热力学第一定律可以用能量方程表达,热力学第二定律则可以用熵方程来表达。在建立熵方程前,需要对影响热力系熵变化的两个过程量(不是状态量)——熵流和熵产——有所了解。

1. 熵流和熵产

对内部平衡(均匀)的闭口系,在 $d\tau$ 时间内熵的变化 dS 可根据熵的定义式得出:

$$dS = \frac{dU + pdV}{T} = \frac{dU + \delta W + \delta W_L}{T} = \frac{\delta Q + \delta Q_g}{T} = \frac{\delta Q}{T} + \frac{\delta Q_g}{T}$$

$$= \delta S_f + \delta S_g^{Q_g} \qquad\qquad (4-1)$$

式中, $\delta S_f = \delta Q/T$ 称为熵流,它表示热力系与外界交换热量而导致的熵的流动量。熵流可正可负。对热力系而言,当它从外界吸热时,熵流为正;当它向外界放热时,熵流为负。

$\delta S_g^{Q_g} = \delta Q_g/T$ 是由热力系内部的热产引起的熵产。因为热产恒为正,所以热产引起的熵产亦恒为正。

对内部不平衡(不均匀)的闭口系,其熵的变化除了熵流和热产引起的熵产外,还应包括热力系内部传热引起的熵产。事实上,如果热力系温度不均匀,那么在热力系内部也会传热(由热力系的高温部分传给低温部分)。先来分析一种最简单的情况。假定有一温度不均匀的热力系,它由温度各自均匀的两部分 A 和 B 组成(图4-3)。由于两部分

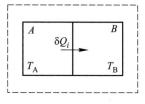

图 4-3

温度不相等($T_A > T_B$),在 $d\tau$ 时间内,A 部分向 B 部分传递了 δQ_i 的热量(Q_i 表示内部传热量)。对整个热力系而言,此内部传热量的代数和一定等于零,即

$$\delta Q_A + \delta Q_B = -\delta Q_i + \delta Q_i = 0$$

但是由内部传热引起的内部熵流的代数和却总是大于零,即

$$\delta S_{f,A} + \delta S_{f,B} = \frac{-\delta Q_i}{T_A} + \frac{\delta Q_i}{T_B} = \delta Q_i\left(\frac{1}{T_B} - \frac{1}{T_A}\right) > 0$$

$$(\text{因为 } T_A > T_B)$$

这就是这个不平衡热力系内部传热引起的熵产,用符号 $\delta S_g^{Q_i}$ 表示:

$$\delta S_g^{Q_i} = \delta Q_i\left(\frac{1}{T_B} - \frac{1}{T_A}\right) > 0$$

推广言之,如果一个内部不平衡的热力系由 n 个温度各自均匀的部分组成,则可得

$$\delta Q_i = \sum_{j=1}^{n} \delta Q_{i,j} = 0 \tag{4-2}$$

$$\delta S_g^{Q_i} = \sum_{j=1}^{n} \frac{\delta Q_{i,j}}{T_j} > 0 \tag{4-3}$$

若将一个内部不平衡的闭口系分成无数个温度各自平衡(均匀)的部分,然后再对整个体积 V 积分,则可得热力系内部传热引起的熵产和热产引起的熵产分别为

$$\delta S_g^{Q_i} = \int_{(V)} \frac{\delta(\delta Q_i)}{T} \tag{4-4}$$

$$\delta S_g^{Q_g} = \int_{(V)} \frac{\delta(\delta Q_g)}{T} \tag{4-5}$$

再沿整个热力系的外表面积 A 积分,则可得熵流为

$$\delta S_f = \int_{(A)} \frac{\delta(\delta Q)}{T} \tag{4-6}$$

将式(4-4)、(4-5)、(4-6)相加,可得闭口系在 $d\tau$ 时间内熵的变化为

$$dS = \delta S_f + \delta S_g^{Q_i} + \delta S_g^{Q_g} = \delta S_f + \delta S_g$$

$$= \int_{(A)} \frac{\delta(\delta Q)}{T} + \int_{(V)} \frac{\delta(\delta Q_i + \delta Q_g)}{T} \tag{4-7}$$

式中熵流
$$\delta S_f = \int_{(A)} \frac{\delta(\delta Q)}{T}(可正可负)$$

熵产
$$\delta S_g = \int_{(V)} \frac{\delta(\delta Q_i + \delta Q_g)}{T} > 0 \qquad (4-8)$$

式(4-8)说明：因热力系与外界交换热量引起的熵流可正、可负(视热流的方向而定)，而由热力系内部不等温传热和热产(摩擦产生的热)引起的熵产恒为正。

2. 熵方程

设想有一热力系，如图4-4中虚线(界面)包围的体积所示，其总熵为 S (图4-4a)。假定在一段极短的时间 $d\tau$ 内，由于传热，从外界进入热力系的熵流为 δS_f，又从外界流进了比熵为 s_1 的质量 δm_1，并向外界流出了比熵为 s_2 的质量 δm_2；与此同时，热力系内部的熵产为 δS_g (图4-4b)。经过这段极短的时间 $d\tau$ 后，热力系的总熵变为 $S+dS$ (图4-4c)。这时，熵方程可用文字表达为

(流入热力系的熵的总和) + (热力系的熵产) −

(从热力系流出的熵的总和) = (热力系总熵的增量)

即
$$(\delta S_f + s_1\delta m_1) + \delta S_g - s_2\delta m_2 = (S + dS) - S$$

所以
$$dS = \delta S_f + \delta S_g + s_1\delta m_1 - s_2\delta m_2 \qquad (4-9)$$

将式(4-9)对时间积分，可得

$$\Delta S = S_f + S_g + \int_{(\tau)}(s_1\delta m_1 - s_2\delta m_2) \qquad (4-10)$$

式(4-9)和(4-10)即熵方程的基本表达式。式中 $s\delta m$ 也是一种熵流，它是随物质流进或流出热力系的熵流。流进热力系为正，流出热力系为负。这样，热力系的熵的变化就等于总的熵流与熵产之和。

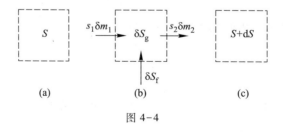

图 4-4

对闭口系而言，由于热力系和外界无物质交换，即

$$\delta m_1 = \delta m_2 = 0$$

所以 $$dS = \delta S_f + \delta S_g \qquad (4-11)$$

积分后得 $$\Delta S = S_f + S_g \qquad (4-12)$$

如果这个闭口系是绝热的,则熵流等于零,即

$$\delta S_f = 0$$

因而 $$dS = \delta S_g \geqslant 0 \qquad (4-13)$$

积分后得 $$\Delta S = S_g \geqslant 0 \qquad (4-14)$$

孤立系显然符合闭口和绝热的条件,因而上述不等式经常表示为

$$dS_{孤立系} = \delta S_{g孤立系} \geqslant 0 \qquad (4-15)$$

$$\Delta S_{孤立系} = S_{g孤立系} \geqslant 0 \qquad (4-16)$$

式(4-13)~式(4-16)说明:绝热闭口系或孤立系的熵只会增加,不会减少。这就是绝热闭口系或孤立系的熵增原理。式中,不等号对不可逆过程而言,等号对可逆过程而言。

对稳定流动的开口系来说,由于在 $d\tau$ 的时间内流进和流出热力系的质量相等($\delta m_1 = \delta m_2 = \delta m$),而这种开口系的总熵又不随时间而变化($dS = 0$),因而式(4-9)简化为

$$\delta S_f + \delta S_g + (s_1 - s_2)\delta m = 0$$

如果取一段时间,在这段时间内恰好有 1 kg 流体流过开口系,则该式又可进一步写为

$$s_f + s_g + (s_1 - s_2) = 0$$

即 $$s_2 - s_1 = s_f + s_g \qquad (4-17)$$

式(4-17)表明:对稳定流动过程而言,热力系(开口系)在每流过 1 kg 流体的时间内的熵流与熵产之和,正好等于流出和流入热力系的流体的比熵之差(而不是等于热力系的熵的变化,事实上该开口热力系的熵是不变的)。

如果稳定流动过程是绝热的($s_f = 0$),则可得

$$s_2 - s_1 = s_g \geqslant 0 \qquad (4-18)$$

式中不等号对不可逆绝热稳定流动过程而言,等号对可逆绝热(定熵)稳定流动过程而言。该式表明:绝热的稳定流动过程,其出口处的比熵比入口处的大(不可逆时)或与入口处的比熵相等(可逆时),而绝不可能比入口处的小。

熵方程中的核心问题是熵产。熵产也正是热力学第二定律的实质内容。由于能量在转移和转换过程中总是有其他形式的能量转变成热能(功损变为热产),而热能又总是由高温部分传向低温部分,这些都会引起熵产。这正是热能

区别于其他能量的特性,也正是一切热力过程的自发性、方向性和不可逆性的根源。如果说热力学第一定律确定了能量既不能创造,也不会消灭,那么热力学第二定律则确定了熵不但不会消灭(它只能随热量和质量而转移),而且会在能量的转换和转移过程中自发地产生出来。

例 4-1　先用电热器使 20 kg 温度 t_0 为 20 ℃的凉水加热到 $t_1 = 80$ ℃,然后再与 40 kg 温度为 20 ℃的凉水混合。求混合后的水温以及电加热和混合这两个过程各自造成的熵产。水的比定压热容为 4.187 kJ/(kg·K),水的膨胀性可忽略。

解　设混合后的温度为 t,则可写出下列能量方程:

$$m_1 c_p (t_1 - t) = m_2 c_p (t - t_0)$$

即

$$20 \text{ kg} \times 4.187 \text{ kJ/(kg·℃)} \times (80 \text{ ℃} - t)$$

$$= 40 \text{ kg} \times 4.187 \text{ kJ/(kg·℃)} \times (t - 20 \text{ ℃})$$

从而解得

$$t = 40 \text{ ℃ } (T = 313.15 \text{ K})$$

电加热过程引起的熵产为

$$S_g^{Q_g} = \int \frac{\delta Q_g}{T} = \int_{T_0}^{T_1} \frac{m_1 c_p \mathrm{d}T}{T} = m_1 c_p \ln \frac{T_1}{T_0}$$

$$= 20 \text{ kg} \times 4.187 \text{ kJ/(kg·K)} \times \ln \frac{353.15 \text{ K}}{293.15 \text{ K}} = 15.593 \text{ kJ/K}$$

混合过程造成的熵产为

$$S_g^{Q_i} = \int \frac{\delta Q_i}{T} = \int_{T_1}^{T} \frac{m_1 c_p \mathrm{d}T}{T} + \int_{T_0}^{T} \frac{m_2 c_p \mathrm{d}T}{T} = m_1 c_p \ln \frac{T}{T_1} + m_2 c_p \ln \frac{T}{T_0}$$

$$= 20 \text{ kg} \times 4.187 \text{ kJ/(kg·K)} \times \ln \frac{313.15 \text{ K}}{353.15 \text{ K}} +$$

$$40 \text{ kg} \times 4.187 \text{ kJ/(kg·K)} \times \ln \frac{313.15 \text{ K}}{293.15 \text{ K}}$$

$$= -10.966 \text{ kJ/K} + 11.053 \text{ kJ/K} = 0.987 \text{ kJ/K}$$

总的熵产

$$S_g = S_g^{Q_g} + S_g^{Q_i} = 15.593 \text{ kJ/K} + 0.987 \text{ kJ/K} = 16.580 \text{ kJ/K}$$

由于本例中无熵流(将使用电热器加热水看作水内部摩擦生热),根据式(4-12)可知,熵产应等于热力系的熵增。熵是状态参数,它的变化只和过程始末状态有关,而和具体过程无关。因此,根据总共 60 kg 水由最初的 20 ℃变为最后的 40 ℃所引起的熵增,也可计算出总的熵产:

$$S_g = \Delta S = (m_1 + m_2) c_p \ln \frac{T}{T_0}$$

$$= 60 \text{ kg} \times 4.187 \text{ kJ/(kg·K)} \times \ln \frac{313.15 \text{ K}}{293.15 \text{ K}} = 16.580 \text{ kJ/K}$$

例 4-2　某换热设备由热空气加热凉水(图 4-5),已知空气流参数为

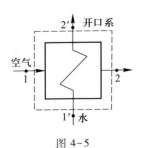

$$t_1 = 200\ \text{℃}, \quad p_1 = 0.12\ \text{MPa}$$

$$t_2 = 80\ \text{℃}, \quad p_2 = 0.11\ \text{MPa}$$

水流的参数为

$$t'_1 = 15\ \text{℃}, \quad p'_1 = 0.21\ \text{MPa}$$

$$t'_2 = 70\ \text{℃}, \quad p'_2 = 0.115\ \text{MPa}$$

图 4-5

每小时需供应 2 t 热水。试求:

(1)热空气的流量;

(2)由于不等温传热和流动阻力造成的熵产。

不考虑散热损失,空气和水都按定比热容计算。空气的比定压热容 $c_p = 1.005\ \text{kJ/(kg·K)}$,水的比定压热容 $c'_p = 4.187\ \text{kJ/(kg·K)}$。

解　(1)换热设备中进行的是不作技术功的稳定流动过程。根据式(3-124),单位时间内热空气放出的热量

$$\dot{Q} = q_m(h_1 - h_2) = q_m c_p(t_1 - t_2)$$

水吸收的热量

$$\dot{Q}' = q'_m(h'_2 - h'_1) = q'_m c'_p(t'_2 - t'_1)$$

[对于水(它不是理想气体),它在各种温度和压力下的焓和熵的精确值可由专门的"水和水蒸气热力性质表"查得(参看附表 7),但由于水基本不可压缩,只要温度和压力不是很高,对定压过程和不作技术功的过程均可近似地认为其焓差 $(h'_2 - h'_1) = c'_p(T'_2 - T'_1) = c'_p(t'_2 - t'_1)$,其熵差 $(s'_2 - s'_1) = \displaystyle\int_{T'_1}^{T'_2} \frac{c'_p \mathrm{d}T'}{T'} = c'_p \ln \frac{T'_2}{T'_1}$]

没有散热损失,因此二者应该相等:

$$q_m c_p(t_1 - t_2) = q'_m c'_p(t'_2 - t'_1)$$

所以热空气的流量为

$$q_m = \frac{q'_m c'_p(t'_2 - t'_1)}{c_p(t_1 - t_2)} = \frac{2\ 000 \text{kg/h} \times 4.187\ \text{kJ/(kg·℃)} \times (70 - 15)\text{℃}}{1.005\ \text{kJ/(kg·℃)} \times (200 - 80)\text{℃}}$$

$$= 3\ 819\ \text{kg/h}$$

(2)整个换热设备为一稳定流动的开口系。该开口系与外界无热量交换(热交换发生在开口系内部),其内部传热和流动阻力造成的熵产可根据式(4-18)计算:

$$\dot{S}_g = \dot{S}_2 - \dot{S}_1 = (q_m s_2 + q'_m s'_2) - (q_m s_1 + q'_m s'_1) = q_m(s_2 - s_1) + q'_m(s'_2 - s'_1)$$

$$= q_m\left(c_p \ln \frac{T_2}{T_1} - R_g \ln \frac{p_2}{p_1}\right) + q'_m c'_p \ln \frac{T'_2}{T'_1}$$

$$= 3\ 819\ \text{kg/h} \times \left[1.005\ \text{kJ/(kg·K)} \times \ln \frac{(80 + 273.15)\ \text{K}}{(200 + 273.15)\ \text{K}} - \right.$$

$$\left. 0.287\ 1\ \text{kJ/(kg·K)} \times \ln \frac{0.11\ \text{MPa}}{0.12\ \text{MPa}} \right] +$$

$$2\ 000\ \text{kg/h} \times 4.187\ \text{kJ/(kg} \cdot \text{K)} \times \ln\frac{(70 + 273.15)\text{K}}{(15 + 273.15)\text{K}}$$

$$= 3\ 819\ \text{kg/h} \times (-0.269\ 0)\text{kJ/(kg} \cdot \text{K)} + 2\ 000\ \text{kg/h} \times 0.731\ 4\ \text{kJ/(kg} \cdot \text{K)}$$

$$= 435.5\ \text{kJ/(K} \cdot \text{h)}$$

4-5　热力学第二定律各种表述的等效性

　　热力学第二定律揭示了实际热力过程的方向性和不可逆性。由于热力过程的多样性,人们可以从不同的方面来阐明热力学第二定律。在历史上,热力学第二定律曾以不同的陈述表达出来,但它们所表达的实质是共同的、一致的,任何一种表述都是其他各种表述的逻辑上的必然结果。因此,这些不同的表述是等效的。下面举几种常见的热力学第二定律的表述,并证明它们的等效性。

　　克劳修斯的表述:"不可能将热量由低温物体传送到高温物体而不引起其他变化"。

　　开尔文-普朗克的表述:"不可能制出从单一热源吸热而使之全部转变为功的循环发动机"。或者说:"第二类永动机是不可能制成的"。

　　熵方程用于孤立系(或绝热闭口系)而得出的熵增原理也可以作为热力学第二定律的一种表述。熵增原理从表面上看似乎有一定的局限性——只适用于孤立系,但是由于在分析任何具体问题时都可以将参与过程的全部物体包括进来而构成孤立系,因此实际应用该原理时并没有局限性。相反,由于孤立系的概念撇开了具体对象而成为一种高度概括的抽象,因此孤立系的熵增原理可作为热力学第二定律的概括表述,即:"自然界的一切过程总是自发地、不可逆地朝着使孤立系熵增加的方向进行"。

　　孤立系的熵增原理和热力学第二定律的克劳修斯表述及开尔文-普朗克表述有着逻辑上的必然联系。下面来阐明这种联系。

　　假定有一种机器能使热量 Q 从低温热源(T_2)转移到高温热源(T_1),而机器并没有消耗功,也没有产生其他变化(图4-6),那么包括两个恒温热源和机器在内的孤立系的熵的变化为

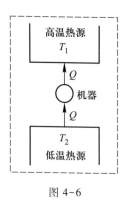

图4-6

$$\Delta S_{\text{孤立系}} = \Delta S_{\text{高温热源}} + \Delta S_{\text{低温热源}} + \Delta S_{\text{机器}}$$

$$= \frac{Q}{T_1} + \frac{-Q}{T_2} + 0 = Q\left(\frac{1}{T_1} - \frac{1}{T_2}\right) < 0\ (\text{因为 } T_1 > T_2)$$

但是,根据式(4-16)可知,孤立系的熵是不可能减少的。所以,"使热量从低温物体转移到高温物体而不产生其他变化是不可能的"——这就是克劳修斯对热力学第二定律的表述。

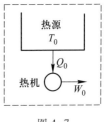

图 4-7

再假定有一种热机(循环发动机),它每完成一个循环就能从温度为 T_0 的单一热源取得热量 Q_0 并使之转变为功 W_0(图 4-7)。根据热力学第一定律[式(2-23)]可知:

$$Q_0 = W_0$$

当热机完成一个循环,工质回到原状态后,包括热源和热机的整个孤立系的熵的变化为

$$\Delta S_{孤立系} = \Delta S_{热源} + \Delta S_{热机} = \frac{-Q_0}{T_0} + 0 < 0$$

(热机中的工质完成一个循环后回到原状态,因此熵未变)

但是,孤立系的熵不可能减少。所以,"利用单一热源而不断作功的循环发动机是不可能制成的"——这就是开尔文和普朗克对热力学第二定律的表述。

如上面的推理所表明的,热力学第二定律的各种表述是逻辑上相互联系的、一致的、等效的——一种表述成立必然导致另一种表述也成立;一种表述不成立将会导致另一种表述也不成立。

4-6 卡诺定理和卡诺循环

1. 卡诺定理

卡诺定理的内容是:工作在两个恒温热源(T_1 和 T_2)之间的循环,不管采用什么工质,具体经历什么循环,如果是可逆的,其热效率均为 $1-T_2/T_1$;如果是不可逆的,其热效率恒小于 $1-T_2/T_1$。

可以通过孤立系的熵增原理来证明这一定理。设有一热机工作在两个恒温热源(T_1 和 T_2)之间(图 4-8)。热机每完成一个循环,工质从高温热源(简称热源)吸取热量 Q_1,其中一部分转变为机械功 W_0,其余部分 Q_2 排给低温热源(简称冷源)[1]。

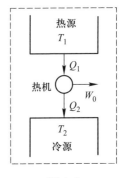

图 4-8

---

[1] W_0、Q_1 和 Q_2 均取正值(绝对值)。

根据热力学第一定律可知

$$W_0 = Q_1 - Q_2 \qquad (4-19)$$

热机循环的热效率为

$$\eta_t = \frac{收获}{消耗} = \frac{W_0}{Q_1} = \frac{Q_1 - Q_2}{Q_1} = 1 - \frac{Q_2}{Q_1} \qquad (4-20)$$

当热机完成一个循环,工质回到原状态后,包括热源、冷源和热机的整个孤立系的熵的变化为

$$\Delta S_{孤立系} = \Delta S_{热源} + \Delta S_{冷源} + \Delta S_{热机}$$

$$= \frac{-Q_1}{T_1} + \frac{Q_2}{T_2} + 0 = \frac{Q_2}{T_2} - \frac{Q_1}{T_1}$$

根据孤立系的熵增原理可知

$$\Delta S_{孤立系} = \frac{Q_2}{T_2} - \frac{Q_1}{T_1} \geqslant 0$$

即

$$\frac{Q_2}{Q_1} \geqslant \frac{T_2}{T_1} \qquad (4-21)$$

将式(4-21)代入式(4-20)可得

$$\eta_t \leqslant 1 - \frac{T_2}{T_1} \qquad (4-22)$$

等号对可逆循环而言;不等号对不可逆循环而言。

式(4-22)说明:所有工作在两个恒温热源(T_1、T_2)之间的可逆热机,不管采用什么工质以及具体经历什么循环,其热效率相等,都等于($1-T_2/T_1$);而所有工作在同样这两个恒温热源之间的不可逆热机,也不管采用什么工质以及具体经历什么循环,其热效率必定低于($1-T_2/T_1$)——这就是卡诺定律的内容。

2. 卡诺循环

式(4-22)证明了所有工作在两个恒温热源(T_1、T_2)之间的可逆热机,不管采用什么工质,也不管具体经历什么循环,其热效率都等于($1-T_2/T_1$)。那么,究竟怎样的具体循环才能保证热机是可逆的呢?

为保证热机所进行的循环是可逆的,首先工质内部必须是平衡的。另外,当工质从热源吸热时,工质的温度必须等于热源的温度(传热无温差),工质在吸

热膨胀时无摩擦,也就是说,工质必须进行一个可逆的定温吸热(膨胀)过程。同样,在向冷源放热时,工质的温度必须等于冷源温度,工质必须进行一个可逆的定温放热(压缩)过程。工质在热源温度 T_1 和冷源温度 T_2 之间变化时,不能和热源或冷源有热量交换(如果有热量交换必定是在不等温的情况下进行的,因而是不可逆的),因此只能是可逆绝热(定熵)过程(图4-9),或者是吸热、放热在循环内部正好抵消的可逆过程(图4-10)。

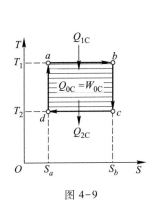

图 4-9

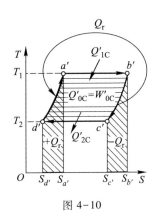

图 4-10

图4-9所示的循环由两个可逆的定温过程($a\rightarrow b$ 和 $c\rightarrow d$),以及两个可逆的绝热(定熵)过程($b\rightarrow c$ 和 $d\rightarrow a$)组成,称为卡诺循环。卡诺循环的热效率为

$$\eta_{t,c} = \frac{W_{0C}}{Q_{1C}} = \frac{Q_{0C}}{Q_{1C}} = \frac{Q_{1C} - Q_{2C}}{Q_{1C}} = 1 - \frac{Q_{2C}}{Q_{1C}}$$

$$= 1 - \frac{T_2(S_b - S_a)}{T_1(S_b - S_a)} = 1 - \frac{T_2}{T_1} \tag{4-23}$$

图4-10所示的循环由两个可逆的定温过程($a'\rightarrow b'$ 和 $c'\rightarrow d'$),以及两个在温熵图中平行的,即吸热(Q_r)和放热($-Q_r$)在循环内部通过回热正好抵消的可逆过程($d'\rightarrow a'$ 和 $b'\rightarrow c'$)组成,称为回热卡诺循环。它的热效率为

$$\eta'_{t,c} = \frac{W'_{0C}}{Q'_{1C}} = 1 - \frac{Q'_{2C}}{Q'_{1C}} = 1 - \frac{T_2(S_{c'} - S_{d'})}{T_1(S_{b'} - S_{a'})}$$

由于

$$S_{c'} - S_{d'} = S_{b'} - S_{a'}$$

因此

$$\eta'_{t,c} = 1 - \frac{T_2}{T_1} \tag{4-24}$$

所以,工作在两个恒温热源之间的可逆热机进行的具体循环,只能是卡诺循环或回热卡诺循环(卡诺循环也可看作是回热卡诺循环中 $Q_r = 0$ 的特例)。它们是一定温度范围(T_1、T_2)内热效率最高的循环($\eta_{t,C} = \eta'_{t,C} = 1 - T_2/T_1$)。

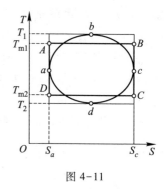

图 4-11

任何其他循环,例如图 4-11 所示的任意一个内平衡循环 $abcda$,由于它们的平均吸热温度 T_{m1} 低于循环的最高温度 T_1,而平均放热温度 T_{m2} 却又高于循环的最低温度 T_2:

$$T_{m1} = \frac{Q_1}{\Delta S} = \frac{Q_{abc}}{S_c - S_a} < T_1$$

$$T_{m2} = \frac{Q_2}{\Delta S} = \frac{Q_{cda}}{S_c - S_a} > T_2$$

因此,它们的热效率总是低于相同温度范围(T_1 和 T_2)内卡诺循环的热效率,而只相当于工作在较小温度范围(T_{m1}、T_{m2})内的卡诺循环的热效率:

$$\eta_t = 1 - \frac{Q_2}{Q_1} = 1 - \frac{T_{m2}(S_c - S_a)}{T_{m1}(S_c - S_a)} = 1 - \frac{T_{m2}}{T_{m1}} < 1 - \frac{T_2}{T_1} = \eta_{t,C} \quad (4-25)$$

工作在平均吸热温度 T_{m1} 和平均放热温度 T_{m2} 之间的卡诺循环 $ABCDA$ 称为循环 $abcda$ 的<u>等效卡诺循环</u>。

从以上对卡诺定理和卡诺循环的分析讨论,可以得出以下几点对热机具有原则指导意义的结论:

(1)不能期望热机的热效率达到100%。就拿热效率最高的卡诺循环来说,要使热效率达到100%,则必须 $T_2 = 0$ K 或 $T_1 = \infty$。然而,绝对零度是达不到的,无限高的温度则是不可能的。所以,供给循环发动机的热量不可能全部转变为机械功。

(2)无论采用什么工质和什么循环,也无论将不可逆损失减小到何种程度,在一定的温度范围 T_1 到 T_2 之间,不能期望制造出热效率超过 $1 - T_2/T_1$ 的热机。最高热效率 $1 - T_2/T_1$ 也只能接近,而实际上不能达到。

(3)不能指望靠单一热源供热而使热机循环不停地工作。因为当 $T_1 = T_2$ 时,$\eta_{t,C} = 0$,也就是说,在单一热源的情况下,不可能通过循环发动机从该热源吸取热量而使之转变为正功(第二类永动机不可能制成)。

(4)<u>提高热机循环热效率的根本途径是提高循环的平均吸热温度和降低循环的平均放热温度。</u>

4-7 克劳修斯积分式

克劳修斯积分式包括一个等式和一个不等式:

$$\oint \frac{\delta Q}{T'} \leqslant 0 \tag{4-26}$$

式中: T' 为外界温度;等号对可逆循环而言;不等号对不可逆循环而言。它所表达的意思是:任何闭口热力系,在进行了一个循环后,它和外界交换的微元热量(有正、有负)与参与这一微元换热过程时外界温度的比值(商)的循环积分,不可能大于零,而只能小于零(如果循环是不可逆的),或者最多等于零(如果循环是可逆的)。

可以利用熵方程来证明克劳修斯积分式的正确性。对闭口系可以利用式(4-11),即

$$dS = \delta S_f + \delta S_g \tag{a}$$

式(a)中熵产

$$\delta S_g = \int_{(V)} \frac{\delta(\delta Q_i + \delta Q_g)}{T} \geqslant 0 \tag{b}$$

等号对热力系内部无传热和热产的过程而言;不等号对热力系内部有传热和热产的过程而言。式(a)中熵流

$$\delta S_f = \int_{(A)} \frac{\delta(\delta Q)}{T} \geqslant \int_{(A)} \frac{\delta(\delta Q)}{T'} \tag{c}$$

等号对热力系和外界交换热量时无温差的情况而言;不等号对热力系和外界交换热量时有温差的情况而言。无论热力系吸热($\delta Q>0$)或是放热($\delta Q<0$),式(c)中的不等式总是成立的。因为吸热时,外界温度必须高于热力系的温度,这时 $\delta Q>0$,$T'>T$,所以不等式成立;放热时,外界温度必须低于热力系的温度,这时 $\delta Q<0$,$T'<T$,原不等式仍然成立。

将式(b)和式(c)代入式(a)得

$$dS = \delta S_f + \delta S_g \geqslant \int_{(A)} \frac{\delta(\delta Q)}{T'} \tag{d}$$

等号对可逆过程(即热力系内部无传热、无热产、和外界交换热量时无温差的过程)而言;不等号对不可逆过程而言。

如果外界的温度(T')是均匀的,即在任何指定瞬时各部分均有一致的温度(温度不随空间而变),那么式(d)将变为

$$\mathrm{d}S \geqslant \frac{1}{T'}\int_{(A)}\delta(\delta Q) = \frac{\delta Q}{T'}$$

对过程积分后得
$$S_2 - S_1 \geqslant \int_1^2 \frac{\delta Q}{T'} \qquad (4-27)$$

如果外界的温度恒定不变（也不随时间而变），比如说外界是一个恒温热源，则式（4-27）将变为

$$S_2 - S_1 \geqslant \frac{1}{T'}\int_1^2 \delta Q = \frac{Q}{T'} \qquad (4-28)$$

式（4-27）和式（4-28）表明：当闭口系由状态1无论经过什么过程变化到状态2时，作为状态参数的熵的变化是一定的，都等于(S_2-S_1)；如果这一状态变化所经历的过程是可逆的，那么这个闭口系的熵的变化等于过程热量与外界温度之比（热温商）；如果这一状态变化所经历的过程是不可逆的，那么这个闭口系的熵的变化就一定大于过程热量与外界温度之比（热温商）。

将式（4-27）应用于循环，即得克劳修斯积分式：

$$\oint \frac{\delta Q}{T'} \leqslant \oint \mathrm{d}S = 0$$

克劳修斯积分式可用来判断循环是否可逆。它将循环的内在特性（是否可逆）和外界（热源）的温度联系了起来。

例 4-3　有 A、B、C 三台热机（循环发动机）都工作在热源温度 $T_1 = 1\,000$ K 和冷源温度 $T_2 = 300$ K 之间。已知每从热源取得 100 kJ 热量的同时，A 热机向冷源放出热量 50 kJ，B 热机放出 30 kJ，C 热机放出 20 kJ。试用克劳修斯积分式讨论这三台热机。

解　A 热机：$\oint \dfrac{\delta Q}{T'} = \dfrac{Q_1}{T_1} - \dfrac{Q_2}{T_2} = \dfrac{100\text{ kJ}}{1\,000\text{ K}} - \dfrac{50\text{ kJ}}{300\text{ K}} = -0.066\,7 \text{ kJ/K} < 0$

B 热机：$\oint \dfrac{\delta Q}{T'} = \dfrac{100\text{ kJ}}{1\,000\text{ K}} - \dfrac{30\text{ kJ}}{300\text{ K}} = 0$

C 热机：$\oint \dfrac{\delta Q'}{T'} = \dfrac{100\text{ kJ}}{1\,000\text{ K}} - \dfrac{20\text{ kJ}}{300\text{ K}} = 0.033\,3 \text{ kJ/K} > 0$

由克劳修斯积分式可知：A 热机为不可逆热机，是可以实现的；B 热机为可逆热机，理论上可以实现，实际上难以达到；C 热机是不可能实现的。

4-8　热量的可用能及其不可逆损失

热力学第一定律确定了各种热力过程中总能量在数量上的守恒，而热力学

第二定律则说明了各种实际热力过程(不可逆过程)中能量在质量上的退化、贬值、可用性降低、可用能减少[①]。

事实上,各种形式的能量并不都具有同样的可用性。机械能和电能等具有完全的可用性,它们全部是可用能;而热能则不具有完全的可用性,即使通过理想的可逆循环,热能也不能全部转变为机械能。热能中可用能(即可以转变为功的部分)所占的比例,既和热能所处的温度水平有关,也和环境的温度有关。

人们生活在地球表面,地球表面的空气和海水等成为天然的环境和巨大热库,具有基本恒定的温度(T_0),容纳着巨大的热能。然而,这些温度一致的热能是无法用来转变为动力的,因而都是废热。

如果能提供温度高于(或低于)环境温度 T_0 的热能,那么这样的热能就具有一定的可用性,或者说,这样的热能中包含着一定数量的可用能。

比如说,某个供热源(如高温烟气)在某一温度范围内(T_a 和 T_b 之间)可以提供热量 Q,如图 4-12 中面积 $abcda$ 所示。可以设想利用某种工质通过可逆循环 12341 使供热源提供的热量 Q 中的 W_{max} 部分转变为功,如图中面积 12341 所示。这就是热量 Q 中的可用能部分:

$$W_{max} = Q - T_0(S_a - S_b) = \int_b^a \delta Q - T_0 \int_b^a \frac{\delta Q}{T}$$

即
$$W_{max} = \int_b^a \left(1 - \frac{T_0}{T}\right) \delta Q \qquad (4-29)$$

剩余的不能转变为功的部分$[Q - W_{max} = T_0(S_a - S_b)]$便是废热,它将被排给大气。

任何不可逆因素的存在都必然会使可用能部分减少,并使废热有相应的增加。例如,设想供热源和工质在传热过程中存在温差(图 4-13),那么工质的平

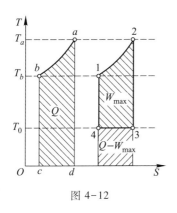

图 4-12

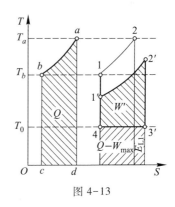

图 4-13

---

① 在这里,"退化""贬值""可用性降低""可用能减少"都是相对于人们力图获得动力(功)这一目标而言的。

均吸热温度必然有所下降,因而热量 Q 中转变为功的部分将减少为 W'($W' = W_{max} - E_{L1}$),而废热则将增加为($Q - W_{max} + E_{L1}$),比原来增加了 E_{L1}。在这里,E_{L1} 为不可逆传热过程造成的可用能损失,这部分损失变成附加的废热排给环境。

再如,假定绝热膨胀过程为不可逆(有内摩擦),如图 4-14 中过程 $2 \rightarrow 3''$ 所示,则同样会引起可用能的减少(减少为 $W'' = W_{max} - E_{L2}$)和废热的增加(增加为 $Q - W_{max} + E_{L2}$)。在这里,E_{L2} 为不可逆绝热膨胀造成的可用能损失,这一损失同样变成附加的废热排给环境。

如果不仅工质的吸热过程有温差,放热过程也有温差;不仅绝热膨胀过程有摩擦,绝热压缩过程也有摩擦,如图 4-15 中循环 Ⅰ-Ⅱ-Ⅲ-Ⅳ-Ⅰ 所示。那么,原来所提供的热量 Q 中就只有($W_{max} - E_{L1} - E_{L2} - E_{L3} - E_{L4}$)可以转变为功,其余部分($Q - W_{max} + E_{L1} + E_{L2} + E_{L3} + E_{L4}$)都将成为废热。

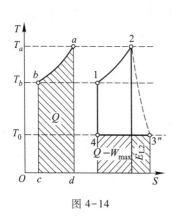

图 4-14

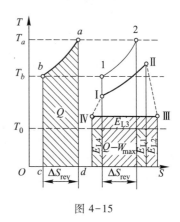

图 4-15

总之,由于各种不可逆因素的存在,使所提供的热量 Q 中实际转变为功的部分比理论上的最大值(W_{max})减少。这减少的部分便是可用能的不可逆损失 E_L($E_L = \sum E_{Li}$),这损失都变成附加的废热排给环境。这不可逆损失可以通过包括供热源、热机及周围环境在内的整个孤立系的熵增与环境温度的乘积来计算($E_L = T_0 \Delta S_{孤立系}$)。这可证明如下:

考虑到热机中的工质在完成一个循环后回到了原状态,因而熵不变,这样

$$\Delta S_{孤立系} = \Delta S_{供热源} + \Delta S_{热机} + \Delta S_{环境}$$

$$= -\Delta S_{rev} + 0 + \frac{Q - W_{max} + \sum E_{Li}}{T_0}$$

$$= -\Delta S_{rev} + 0 + \Delta S_{rev} + \frac{\sum E_{Li}}{T_0}$$

$$= \frac{\sum E_{Li}}{T_0} = \sum S_{gi} = S_g$$

从而得

$$E_L = \sum E_{Li} = T_0 \sum S_{gi} = T_0 S_g = T_0 \Delta S_{孤立系} \qquad (4\text{-}30)$$

例 4-4 将 500 kg 温度为 20 ℃的水用电热器加热到 60 ℃,求这一不可逆过程造成的功损和可用能的损失。不考虑散热损失。周围大气温度为 20 ℃,水的比定压热容为 4.187 kJ/(kg·K)。

解 在这里,功损即消耗的电能,它等于水吸收的热量,如图 4-16 中面积 12451 所示。

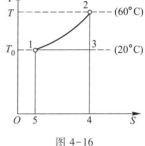

图 4-16

$$W_L = Q_g = mc_p(t - t_0)$$

$$= 500 \text{ kg} \times 4.187 \text{ kJ}/(\text{kg}\cdot℃) \times (60 - 20)℃$$

$$= 83\ 740 \text{ kJ}$$

整个系统(孤立系)的熵增也就是水在加热过程中的熵增为

$$\Delta S_{孤立系} = mc_p \ln \frac{T}{T_0}$$

$$= 500 \text{ kg} \times 4.187 \text{ kJ}/(\text{kg}\cdot\text{K}) \times \ln \frac{(60 + 273.15) \text{ K}}{(20 + 273.15) \text{ K}}$$

$$= 267.8 \text{ kJ/K}$$

可用能损失如图中面积 13451 所示,即

$$E_L = T_0 \Delta S_{孤立系} = 293.15 \text{ K} \times 267.8 \text{ kJ/K} = 78\ 500 \text{ kJ}$$

$E_L < W_L$,可用能的损失小于功损。图中面积 1231 即表示这二者之差。这一差值也就是 500 kg、60 ℃的水(对 20 ℃的环境而言)的可用能。

*4-9 流动工质的㶲和㶲损

在工程中,能量转换及热量传递过程大多是通过流动工质的状态变化实现的。在一定的环境条件下(通常的环境均指大气,它具有基本稳定的温度 T_0 和压力 p_0),如果流动工质具有不同于环境的温度和压力,它就具有一种潜在的作功能力。例如高温、高压的气流可以通过自身的膨胀以及和环境的热交换而作功,直至变为与环境的温度、压力相同为止。流动工质处于不同状态时的作功能力的大小,可以通过一个综合考虑工质与环境状况的新参数——㶲来表示。下面来推导这个㶲参数的表达式。

设流动工质处于某状态 A 时的温度为 T、压力为 p、比熵为 s、比焓为 h（图 4-17）；大气（环境）的温度和压力分别为 T_0、p_0（T_0、p_0 恒定不变）；当工质的温度和压力与大气参数 T_0、p_0 相同时，其比熵为 s_0、比焓为 h_0。流动工质在从状态 A 变化到状态 0 的过程中将会对外界作出技术功，而以可逆过程作出的功为最大。在大气是唯一热源的条件下，工质要从状态 A 可逆地变化到状态 0，必须先可逆绝热（定熵）地变化到与大

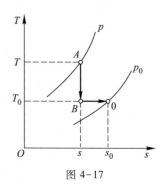

图 4-17

气温度 T_0 相同，即先由状态 A 经历一个定熵过程变化到状态 B；然后再在温度 T_0 下与大气交换热量，进行一个可逆的定温过程，从状态 B 变化到状态 0。在这一定温过程中，从大气吸收的热量或向大气放出的热量都是废热。所以

$$w_{t,\max} = w_{t,AB} + w_{t,B0} = \left[q_{AB} - (h_B - h_A) \right] + \left[q_{B0} - (h_0 - h_B) \right]$$

$$= \left[0 - (h_B - h) \right] + \left[T_0(s_0 - s) - (h_0 - h_B) \right]$$

$$= (h - h_0) - T_0(s - s_0)$$

将这最大技术功称为流动工质的比㶲（有时也将比㶲简称为㶲），用符号 e_x 表示，

$$e_x = (h - h_0) - T_0(s - s_0) \tag{4-31}$$

比㶲的单位为 kJ/kg。

对任意质量工质的㶲，则用符号 E_x 表示：

$$E_x = (H - H_0) - T_0(S - S_0) \tag{4-32}$$

㶲的单位为 kJ。

由于 T_0 和 p_0 可认为是不变的，工质在 T_0、p_0 状态下的焓 h_0 和熵 s_0 是定值，所以比㶲值只取决于流体所处的状态（T、p 或 h、s），因而可以认为比㶲是状态参数。它表示单位质量的流动工质在给定状态下具有的作功能力（或可用能）；这种作功能力，在大气是唯一热源的条件下，可以通过从该给定状态可逆地变化到与大气参数相同时，以对外作出技术功的形式全部发挥出来。

流动工质的㶲可以在焓熵图中用垂直线段方便而清楚地表示出来。先在焓熵图中画出某指定工质在环境温度 T_0 下的定温线和环境压力 p_0 下的定压线（图 4-18），再在二者的交点 0 上作 p_0 定压线的切线。这条切线称为

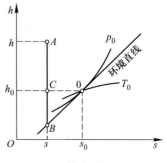

图 4-18

环境直线。从任意状态 A 到环境直线的纵向距离 $\overline{AB}$ 即为流动工质处于该状态时的㶲。证明如下：

环境直线的斜率为

$$\tan\alpha = \left(\frac{\partial h}{\partial s}\right)_{p(T_0,p_0)} = \frac{\overline{CB}}{\overline{0C}}$$

根据熵的定义式(1-15)可得

$$T\mathrm{d}s = \mathrm{d}u + p\mathrm{d}v = \mathrm{d}h - v\mathrm{d}p \tag{4-33}$$

或

$$\mathrm{d}h = T\mathrm{d}s + v\mathrm{d}p$$

从而得

$$\left(\frac{\partial h}{\partial s}\right)_P = T \tag{4-34}$$

式(4-34)表明：焓熵图中定压线上各点的斜率等于该定压线上各点的绝对温度。因此

$$\left(\frac{\partial h}{\partial s}\right)_{p(T_0,p_0)} = T_0$$

所以流动工质的㶲

$$e_x = (h - h_0) - T_0(s - s_0) = (h - h_0) + T_0(s_0 - s)$$

$$= \overline{AC} + \tan\alpha \cdot \overline{0C} = \overline{AC} + \overline{CB} = \overline{AB}(于是得证)$$

在除大气外别无其他热源的条件下，流动工质从状态 1 变化到状态 2 时的㶲降($E_{x1}-E_{x2}$)，理论上应该等于对外界作出的技术功：

$$W_{t理论} = E_{x1} - E_{x2} = (H_1 - H_2) - T_0(S_1 - S_2) \tag{4-35}$$

实际上，由于过程的不可逆性，流动工质作出的技术功总是小于㶲降。这减少的部分就是㶲损(流动工质的可用能损失)：

$$E_L = W_{t理论} - W_t = (H_1 - H_2) - T_0(S_1 - S_2) - W_t \tag{4-36}$$

该式又可写为

$$E_L = -(H_2 - H_1 + W_t) + T_0(S_2 - S_1)$$

根据热力学第一定律[式(2-10)]可知

$$H_2 - H_1 + W_t = Q$$

在大气是唯一热源的情况下,工质只能和大气交换热量,二者的热量必定相等,符号相反,即

$$Q_{大气} = -Q$$

所以

$$E_L = -Q + T_0(S_2 - S_1) = Q_{大气} + T_0 \Delta S_{工质}$$

$$= T_0 \Delta S_{大气} + T_0 \Delta S_{工质}$$

即

$$E_L = T_0 \Delta S_{孤立系} \qquad\qquad (4-37)$$

这里的㶲损计算式,与式(4-30)完全相同。事实上,任何孤立系的不可逆损失都等于该孤立系的熵增与环境温度的乘积。

应该指出,由各种不可逆因素造成的孤立系的可用能的损失,和由摩擦造成的功损并不相同。即使在孤立系的不可逆损失完全由功损(热产)引起的情况下,可用能的损失也并不一定等于功损。因为功损所形成的热产,如果其温度 T 高于环境温度 T_0,则这一部分热产对环境而言仍然包含一定的可用能,因而这时可用能的损失小于功损;只有当功损所形成的热产全部是废热(其温度为 T_0)时,可用能的损失才等于功损。从下列二式的比较中也可清楚地看出这一点:

可用能损失

$$E_L = T_0 \Delta S_{孤立系} = T_0 (S_2 - S_1)_{孤立系}$$

功损

$$W_L = Q_g = \int_1^2 T dS_{孤立系} = T_m (S_2 - S_1)_{孤立系}$$

当平均温度 $T_m > T_0$ 时,$E_L < W_L$;当 $T_m = T_0$ 时,$E_L = W_L$。

能量在数量上是守恒的,因此,所谓的能量损失,实质上是指能量质量上的损失,即由可用能变成废热的不可逆损失。上节和本节中有关可用能(热能中的可用部分)和㶲(流动工质具有的可用能)及其不可逆损失的讨论,使人们懂得如何估价热能和流动工质所携能量的可用性,以及如何计算实际过程中可用能的不可逆损失。

例 4-5　压力为 1.2 MPa、温度为 320 K 的压缩空气从压气机站输出。由于管道、阀门的阻力和散热,压缩空气到车间时压力降为 0.8 MPa,温度降为 298 K。压缩空气的流量为 0.5 kg/s。求每小时损失的可用能(按定比热容理想气体计算,大气温度为 20 ℃,压力为 0.1 MPa)。

解　对于管道、阀门,技术功 $W_t = 0$。根据式(4-36)可知输送过程中的不可逆损失等于

管道两端的㶲差（㶲降）：

$$\dot{E}_\text{L} = q_m(e_{x1} - e_{x2}) = q_m\left[(h_1 - h_2) - T_0(s_1 - s_2)\right]$$

$$= q_m\left[c_{p0}(T_1 - T_2) - T_0\left(c_{p0}\ln\frac{T_1}{T_2} - R_g\ln\frac{p_1}{p_2}\right)\right]$$

$$= (0.5 \times 3\,600)\ \text{kg/h} \times \left[1.005\ \text{kJ/(kg·K)} \times (320 - 298)\ \text{K} - \right.$$

$$293.15\ \text{K} \times \left(1.005\ \text{kJ/(kg·K)} \times \ln\frac{320\ \text{K}}{298\ \text{K}} - \right.$$

$$\left.\left.0.287\,1\ \text{kJ/(kg·K)} \times \ln\frac{1.2\ \text{MPa}}{0.8\ \text{MPa}}\right)\right]$$

$$= 63\,451\ \text{kJ/h}$$

也可以根据式（4-37）由孤立系的熵增与大气温度的乘积来计算此不可逆㶲损。每小时由压缩空气放出的热量等于大气吸收的热量：

$$\dot{Q}_{大气} = -\dot{Q} = -q_m c_{p0}(T_2 - T_1)$$

$$= -(0.5 \times 3\,600)\ \text{kg/h} \times 1.005\ \text{kJ/(kg·K)} \times (298 - 320)\ \text{K}$$

$$= 39\,798\ \text{kJ/h}$$

$$\Delta\dot{S}_{孤立系} = \Delta\dot{S}_{空气} + \Delta\dot{S}_{大气} = q_m\left(c_{p0}\ln\frac{T_2}{T_1} - R_g\ln\frac{p_2}{p_1}\right) + \frac{\dot{Q}_{大气}}{T_0}$$

$$= (0.5 \times 3\,600)\ \text{kg/h} \times \left[1.005\ \text{kJ/(kg·K)} \times \ln\frac{298\ \text{K}}{320\ \text{K}} - \right.$$

$$\left.0.287\,1\ \text{kJ/(kg·K)} \times \ln\frac{0.8\ \text{MPa}}{1.2\ \text{MPa}}\right] + \frac{39\,798\ \text{kJ/h}}{293.15\ \text{K}}$$

$$= 216.446\ \text{kJ/(K·h)}$$

所以　　　$$\dot{E}_\text{L} = T_0\Delta\dot{S}_{孤立系} = 293.15\ \text{K} \times 216.446\ \text{kJ/(K·h)} = 63\,451\ \text{kJ/h}$$

4-10　热力学第二定律对工程实践的指导意义

1. 对热机的理论指导意义

参看第4-6节末，卡诺定理和卡诺循环对热机的原则指导意义。

2. 预测过程进行的方向、判断平衡状态

有些简单过程进行的方向很容易看出来。例如，一个高温物体和一个低温物体相接触，传热过程的方向必定是高温物体将热量传给低温物体。这个过程将一直进行到两个物体的温度相等为止。传热过程停止后，两个物体的温度不再发生变化，据此就可以断定两个物体已处于热平衡状态。

但是，很多比较复杂的过程，例如一些化学反应，要直接预测它们进行的方向是很困难的。这时可以通过计算孤立系的熵的变化来预测，因为过程总是朝着使孤立系熵增加的方向进行，并且一直进行到熵达到给定条件下的最大值为止。孤立系的熵达到了最大值，也就达到了平衡状态。所以，孤立系的熵是否达到给定状态下的最大值，可以作为判断孤立系是否处于平衡状态的依据。此外，还可以根据孤立系的熵增原理，结合具体条件，得出平衡状态的其他一些判据。

3. 指导节约能源

热力学第二定律揭示了一切实际过程都具有不可逆性。从能量利用的角度来看，不可逆性意味着能量的贬值、可用能和功的损失或能源利用上的浪费。掌握了能量贬值的规律性，就可以懂得如何避免不必要的不可逆损失，并将不可避免的不可逆损失降到尽可能低的程度。这样就可以使现有的能源得到充分而合理的利用，达到节约能源的目的。

例如，用电炉取暖（功变热）就是最大的浪费（能量质量上的浪费）。直接烧燃料取暖也很浪费。利用低温热能（如地热、热机排气中的热能以及工业余热等）取暖则比较合理。

再如，在一些工厂中，一方面消耗冷却水去冷却一些设备，另一方面又消耗燃料去加热一些设备，这是很不合理的。应该设法将需要冷却的设备中放出的热量，尽量在需要加热的设备中加以利用。

至于在各种动力机械中如何尽量减少不可逆损失，提高效率，节约能量的消耗，更是需要仔细研究的问题。

4. 避免做出违背热力学第二定律的傻事

热力学第二定律是客观规律，只能遵循不能违反。然而，由于它不像热力学第一定律那样容易直接理解，因此一些实质上是违背热力学第二定律的过程，或实质上属于第二类永动机的构想（虽然有时为一些复杂的情况所掩盖），还是屡见不鲜地被提出来。掌握了热力学第二定律，应该能够透过复杂的现象正确判别某种构想是否违背热力学第二定律，然后再决定取舍，以免工作徒劳，造成时间、人力、财力和物力的浪费。

例 4-6　同例 4-2。求该换热设备损失的可用能(已知大气温度为 20 ℃)。若不用热空气而用电炉加热水,则损失的可用能为多少?

解　可以将该换热设备取作一孤立系,如图 4-19 所示。该孤立系的熵增等于熵产[式(4-16)],它与例 4-2 中按开口系计算所得的熵产相同。所以,根据式(4-37)可知该换热设备的可用能损失为

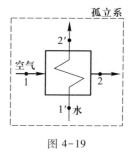

图 4-19

$$\dot{E}_L = T_0 \Delta \dot{S}_{孤立系} = T_0 \dot{S}_g$$

$$= (20 + 273.15) \text{ K} \times 435.5 \text{ kJ}/(\text{K} \cdot \text{h})$$

$$= 127\,670 \text{ kJ/h}$$

若不用热空气而用电炉加热水,则该孤立系的熵增即为水的熵增。这时的可用能损失为

$$\dot{E}'_L = T_0 \Delta \dot{S}'_{孤立系} = T_0 q'_m \Delta s' = T_0 q'_m c'_p \ln \frac{T'_2}{T'_1}$$

$$= (20 + 273.15) \text{ K} \times 2\,000 \text{ kg/h} \times 4.187 \text{ kJ}/(\text{kg} \cdot \text{K}) \times$$

$$\ln \frac{(70 + 273.15) \text{ K}}{(15 + 273.15) \text{ K}} = 428\,830 \text{ kJ/h}$$

$$\frac{\dot{E}'_L}{\dot{E}_L} = \frac{428\,830 \text{ kJ/h}}{127\,670 \text{ kJ/h}} = 3.359$$

用电加热水造成的可用能损失是用空气加热水时的 3 倍多。可见由电热器产生热能是不符合节能原则的。

思　考　题

1. 自发过程是不可逆过程,非自发过程是可逆过程,这样说对吗?

2. 热力学第二定律能不能说成"机械能可以全部转变为热能,而热能不能全部转变为机械能"?为什么?

3. 与大气温度相同的压缩气体可以从大气中吸热而膨胀作功(依靠单一热源作功)。这是否违背热力学第二定律?

4. 闭口系进行一个过程后,如果熵增加了,是否能肯定它从外界吸收了热量?如果熵减少了,是否能肯定它向外界放出了热量?

5. 试指出循环热效率公式 $\eta_t = 1 - Q_2/Q_1$ 和 $\eta_t = 1 - T_2/T_1$ 各自适用的范围(T_1 和 T_2 是指热源和冷源的温度)。

6. 下列说法有无错误?如有错误,指出错在哪里:

（1）工质进行不可逆循环后其熵必定增加；

（2）使热力系熵增加的过程必为不可逆过程；

（3）工质从状态 1 到状态 2 进行了一个可逆吸热过程和一个不可逆吸热过程，后者的熵增必定大于前者的熵增。

7. 既然能量是守恒的，那还有什么能量损失呢？

习 题

4-1 设有一卡诺热机，工作在温度为 1 200 K 和 300 K 的两个恒温热源之间。试问热机每作出 1 kW·h 功需从热源吸取多少热量？向冷源放出多少热量？热机的热效率为多少？

4-2 以空气为工质，在习题 4-1 所给的温度范围内进行卡诺循环。已知空气在定温吸热过程中压力由 8 MPa 降为 2 MPa。试计算各过程的膨胀功和热量及循环的热效率（按定比热容理想气体计算）。

4-3 以氩气为工质，在温度为 1 200 K 和 300 K 的两个恒温热源之间进行回热卡诺循环（图 4-20）。已知 $p_1 = p_4 = 1.5$ MPa，$p_2 = p_3 = 0.1$ MPa，试计算各过程的功、热量及循环的热效率。

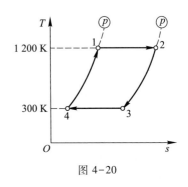

图 4-20

如果不采用回热器，过程 4→1 由热源供热，过程 2→3 向冷源排热。这时循环的热效率为多少？由于不等温传热而引起的整个孤立系（包括热源、冷源和热机）的熵增为多少（按定比热容理想气体计算）？

4-4 两台卡诺热机串联工作。A 热机工作在 700 ℃ 和 t 之间；B 热机吸收 A 热机的排热，工作在 t 和 20 ℃ 之间。试计算在下述情况下的 t 值：（1）两热机输出的功相同；（2）两热机的热效率相同。

4-5 以 T_1、T_2 为变量，导出图 4-21a、b 所示两循环的热效率的比值，并求 T_1 无限趋大时此值的极限。若热源温度 $T_1 = 1\,000$ K，冷源温度 $T_2 = 300$ K，则循环热效率各为多少？热源每供应 100 kJ 热量，图 4-21b 所示循环比卡诺循环少作多少功？冷源的熵多增加多少？整个孤立系（包括热源、冷源和热机）的熵增加多少？

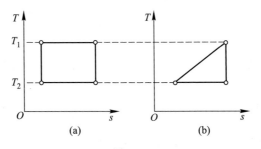

图 4-21

4-6　试证明：在压容图中任何两条定熵线(可逆绝热过程曲线)不能相交；若相交，则违反热力学第二定律。

4-7　3 kg 空气，温度为 20 ℃，压力为 1 MPa，向真空作绝热自由膨胀，容积增加了 4 倍(增为原来的 5 倍)。求膨胀后的温度、压力及熵增(按定比热容理想气体计算)。

4-8　空气在活塞气缸中作绝热膨胀(有内摩擦)，体积增加了 2 倍，温度由 400 K 降为 280 K。求每千克空气比无摩擦而体积同样增加 2 倍的情况少作的膨胀功以及由于摩擦引起的熵增，并将这两个过程(有摩擦和无摩擦的绝热膨胀过程)定性地表示在压容图和温熵图中(认为空气是定比热容理想气体)。

4-9　将 3 kg 温度为 0 ℃的冰，投入盛有 20 kg 温度为 50 ℃的水的绝热容器中，求最后达到热平衡时的温度及整个绝热系的熵增。已知水的比热容为 4.187 kJ/(kg·K)，冰的溶解热为 333.5 kJ/kg(不考虑体积变化)。

4-10　有质量均为 m 的二物体，比热容相同，均为 c_p(比热容为定值，不随温度变化)。A 物体初温为 T_A，B 物体初温为 $T_B(T_A>T_B)$。用它们作为热源和冷源，使可逆热机工作于其间，直至二物体温度相等为止。试证明：

(1) 二物体最后达到的平衡温度为

$$T_m = \sqrt{T_A T_B}$$

(2) 可逆热机作出的总功为

$$W_0 = mc_p(T_A + T_B - 2\sqrt{T_A T_B})$$

(3) 如果抽掉可逆热机，使二物体直接接触，直至温度相等。这时二物体的熵增为

$$\Delta S = mc_p \ln \frac{(T_A + T_B)^2}{4T_A T_B}$$

4-11　求质量为 2 kg、温度为 300 ℃的铅块具有的可用能。如果让它在空气中冷却到 100 ℃，则其可用能损失了多少？如果将这 300 ℃的铅块投入 5 kg 温度为 50 ℃的水中，则可用能的损失又是多少？铅的比热容 $c_p=0.13$ kJ/(kg·K)；空气(环境)温度为 20 ℃。

4-12　压力为 0.4 MPa、温度为 20 ℃的压缩空气，在膨胀机中绝热膨胀到 0.1 MPa，温度降为 -56 ℃，然后通往冷库。已知空气流量为 1 200 kg/h，环境温度为 20 ℃，压力为 0.1 MPa，试求：(1) 流进和流出膨胀机的空气的比焓；(2) 膨胀机的功率；(3) 膨胀机中的不可逆损失。

第五章　气体的流动和压缩

　　本章在前面有关热力学基本定律、理想气体性质、气体热力过程等知识的基础上讨论气体在喷管中作绝热流动时气流状态随喷管截面变化的关系，以及气体在压气机中被压缩时的状态变化规律、压气机功耗、压气机效率等问题。

　　本章的难点是流动过程的临界状况。要弄清临界状况的各种特性，并会用它们来判断、分析变截面管道在不同条件下的工作状况。

5-1　一元稳定流动的基本方程

　　本章讨论的气体流动,仅限于一元稳定流动。所谓一元流动,是指流动的一切参数仅沿一个方向(这个方向可以是直线,也可以是弯曲流道的轴线)有显著变化,而在其他两个方向上的变化是很小的。所谓稳定流动,是指流道中任意指定空间的一切参数都不随时间而变化。

1. 连续方程

　　设有一任意流道如图 5-1 所示。图中: q_m 为流量(质量流量),kg/s; v 为比体积,m^3/kg; c 为流速,m/s; A 为流道截面积,m^2。

　　单位时间流过流道中任意一截面的体积(即所谓体积流量 q_V)等于流量和比体积的乘积,也等于流速和截面积的乘积:

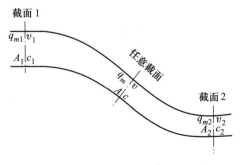

图 5-1

$$q_V = q_m v = Ac$$

所以

$$q_m = \frac{Ac}{v}$$

对稳定流动而言,流量不随时间变化,所以

$$q_m = \frac{Ac}{v} = 常数$$

对截面 1 可得

$$q_{m1} = \frac{A_1 c_1}{v_1} = 常数$$

对截面 2 可得

$$q_{m2} = \frac{A_2 c_2}{v_2} = 常数$$

对截面 i 可得

$$q_{mi} = \frac{A_i c_i}{v_i} = 常数$$

对于稳定流动,根据质量守恒原理可知,流过流道任何一个截面的流量必定相等:

$$q_{m1} = q_{m2} = \cdots = q_m = 常数$$

即

$$\frac{A_1 c_1}{v_1} = \frac{A_2 c_2}{v_2} = \cdots = \frac{Ac}{v} = q_m = 常数 \tag{5-1}$$

式(5-1)就是一元稳定流动的连续方程。它说明:任何时刻流过流道任何截面的流量都是不变的常数。它适用于任何一元稳定流动,不管是什么流体,也不管是可逆过程或是不可逆过程。

2. 能量方程

稳定流动的能量方程在第 2-1 节中已经得出[式(2-13)]:

$$q = h_2 - h_1 + \frac{1}{2}(c_2^2 - c_1^2) + g(z_2 - z_1) + w_{sh}$$

本章主要讨论喷管和扩压管中的流动过程。这种流动过程有如下特点:

无轴功 $\quad\quad\quad\quad w_{sh} = 0$

气体和外界基本上绝热 $\quad q \approx 0$

重力位能基本上无变化 $\quad g(z_2 - z_1) \approx 0$

所以能量方程变为如下的简单形式:

$$\frac{1}{2}(c_2^2 - c_1^2) = h_1 - h_2 \tag{5-2}$$

式(5-2)适用于任何工质的绝热稳定流动过程,不管过程是可逆的或是不可逆的。

3. 动量方程

在流体中沿流动方向取一微元柱体(图5-2),柱体的截面积为 A,长度为 dx。假定作用在柱体侧面的摩擦力(黏性阻力)为 dF_f。

根据牛顿第二定律可知,在 $d\tau$ 时间内,作用在微元柱体上的冲量必定等于该柱体的动量变化:

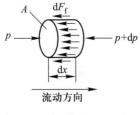

图 5-2

$$[pA - (p + dp)A - dF_f]d\tau = dmdc = \frac{Adx}{v}dc$$

即

$$-vdp - v\frac{dF_f}{A} = \frac{dx}{d\tau}dc = cdc$$

亦即

$$\frac{1}{2}dc^2 = -vdp - v\frac{dF_f}{A} \tag{5-3}$$

这就是动量方程。

如果不考虑黏性力(无摩擦),则可得

$$\frac{1}{2}dc^2 = -vdp \tag{5-4}$$

积分后得

$$\frac{1}{2}(c_2^2 - c_1^2) = -\int_1^2 vdp \tag{5-5}$$

4. 流动中常用的其他一些和流体性质有关的方程

(1)状态方程

流体状态方程的一般形式是

$$F(p, v, T) = 0$$

实际气体 p、v、T 之间的函数关系比较复杂。为简化计算,一些实际气体的 p、v、T 性质可利用现成的图表查出。

理想气体的状态方程具有最简单的形式:

$$pv = R_g T \tag{5-6}$$

(2)过程方程

本章只讨论绝热流动,如果不考虑摩擦,也就是定熵流动,所以过程方程也就是定熵过程方程。

假定气体(包括理想气体和实际气体)的定熵过程遵守如下方程:

$$pv^{\kappa} = 常数 \quad (\kappa \text{ 为定值}) \tag{5-7}$$

κ 称为定熵指数(亦称绝热指数)。对定比热容理想气体而言,定熵指数等于热容比:

$$\kappa = \gamma_0$$

(3)音速方程

根据物理学知道,声音在气体中的传播速度(音速 c_s)与气体的状态有关:

$$c_s = \sqrt{\left(\frac{\partial p}{\partial \rho}\right)_s} = \sqrt{-v^2\left(\frac{\partial p}{\partial v}\right)_s}$$

从式(5-7)可得

$$\left(\frac{\partial p}{\partial v}\right)_s = -\kappa\frac{p}{v} \quad [\text{参看第 5 - 2 节式(b)}]$$

代入上式即得
$$c_s = \sqrt{\kappa pv} \tag{5-8}$$

式(5-8)对任何气体都适用,对理想气体则可得

$$c_s = \sqrt{\gamma_0 R_g T} \tag{5-9}$$

式(5-9)说明,声音在理想气体中的传播速度与绝对温度的平方根成正比,温度愈高,音速愈大。

下面各节有关流动过程的讨论,基本上就是上述各方程结合具体条件的应用和进一步的推导。

5-2 喷管中气流参数变化和喷管截面变化的关系

喷管是利用压力降落使流体加速的管道。由于气体通过喷管时流速一般都较高(比如说每秒几百米),而喷管的长度有限(比如说几厘米或几十厘米),气流从进入喷管到流出喷管所经历的时间极短,因而和外界交换的热量极少,完全可以忽略不计。因此,喷管中进行的过程可以认为是绝热的。

气流在管道中流动时的状态变化情况和管道截面积的变化情况有密切关系。因此,要掌握气流在喷管中的变化规律,就必须搞清楚管道截面的变化情况。或者说,要控制气流按一定的规律变化(加速),就必须相应地设计出一定形状的喷管。

连续方程[式(5-1)]建立了喷管截面积和流速、流量及比体积之间的关系:

$$\frac{Ac}{v} = q_m = 常数$$

对上式取对数得 $\qquad \ln A + \ln c - \ln v = \ln q_m = 常数$

微分后得 $\qquad \dfrac{\mathrm{d}A}{A} + \dfrac{\mathrm{d}c}{c} - \dfrac{\mathrm{d}v}{v} = 0$

所以 $\qquad\qquad \dfrac{\mathrm{d}A}{A} = \dfrac{\mathrm{d}v}{v} - \dfrac{\mathrm{d}c}{c} \qquad\qquad (5-10)$

式(5-10)说明:喷管截面积的增加率等于气体比体积的增加率和流速增加率之差。

在喷管中,流速和比体积都是不断增加的[喷管中压力不断下降,所以从式(5-7)可知比体积是不断增加的]。如果比体积的增加率小于流速的增加率$\left(\dfrac{\mathrm{d}v}{v} < \dfrac{\mathrm{d}c}{c}\right)$,那么$\dfrac{\mathrm{d}A}{A} < 0$,喷管应该是渐缩形的(图5-3a);如果比体积的增加率大于流速的增加率$\left(\dfrac{\mathrm{d}v}{v} > \dfrac{\mathrm{d}c}{c}\right)$,那么$\dfrac{\mathrm{d}A}{A} > 0$,喷管应该是渐放形的(图5-3b)。只有对不可压缩的流体$\left(例如液体,\dfrac{\mathrm{d}v}{v} \approx 0\right)$,喷管才一定是渐缩形的$\left(\dfrac{\mathrm{d}A}{A} \approx -\dfrac{\mathrm{d}c}{c} < 0\right)$。究竟什么时候比体积的增加率小于流速的增加率,什么时候比体积的增加率大于流速的增加率,这是需要进一步讨论的问题。

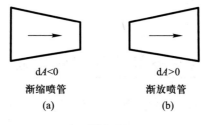

dA<0 　　　　　　 dA>0

渐缩喷管 　　　　　 渐放喷管

(a) 　　　　　　　 (b)

图 5-3

对于无摩擦的流动,其动量方程为式(5-4),即

$$c\mathrm{d}c = -v\mathrm{d}p \qquad\qquad (a)$$

而定熵过程方程为 $\qquad pv^{\kappa} = 常数$

微分后得 $\qquad\qquad v^{\kappa}\mathrm{d}p + p\kappa v^{\kappa-1}\mathrm{d}v = 0$

即
$$dp = - \kappa p \frac{dv}{v} \qquad (b)$$

将式(b)代入式(a)得
$$cdc = \kappa p dv \qquad (c)$$

式(c)亦可写为
$$\frac{dv}{v} = \frac{c^2}{\kappa pv} \frac{dc}{c} \qquad (d)$$

将音速方程[式(5-8)]代入式(d)后得

$$\frac{dv}{v} = \frac{c^2}{c_s^2} \frac{dc}{c} \qquad (e)$$

令
$$\frac{c}{c_s} = Ma \qquad (5-11)$$

Ma 称为马赫数,它等于流速与当地音速①之比。这样式(e)就可写为

$$\frac{dv}{v} = Ma^2 \frac{dc}{c} \qquad (5-12)$$

将式(5-12)代入式(5-10)即得

$$\frac{dA}{A} = (Ma^2 - 1) \frac{dc}{c} \qquad (5-13)$$

根据式(5-12)和式(5-13)可以得出如下结论:在喷管中,流速是不断增加的$\left(\frac{dc}{c}>0\right)$,因此当 $Ma<1$(即当流速小于当地音速时),比体积的增加率小于流速的增加率,喷管应该是渐缩的$\left(\frac{dA}{A}<0\right)$;而当 $Ma>1$(即当流速大于当地音速时),比体积的增加率大于流速的增加率,喷管应该是渐放的$\left(\frac{dA}{A}>0\right)$。这一结论适用于定熵流动,不管工质是理想气体还是实际气体。

如果气体在喷管中的流速由低于当地音速增加到超过当地音速,那么喷管应该由渐缩过渡到渐放(图5-4),这样就形成了缩放喷管(或称拉伐尔喷管)。

在喷管中,当流速不断增加时,音速是不断下降

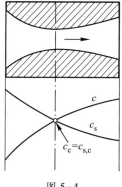

图 5-4

---

① "当地音速"是指声音在气体实际所处状况下传播的速度。

的。这可证明如下。

对式(5-8)取对数：

$$\ln c_{\text{s}} = \frac{1}{2}(\ln \kappa + \ln p + \ln v)$$

将上式微分：

$$\frac{\text{d}c_{\text{s}}}{c_{\text{s}}} = \frac{1}{2}\left(\frac{\text{d}p}{p} + \frac{\text{d}v}{v}\right) \tag{f}$$

另外，从式(b)得

$$\frac{\text{d}v}{v} = -\frac{1}{\kappa}\frac{\text{d}p}{p} \tag{g}$$

将式(g)代入式(f)得

$$\frac{\text{d}c_{\text{s}}}{c_{\text{s}}} = \frac{1}{2}\left(1 - \frac{1}{\kappa}\right)\frac{\text{d}p}{p} \tag{h}$$

从式(h)可以看出：由于定熵指数 $\kappa > 1$，而气流在喷管中的压力是不断降低的（$\text{d}p < 0$），所以音速在喷管中也是不断降低的（$\text{d}c_{\text{s}} < 0$）。

在喷管中，流速不断增加，而音速不断下降（图 5-4），当流速达到当地音速时，喷管开始由渐缩变为渐放，这样就形成了一个最小截面积，称为喉部。达到当地音速的流速称为临界流速（$c_{\text{c}} = c_{\text{s,c}}$）。对于定熵流动，临界流速一定发生在喷管最小截面处（喉部）。

5-3　气体流经喷管的流速和流量

1. 流速

在研究流动过程时，为了表达和计算方便，人们把气体流速为零时或流速虽大于零但按定熵压缩过程折算到流速为零时（参看本节末）的各种参数称为滞止参数。用星号"＊"标记滞止参数，如滞止压力 p^*、滞止温度 T^*、滞止焓 h^* 等。气体从滞止状态（$c^* = 0$）开始，在喷管中，随着喷管截面积的变化，流速（c）不断增加，其他状态参数（p、v、T、h）也相应地随着变化（图 5-5）。

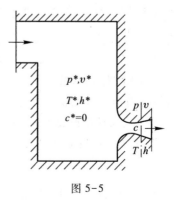

图 5-5

气体通过喷管任意截面时的流速 c，可以根据能量方程［式（5-2）］计算：

$$\frac{1}{2}(c^2 - c^{*2}) = h^* - h$$

所以
$$c = \sqrt{2(h^* - h)} \tag{5-14}$$

式（5-14）适用于绝热流动，不管是什么工质，也不管过程是否可逆，只要知道滞止焓降（$h^* - h$），即可计算出该截面的流速。

对定比热容理想气体则可得

$$c = \sqrt{2c_{p0}(T^* - T)} \tag{5-15}$$

对于无摩擦的绝热流动过程，可以根据式（5-5）和式（5-7）得出另一种形式的流速计算公式。由式（5-5）可知

$$c = \sqrt{2\left(-\int_{p^*}^{p} v \mathrm{d}p\right)} \tag{a}$$

从式（5-7）得

$$v = p^{*\frac{1}{\kappa}} v^* p^{-\frac{1}{\kappa}} \tag{b}$$

将式（b）代入式（a）中的积分式：

$$-\int_{p^*}^{p} v \mathrm{d}p = -\int_{p^*}^{p} p^{*\frac{1}{\kappa}} v^* p^{-\frac{1}{\kappa}} \mathrm{d}p = -p^{*\frac{1}{\kappa}} v^* \int_{p^*}^{p} p^{-\frac{1}{\kappa}} \mathrm{d}p$$

$$= -p^{*\frac{1}{\kappa}} v^* \frac{1}{1-\frac{1}{\kappa}}(p^{\frac{\kappa-1}{\kappa}} - p^{*\frac{\kappa-1}{\kappa}}) = \frac{\kappa}{\kappa-1} p^* v^* \left[1 - \left(\frac{p}{p^*}\right)^{\frac{\kappa-1}{\kappa}}\right] \tag{c}$$

将式（c）代入式（a）即得

$$c = \sqrt{\frac{2\kappa}{\kappa-1} p^* v^* \left[1 - \left(\frac{p}{p^*}\right)^{\frac{\kappa-1}{\kappa}}\right]} = c_s^* \sqrt{\frac{2}{\kappa-1}\left[1 - \left(\frac{p}{p^*}\right)^{\frac{\kappa-1}{\kappa}}\right]}$$

$$\tag{5-16}$$

式（5-16）适用于任何气体的定熵流动。

对定比热容理想气体，式（5-16）可写为

$$c = \sqrt{\frac{2\gamma_0}{\gamma_0-1} R_g T^* \left[1 - \left(\frac{p}{p^*}\right)^{\frac{\gamma_0-1}{\gamma_0}}\right]} = c_s^* \sqrt{\frac{2}{\gamma_0-1}\left[1 - \left(\frac{p}{p^*}\right)^{\frac{\gamma_0-1}{\gamma_0}}\right]}$$

$$\tag{5-17}$$

2. 临界流速和临界压力比

临界流速可以根据式(5-16)求出:

$$c_c = \sqrt{\frac{2\kappa}{\kappa - 1} p^* v^* \left[1 - \left(\frac{p_c}{p^*} \right)^{\frac{\kappa-1}{\kappa}} \right]} \qquad (a)$$

但是临界压力 p_c(即流速等于当地音速,亦即 $Ma = 1$ 时气体的压力)还不知道,必须找出临界压力和一些已知参数之间的关系。

根据临界流速的定义,它等于当地音速:

$$c_c = c_{s,c} = \sqrt{\kappa p_c v_c} \qquad (b)$$

从式(a)和式(b)可得

$$\frac{p_c v_c}{p^* v^*} = \frac{2}{\kappa - 1} \left[1 - \left(\frac{p_c}{p^*} \right)^{\frac{\kappa-1}{\kappa}} \right] \qquad (c)$$

其中

$$\frac{v_c}{v^*} = \left(\frac{p_c}{p^*} \right)^{-\frac{1}{\kappa}} \qquad (d)$$

将式(d)代入式(c)后得

$$\left(\frac{p_c}{p^*} \right)^{\frac{\kappa-1}{\kappa}} = \frac{2}{\kappa - 1} \left[1 - \left(\frac{p_c}{p^*} \right)^{\frac{\kappa-1}{\kappa}} \right]$$

即

$$\left(\frac{p_c}{p^*} \right)^{\frac{\kappa-1}{\kappa}} \left(1 + \frac{2}{\kappa - 1} \right) = \frac{2}{\kappa - 1}$$

所以

$$\beta_c = \frac{p_c}{p^*} = \left(\frac{2}{\kappa + 1} \right)^{\frac{\kappa}{\kappa-1}} \qquad (5-18)$$

β_c 称为临界压力比,它是临界压力和滞止压力的比值。从式(5-18)可知,对无摩擦的绝热流动,临界压力比取决于定熵指数。根据该式计算出的各种气体的临界压力比为

$$
\begin{array}{lll}
\text{单原子气体} & \kappa \approx 1.67, & \beta_c \approx 0.487 \\
\text{双原子气体} & \kappa \approx 1.40, & \beta_c \approx 0.528 \\
\text{多原子气体} & \kappa \approx 1.30, & \beta_c \approx 0.546 \\
\text{过热水蒸气} & \kappa \approx 1.30, & \beta_c \approx 0.546 \\
\text{饱和水蒸气} & \kappa \approx 1.135, & \beta_c \approx 0.577
\end{array}
\qquad (5-19)
$$

从式(5-19)可以得到这样一个大致的概念：各种气体在喷管中流速从零增加到临界流速，压力大约降低一半。

知道了临界压力比再回过来根据式(a)计算临界流速。将式(5-18)代入式(a)后得

$$c_c = \sqrt{\frac{2\kappa}{\kappa - 1} p^* v^* \left[1 - \frac{2}{\kappa + 1} \right]}$$

即

$$c_c = c_s^* \sqrt{\frac{2}{\kappa + 1}} \tag{5-20}$$

式(5-20)表明：对一定的气体(定熵指数 κ 已知)，临界流速仅取决于滞止音速。对定比热容理想气体：$\kappa = \gamma_0$、$c_s^* = \sqrt{\gamma_0 R_g T^*}$，$c_c = \sqrt{\frac{2 R_g T^*}{1 + 1/\gamma_0}}$，因此临界流速仅取决于滞止温度。

3. 流量和最大流量

对于稳定流动，如果没有分流和合流，那么流体通过流道任何截面的流量都是相同的。所以，无论按哪一个截面的参数计算流量，所得结果都是一样的。对于喷管，通常都按其最小截面(喉部)的参数计算流量。

根据式(5-1)和式(5-16)可得

$$q_m = \frac{A_{min} c_{th}}{v_{th}} = \frac{A_{min}}{v_{th}} c_s^* \sqrt{\frac{2}{\kappa - 1} \left[1 - \left(\frac{p_{th}}{p^*} \right)^{\frac{\kappa - 1}{\kappa}} \right]} \tag{a}$$

式中：A_{min}——喷管最小截面积(即喉部截面积)；

c_{th}、v_{th}、p_{th}——喉部的流速、比体积、压力。

式(a)中

$$\frac{1}{v_{th}} = \frac{1}{v^*} \left(\frac{p_{th}}{p^*} \right)^{\frac{1}{\kappa}}$$

代入式(a)后即得

$$q_m = \frac{A_{min}}{v^*} c_s^* \sqrt{\frac{2}{\kappa - 1} \left[\left(\frac{p_{th}}{p^*} \right)^{\frac{2}{\kappa}} - \left(\frac{p_{th}}{p^*} \right)^{\frac{\kappa + 1}{\kappa}} \right]} \tag{5-21}$$

式(5-21)为喷管流量计算公式。如果喷管最小截面积和滞止参数不变，那么当最小截面上的流速达到临界流速(即当 $p_{th} = p_c$，$c_{th} = c_c$ 时)，流量将达到最大值。这可证明如下。

从式(5-21)可以看出，在 A_{min}、v^*、c_s^*、p^*(当然还有 κ)不变的条件下，当

$\left[\left(\dfrac{p_{th}}{p^*}\right)^{\frac{2}{\kappa}}-\left(\dfrac{p_{th}}{p^*}\right)^{\frac{\kappa+1}{\kappa}}\right]$ 具有极大值时,流量也具有极大值。令

$$\frac{p_{th}}{p^*}=\beta_{th}$$

并令

$$\frac{\mathrm{d}}{\mathrm{d}\beta_{th}}\left[\beta_{th}^{\frac{2}{\kappa}}-\beta_{th}^{\frac{\kappa+1}{\kappa}}\right]=0$$

即

$$\frac{2}{\kappa}\beta_{th}^{\frac{2-\kappa}{\kappa}}-\frac{\kappa+1}{\kappa}\beta_{th}^{\frac{1}{\kappa}}=0$$

亦即

$$\frac{1}{\kappa}\beta_{th}^{\frac{1}{\kappa}}\left[2\beta_{th}^{\frac{1-\kappa}{\kappa}}-(\kappa+1)\right]=0$$

从而得

$$\beta_{th}^{\frac{1}{\kappa}}=0 \quad 或 \quad 2\beta_{th}^{\frac{1-\kappa}{\kappa}}-(\kappa+1)=0$$

亦即

$$\beta_{th}=0 \quad 或 \quad \beta_{th}=\left(\frac{2}{\kappa+1}\right)^{\frac{\kappa}{\kappa-1}}=\beta_c$$

但当 $\beta_{th}=0$ 时,从式(5-21)得 $q_m=0$,显然这不是最大流量。因此,只有当 $\beta_{th}=\beta_c$($即 $p_{th}=p_c$,$c_{th}=c_c$,$Ma_{th}=1$)时,流量才达到最大值。所以,最大流量为

$$q_{m,max}=\frac{A_{min}}{v^*}c_s^*\sqrt{\frac{2}{\kappa-1}\left[\left(\frac{2}{\kappa+1}\right)^{\frac{2}{\kappa-1}}-\left(\frac{2}{\kappa+1}\right)^{\frac{\kappa+1}{\kappa-1}}\right]}$$

化简后得

$$q_{m,max}=\frac{A_{min}}{v^*}c_s^*\left(\frac{2}{\kappa+1}\right)^{\frac{\kappa+1}{2\kappa-2}} \tag{5-22}$$

从式(5-16)到式(5-22)都只适用于定熵(无摩擦绝热)流动。

有一种流道和喷管的作用恰恰相反,它利用流速的降低使气体增压,这种流道称为<u>扩压管</u>。例如叶轮式压气机中就利用扩压管来达到增压目的(参看第5-4节4)。

气流在扩压管中进行的是绝热压缩过程。在理论分析上,扩压管可看作喷管的倒逆。对喷管的分析和各计算式原则上也都适用于扩压管,但各种参数变化的符号恰恰相反(熵的变化除外[①])。例如:在喷管中,$\mathrm{d}c>0$,$\mathrm{d}p<0$,$\mathrm{d}h<0$,$\mathrm{d}T<$

---

① 如果是无摩擦的绝热流动,则无论在喷管或扩压管中,气体的熵均不变($\mathrm{d}s=0$);如果是有摩擦的绝热流动,则无论在喷管或扩压管中,气流的熵均增加($\mathrm{d}s>0$),而并非符号相反。

$0,\mathrm{d}v>0$,等等;而在扩压管中,则 $\mathrm{d}c<0$,$\mathrm{d}p>0$,$\mathrm{d}h>0$,$\mathrm{d}T>0$,$\mathrm{d}v<0$,等等。可以想象气流在喷管中做逆向流动时各种参数将会发生反向变化,以此来分析气流在扩压管中的流动情况。

本节开头提到的滞止参数,对具有一定流速的气体来说,实际上就是设想它在扩压管中定熵压缩到流速为零时所得到的各种参数(h^*、T^*、p^*、v^*)。这些滞止参数可以根据已知的流速 c 及相应的状态(T、p)来计算。

滞止焓[参看式(5-14)]:

$$h^* = h + \frac{c^2}{2} \tag{5-23}$$

式(5-23)适用于任何气体的绝热压缩(滞止)过程。

滞止温度[参看式(5-15)]:

$$T^* = T + \frac{c^2}{2c_{p0}} \tag{5-24}$$

式(5-24)适用于定比热容理想气体的绝热压缩(滞止)过程。

滞止压力可以根据式(3-93)和(5-24)导出:

$$\left(\frac{p^*}{p}\right)^{\frac{\gamma_0-1}{\gamma_0}} = \frac{T^*}{T} = 1 + \frac{c^2}{2c_{p0}T}$$

所以

$$p^* = p\left(1 + \frac{c^2}{2c_{p0}T}\right)^{\frac{\gamma_0}{\gamma_0-1}} \tag{5-25}$$

式(5-25)只适用于定比热容理想气体的定熵压缩(滞止)过程。

滞止比体积可以根据理想气体状态方程和式(5-24)、(5-25)导出:

$$v^* = \frac{R_g T^*}{p^*} = R_g \frac{T\left(1 + \dfrac{c^2}{2c_{p0}T}\right)}{p\left(1 + \dfrac{c^2}{2c_{p0}T}\right)^{\frac{\gamma_0}{\gamma_0-1}}}$$

所以

$$v^* = \frac{R_g T}{p}\left(1 + \frac{c^2}{2c_{p0}T}\right)^{\frac{1}{1-\gamma_0}} \tag{5-26}$$

式(5-26)也只适用于定比热容理想气体的定熵压缩(滞止)过程。

例 5-1 空气进入某缩放喷管时的流速为 300 m/s,相应的压力为 0.5 MPa,温度为

450 K,试求各滞止参数以及临界压力和临界流速。若出口截面的压力为 0.1 MPa,则出口流速和出口温度各为多少(按定比热容理想气体计算,不考虑摩擦)?

解   对于空气

$$\gamma_0 = 1.4, \quad c_{p0} = 1.005 \text{ kJ}/(\text{kg} \cdot \text{K}), \quad R_g = 0.287\ 1 \text{ kJ}/(\text{kg} \cdot \text{K})$$

根据式(5-23)可计算出滞止焓:

$$h^* = h_1 + \frac{c_1^2}{2} = c_{p0}T_1 + \frac{c_1^2}{2}$$

$$= 1.005 \text{ kJ}/(\text{kg} \cdot \text{K}) \times 450 \text{ K} + \left(\frac{300^2}{2} \times 10^{-3}\right) \text{ kJ/kg} = 497.3 \text{ kJ/kg}$$

滞止温度、滞止压力和滞止比体积则分别为

$$T^* = \frac{h^*}{c_{p0}} = \frac{497.3 \text{ kJ/kg}}{1.005 \text{ kJ}/(\text{kg} \cdot \text{K})} = 494.8 \text{ K}$$

$$p^* = p_1 \left(\frac{T^*}{T_1}\right)^{\frac{\gamma_0}{\gamma_0 - 1}} = 0.5 \text{ MPa} \times \left(\frac{494.8 \text{ K}}{450 \text{ K}}\right)^{\frac{1.4}{1.4 - 1}} = 0.697\ 0 \text{ MPa}$$

$$v^* = \frac{R_g T^*}{p^*} = \frac{0.287\ 1 \times 10^3 \text{ J}/(\text{kg} \cdot \text{K}) \times 494.8 \text{ K}}{0.697\ 0 \times 10^6 \text{ Pa}} = 0.203\ 8 \text{ m}^3/\text{kg}$$

根据式(5-18)可知临界压力为

$$p_c = p^* \beta_c = p^* \left(\frac{2}{\gamma_0 + 1}\right)^{\frac{\gamma_0}{\gamma_0 - 1}} = 0.697\ 0 \text{ MPa} \times \left(\frac{2}{1.4 + 1}\right)^{\frac{1.4}{1.4 - 1}} = 0.368\ 2 \text{ MPa}$$

临界流速则根据式(5-20)求出:

$$c_c = c_s^* \sqrt{\frac{2}{\gamma_0 + 1}} = \sqrt{\gamma_0 R_g T^*} \sqrt{\frac{2}{\gamma_0 + 1}}$$

$$= \sqrt{1.4 \times 0.287\ 1 \times 10^3 \text{ J}/(\text{kg} \cdot \text{K}) \times 494.8 \text{ K} \times \frac{2}{1.4 + 1}} = 407.1 \text{ m/s}$$

根据式(5-17)计算喷管出口流速:

$$c_2 = \sqrt{\frac{2\gamma_0}{\gamma_0 - 1} R_g T^* \left[1 - \left(\frac{p_2}{p^*}\right)^{\frac{\gamma_0 - 1}{\gamma_0}}\right]}$$

$$= \sqrt{\frac{2 \times 1.4}{1.4 - 1} \times 0.287\ 1 \times 10^3 \text{ J}/(\text{kg} \cdot \text{K}) \times 494.8 \text{ K} \times \left[1 - \left(\frac{0.1 \text{ MPa}}{0.697\ 0 \text{ MPa}}\right)^{\frac{1.4 - 1}{1.4}}\right]}$$

$$= 650.7 \text{ m/s}$$

喷管出口气流的温度则为

$$T_2 = T_1\left(\frac{p_2}{p_1}\right)^{\frac{\gamma_0-1}{\gamma_0}} = 450\ \text{K} \times \left(\frac{0.1\ \text{MPa}}{0.5\ \text{MPa}}\right)^{\frac{1.4-1}{1.4}} = 284.1\ \text{K}$$

例 5-2 试设计一喷管，流体为空气。已知 $p^* = 0.8\ \text{MPa}$，$T^* = 290\ \text{K}$，喷管出口压力 $p_2 = 0.1\ \text{MPa}$，流量 $q_m = 1\ \text{kg/s}$（按定比热容理想气体计算，不考虑摩擦）。

解 对于空气

$$\gamma_0 = 1.4, \quad \beta_c = 0.528$$

$$\beta_2 = \frac{p_2}{p^*} = \frac{0.1\ \text{MPa}}{0.8\ \text{MPa}} = 0.125 < \beta_c$$

所以喷管应该是缩放形的。

临界流速

$$c_c = c_s^*\sqrt{\frac{2}{\gamma_0+1}} = \sqrt{\gamma_0 R_g T^*}\sqrt{\frac{2}{\gamma_0+1}}$$

$$= \sqrt{1.4 \times 287.1\ \text{J/(kg·K)} \times 290\ \text{K} \times \frac{2}{1.4+1}} = 311.7\ \text{m/s}$$

出口流速

$$c_2 = \sqrt{\frac{2\gamma_0}{\gamma_0-1}R_g T^*\left[1 - \left(\frac{p_2}{p^*}\right)^{\frac{\gamma_0-1}{\gamma_0}}\right]}$$

$$= \sqrt{\frac{2 \times 1.4}{1.4-1} \times 287.1\ \text{J/(kg·K)} \times 290\ \text{K} \times \left[1 - \left(\frac{0.1\ \text{MPa}}{0.8\ \text{MPa}}\right)^{\frac{1.4-1}{1.4}}\right]} = 511.0\ \text{m/s}$$

喉部截面积

$$A_{\min} = \frac{q_m v_c}{c_c} = \frac{q_m}{c_c}v^*\left(\frac{p^*}{p_c}\right)^{\frac{1}{\gamma_0}} = \frac{q_m}{c_c}\frac{R_g T^*}{p^*}\left(\frac{1}{\beta_c}\right)^{\frac{1}{\gamma_0}}$$

$$= \frac{1\ \text{kg/s}}{311.7\ \text{m/s}} \times \frac{287.1\ \text{J/(kg·K)} \times 290\ \text{K}}{0.8 \times 10^6\ \text{Pa}} \times \left(\frac{1}{0.528}\right)^{\frac{1}{1.4}}$$

$$= 0.000\,527\ \text{m}^2 = 527\ \text{mm}^2$$

出口截面积

$$A_2 = \frac{q_m v_2}{c_2} = \frac{q_m}{c_2}\frac{R_g T^*}{p^*}\left(\frac{p^*}{p_2}\right)^{\frac{1}{\gamma_0}}$$

$$= \frac{1\ \text{kg/s}}{511.0\ \text{m/s}} \times \frac{287.1\ \text{J/(kg·K)} \times 290\ \text{K}}{0.8 \times 10^6\ \text{Pa}} \times \left(\frac{0.8\ \text{MPa}}{0.1\ \text{MPa}}\right)^{\frac{1}{1.4}}$$

$$= 0.000\,899\ \text{m}^2 = 899\ \text{mm}^2$$

喷管截面设计成圆形。喉部直径为

$$D_{min} = \sqrt{\frac{4A_{min}}{\pi}} = \sqrt{\frac{4 \times 527 \text{ mm}^2}{3.14}} = 25.9 \text{ mm}$$

出口直径

$$D_2 = \sqrt{\frac{4A_2}{\pi}} = \sqrt{\frac{4 \times 899 \text{ mm}^2}{3.14}} = 33.8 \text{ mm}$$

取渐放段锥角 $\alpha = 10°$(参看图 5-6),则渐放段长度为

$$L = \frac{D_2 - D_{min}}{2\tan\frac{\alpha}{2}} = \frac{(33.8 - 25.9) \text{ mm}}{2\tan 5°} = 45.1 \text{ mm}$$

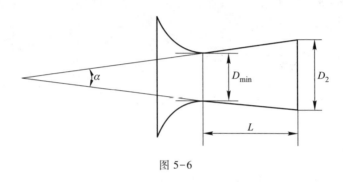

图 5-6

渐缩段较短,从较大的进口直径光滑过渡到喉部直径即可。

5-4 压气机的压气过程

压气机用来压缩气体,最常见的是用来压缩空气,即所谓的空气压缩机。压气机主要有活塞式的(作往复运动)和叶轮式的(作旋转运动)。从热力学的观点来看,压气机、鼓风机、引风机、抽气机(即真空泵)等的作用原理是一样的,它们都消耗功,并使气体从较低的压力提升到较高的压力,只是工作的压力范围不同罢了。

1. 单级活塞式压气机的压气过程

图 5-7 表示一单级活塞式压气机。当活塞从气缸顶端向右移动时,进气阀门 A 开放,气体在较低的压力 p_1 下进入气缸,并推动活塞向外作功(进气功),这功的大小如压容图中面积 41604 所示(不考虑摩擦,下同)。然后活塞向左移动,这时两个阀门都关着,气体在气缸中被压缩,压力不断升高,一直达到排气压力 p_2(过程 1→2)。在这一压缩过程中,外界消耗的功(压缩功)在图中表示为

面积 12561。活塞继续向左移动,排气阀门 B 开放,气体在较高的压力 p_2 下排出气缸,这时外界必须消耗功(排气功),在图中表示为面积 23052。因此,压气机在包括进气、压缩、排气的整个压气过程中所消耗的功[①]为

$$W_C = \text{面积 } 12561 + \text{面积 } 23052 - \text{面积 } 41604$$

$$= -\int_1^2 p\mathrm{d}V + p_2 V_2 - p_1 V_1 = \int_1^2 V \mathrm{d}p$$

每压缩 1 kg 气体,压气机消耗的功为

$$w_C = \int_1^2 v \mathrm{d}p \qquad\qquad (5-27)$$

图 5-8 中曲线 $1 \rightarrow 2_T$、$1 \rightarrow 2_n$、$1 \rightarrow 2_s$ 分别表示活塞式压气机中进行的定温压缩过程、多变压缩过程和绝热压缩过程。从图中可以看出:使气体从相同的初态(状态 1)压缩到相同的终压(p_2),以定温压缩时压气机消耗的功($w_{C,T}$)为最少,绝热压缩时压气机消耗的功最多。为了减少压气机耗功,常采用水套冷却气缸,以期压缩过程由绝热趋向定温。但是,由于气体在气缸中停留的时间很短,气体

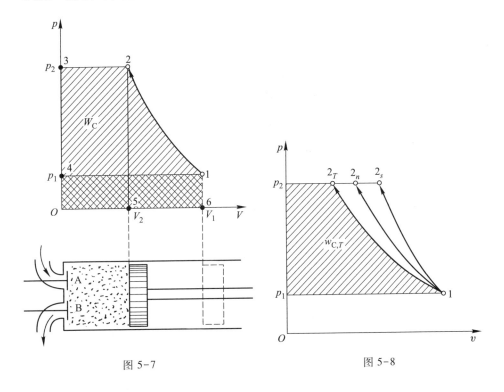

图 5-7　　　　　　　　　　　　　　　　　　图 5-8

① 由于压气机总是消耗功,因此习惯上将功的符号倒过来,认为压气机消耗功为正。

总是得不到充分冷却。因此,活塞式压气机的压缩过程通常介于定温和绝热之间而接近多变压缩过程(pv^n = 常数)。如果认为被压缩的气体是定比热容理想气体而且不考虑摩擦,那么多变指数 n 介于 1 和 γ_0 之间($1 < n < \gamma_0$)。冷却情况好的,多变指数较小;转速高的、冷却情况差的,多变指数较大,接近定熵指数。

根据式(5-27)可知,多变压气过程理论上消耗的功为[参看式(3-100)]:

$$w_{C,n} = \frac{n}{n-1}p_1v_1\left[\left(\frac{p_2}{p_1}\right)^{\frac{n}{n-1}} - 1\right] = \frac{n}{n-1}p_1v_1\left(\pi^{\frac{n-1}{n}} - 1\right) \tag{5-28}$$

式中 $\pi = p_2/p_1$,称为增压比,它表示气体通过压气机后压力提高的倍率。

对理想气体进行的多变压缩过程、定温压缩过程以及定比热容理想气体进行的定熵压缩过程,压气机每生产 1 kg 压缩气体,理论上消耗的功依次为[参看式(3-104)、(3-84)、(3-95)]:

$$w_{C,n} = \frac{n}{n-1}R_gT_1\left(\pi^{\frac{n-1}{n}} - 1\right) \tag{5-29}$$

$$w_{C,T} = R_gT_1\ln\pi \tag{5-30}$$

$$w_{C,s} = \frac{\gamma_0}{\gamma_0-1}R_gT_1\left(\pi^{\frac{\gamma_0-1}{\gamma_0}} - 1\right) \tag{5-31}$$

2. 活塞式压气机余隙容积的影响

上面所分析的单级活塞式压气机的工作过程,认为压缩后的气体在排气过程中全部排出气缸。实际上,为了安装进气阀门和排气阀门并避免活塞与气缸顶端碰撞,在活塞的上止点(图 5-9 中虚线所示的最左端位置)和气缸顶端之间必须留有一定的空隙,即所谓余隙容积(V_c)。这样,在排气过程中活塞将不能把全部体积(V_2)的压缩气体排出气缸,而只能排出其中一部分($V_2 - V_3$),其余的部分(V_3,亦即 V_c)将留在气缸中。当活塞离开上止点开始向右移动时,进气阀门不能打开,因为这时气缸中气体的压力高于进气压力,必须等这部分压缩气体在气缸中经过程 3→4 膨胀到进气压力 p_1 后,进气阀门才打开,并开始进气。这样,气缸中实际吸进气体的容积,即所谓有效容积(V_e)将小于活塞排量(V_h)。有效容积与活塞排量之比称为容积

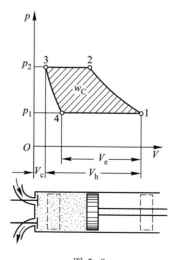

图 5-9

效率：

$$\eta_V = \frac{V_e}{V_h} = \frac{V_h + V_c - V_4}{V_h} = 1 - \frac{V_c}{V_h}\left(\frac{V_4}{V_c} - 1\right)$$

式中，V_c/V_h 表示余隙容积与活塞排量之比，称为余隙比。

假定留在余隙容积中的压缩气体在膨胀过程（3→4）中的多变指数和压缩过程（1→2）的多变指数相同，均为 n，那么

$$\frac{V_4}{V_c} = \frac{V_4}{V_3} = \left(\frac{p_3}{p_4}\right)^{\frac{1}{n}} = \left(\frac{p_2}{p_1}\right)^{\frac{1}{n}} = \pi^{\frac{1}{n}}$$

代入上式后得

$$\eta_V = 1 - \frac{V_c}{V_h}\left(\pi^{\frac{1}{n}} - 1\right) \tag{5-32}$$

容积效率直接影响着压缩气体的产量。式（5-32）表明：容积效率和余隙比、增压比及多变指数有关。余隙比愈小、增压比愈低、多变指数愈大，则容积效率愈高，压缩气体的产量也愈大。

余隙比取决于制造工艺（一般为 3%~8%）；多变指数取决于气缸冷却情况（$1 < n < \gamma_0$）；增压比取决于对压缩气体的压力要求。当余隙比和多变指数一定时，要想通过一级压缩就达到较高的增压比，将会显著降低容积效率（从图 5-10 可以看出：当 $p_{2'} > p_2$ 时，$\eta_V' < \eta_V$；当排气压力高达 $p_{2''}$ 时，$\eta_V = 0$，压气机将无法输出压缩气体）。增压比过高还会使压缩终了时温度过高而不利于活塞与气缸壁之间的润滑。所以，单级活塞式压气机的增压比一般不超过 10。要获得更高的压力，应采用多级压气机。

应该指出，余隙容积的存在，在理论上并不影响压气机消耗的功。因为留在余隙容积中未排出气缸的压缩气体在膨胀过程（3→4）中所作出的功和这部分气体在压缩过程中消耗的功在理论上（即在膨胀和压缩过程均为可逆、多变指数相同的条件下）恰好抵消了[①]。所以，压气机的理论耗

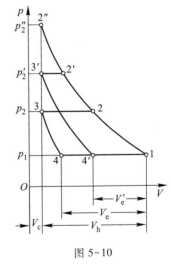

图 5-10

[①] 实际上，由于存在不可逆损失，余隙容积中的气体在压缩过程中消耗的功必定超过膨胀过程中得到的功，因而造成压气机多消耗功。所以，余隙容积的存在不仅影响压缩气体的产量，也会降低压气机的效率。正因为这样，余隙容积又被称为"有害容积"。

功量仍可按不考虑余隙容积的理想情况来计算。下面关于多级活塞式压气机的压气过程的讨论将不再考虑余隙容积。

3. 多级活塞式压气机的压气过程

多级活塞式压气机将气体在几个气缸中连续压缩,使之达到较高压力。同时,为了少消耗功,并避免压缩终了时气体温度过高,将前一级气缸排出的压缩气体引入中间冷却器中加以冷却,然后再进入下一级气缸继续进行压缩(图5-11)。

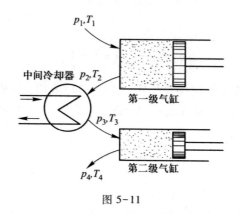

图 5-11

在做理论分析时,可作如下一些近似假定:

(1)假定被压缩气体是定比热容理想气体,两级气缸中的压缩过程具有相同的多变指数 n,并且不存在摩擦。

(2)假定第二级气缸的进气压力等于第一级气缸的排气压力(即不考虑气体流经管道、阀门和中间冷却器时的压力损失):

$$p_3 = p_2$$

(3)假定两个气缸的进气温度相同(即认为进入第二级气缸的气体在中间冷却器中得到了充分的冷却):

$$T_3 = T_1$$

根据式(5-29),结合上述假定条件,可得两级压气机消耗的功为

$$w_{C,n} = \frac{n}{n-1}R_g T_1\left[\left(\frac{p_2}{p_1}\right)^{\frac{n-1}{n}} - 1\right] + \frac{n}{n-1}R_g T_3\left[\left(\frac{p_4}{p_3}\right)^{\frac{n-1}{n}} - 1\right]$$

$$= \frac{n}{n-1}R_g T_1\left[\left(\frac{p_2}{p_1}\right)^{\frac{n-1}{n}} + \left(\frac{p_4}{p_2}\right)^{\frac{n-1}{n}} - 2\right]$$

在第一级进气压力 p_1(最低压力)和第二级排气压力 p_4(最高压力)之间,合理选择 p_2,可使压气机消耗的功最少。对上式求一阶导数并令其等于零,结果解得

$$p_2 = \sqrt{p_1 p_4}$$

即

$$\frac{p_2}{p_1} = \frac{p_4}{p_2} = \frac{p_4}{p_3} = \sqrt{\frac{p_4}{p_1}} = \pi \tag{5-33}$$

如果第一级和第二级气缸采用相同的增压比$\left(\pi = \dfrac{p_2}{p_1} = \dfrac{p_4}{p_3} \right)$,那么压气机消耗的功将是最少的。这时两个气缸消耗的功相等。压气机消耗的功是每个气缸消耗功的两倍(图 5-12):

$$w_{C,n} = 2\,\frac{n}{n-1} R_g T_1 \left(\pi^{\frac{n-1}{n}} - 1 \right) \tag{5-34}$$

由于有中间冷却器,压气机少消耗的功如图 5-12 中面积 23452 所示。

推广言之,对 m 级的多级压气机,各级增压比应该这样选取:

$$\pi = \left(\frac{p_{\max}}{p_{\min}} \right)^{\frac{1}{m}} \tag{5-35}$$

式中:$p_{\max}$——末级气缸排气压力;

$\quad\;\; p_{\min}$——第一级气缸进气压力。

这时压气机消耗的功为每一级气缸消耗功的 m 倍,

$$w_{C,n} = m\,\frac{n}{n-1} R_g T_1 \left(\pi^{\frac{n-1}{n}} - 1 \right) \tag{5-36}$$

在温熵图中,这种多级压缩、中间冷却的压气过程理论上消耗的功和放出的热量可以表示得更加清楚,如图 5-13 所示。图中面积 a 表示各级气缸在多变压缩过程中通过气缸壁向外界放出的热量;面积 b 表示气体被压缩后在各个中间冷却器中放出的热量;面积$(a+b)$既表示这两部分热量之和,又可表示各级气缸消耗的功。因为根据式(2-11)可得

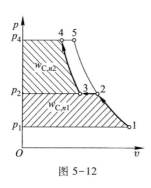

图 5-12

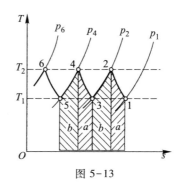

图 5-13

$$w_C = -w_t = \Delta h + (-q)$$

气体从进入各级气缸到流出各中间冷却器，温度未变（$T_1 = T_3 = T_5 = \cdots$），因而焓亦未变（$\Delta h = 0$，假定是理想气体），所以气体在各级气缸和各中间冷却器中放出的热量[$-q =$面积$(a+b)$]必定等于各级气缸消耗的功（w_C）。

4. 叶轮式压气机的压气过程

叶轮式压气机有许多种形式，如离心式、轴流式等。它们共同的特点是工作连续（气体不断流进压气机，在压气机中不断被压缩，压缩完毕的气体又不断流出压气机），而且压缩过程都很接近于绝热（因为大量气体很快流过压气机，平均每千克气体在短暂的压缩过程中散发的热量极少，完全可以忽略不计）。所以，各种叶轮式压气机中的压气过程都是绝热压缩流动过程，在作热力学分析时并没有什么不同。这里以离心式压气机为例进行分析。

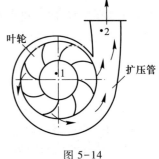

图 5-14

气流沿轴向进入离心式压气机（图 5-14）。高速旋转的叶轮使气体靠离心力的作用加速，然后在扩压管中降低速度提高压力。还可以将第一级排出的压缩气体引到第二级、第三级中继续压缩。

根据能量方程式（2-13），对于绝热压气机，压缩每千克气体所消耗的功为（不计进、出口气流动能的变化和重力位能的变化）：

$$w_C = h_2 - h_1 \tag{5-37}$$

如果被压缩的是定比热容理想气体，则

$$w_C = c_{p0}(T_2 - T_1) \tag{5-38}$$

如果压缩过程是可逆的（即定熵压缩），则压气机消耗的功又可按下式计算：

$$w_{C,s} = \frac{\kappa}{\kappa - 1} p_1 v_1 \left(\pi^{\frac{\kappa-1}{\kappa}} - 1 \right) \tag{5-39}$$

对定比热容理想气体的定熵压缩过程，则得

$$w_{C,s} = \frac{\gamma_0}{\gamma_0 - 1} R_g T_1 \left(\pi^{\frac{\gamma_0-1}{\gamma_0}} - 1 \right) \tag{5-40}$$

与活塞式压气机相比，由于叶轮式压气机没有往复运动部件，因而运行平稳，机器也更轻小，适宜用作大流量的压气设备。活塞式压气机则适宜用作小流量、高压比的压气设备。

例 5-3 某单级活塞式压气机,其增压比为 6,活塞排量为 0.008 m³,余隙比为 0.05,转速为 750 r/min,压缩过程的多变指数为 1.3。试求其容积效率、生产量(kg/h)、消耗的理论功率(kW)、气体压缩终了时的温度和压缩过程中放出的热量。已知吸入空气的温度为 30 ℃、压力为 0.1 MPa(按定比热容理想气体计算)。

解 根据式(5-32)计算容积效率:

$$\eta_V = 1 - \frac{V_c}{V_h}\left(\pi^{\frac{1}{n}} - 1\right) = 1 - 0.05 \times \left(6^{\frac{1}{1.3}} - 1\right) = 0.851\ 6$$

气缸的有效容积为

$$V_e = \eta_V V_h = 0.851\ 6 \times 0.008\ \text{m}^3 = 0.006\ 813\ \text{m}^3$$

每次吸入空气的质量为

$$m = \frac{p_1 V_e}{R_g T_1} = \frac{0.1 \times 10^6\ \text{Pa} \times 0.006\ 813\ \text{m}^3}{287.1\ \text{J/(kg·K)} \times (30 + 273.15)\ \text{K}} = 0.007\ 828\ \text{kg}$$

所以,压气机的生产量为

$$q_m = (750 \times 60)\ \text{h}^{-1} \times 0.007\ 828\ \text{kg} = 352.3\ \text{kg/h}$$

压气机理论上消耗的功率为

$$P_C = q_m w_C = q_m \frac{n}{n-1} R_g T_1 \left(\pi^{\frac{n-1}{n}} - 1\right)$$

$$= \frac{352.3}{3\ 600}\ \text{kg/s} \times \frac{1.3}{1.3 - 1} \times 287.1\ \text{J/(kg·K)} \times 303.15\ \text{K} \times \left(6^{\frac{1.3-1}{1.3}} - 1\right)$$

$$= 18\ 900\ \text{W} = 18.90\ \text{kW}$$

压缩终了时气体温度为

$$T_2 = T_1 \pi^{\frac{n-1}{n}} = 303.15\ \text{K} \times 6^{\frac{1.3-1}{1.3}} = 458.4\ \text{K}(185.2\ ℃)$$

压缩过程中的热量为

$$\dot{Q} = q_m q = q_m c_n (t_2 - t_1) = q_m \frac{n c_{V0} - c_{p0}}{n-1}(t_2 - t_1)$$

$$= 352.3\ \text{kg/h} \times \frac{(1.3 \times 0.718 - 1.005)\ \text{kJ/(kg·℃)}}{1.3 - 1} \times (185.2 - 30)\ ℃$$

$$= -13\ 050\ \text{kJ/h}(负号表示放出热量)$$

例 5-4 空气初态为 $p_1 = 0.1$ MPa、$t_1 = 20$ ℃。经过三级活塞式压气机后,压力提高到 12.5 MPa。假定各级增压比相同,压缩过程的多变指数均为 $n = 1.3$。试求生产 1 kg 压缩空气理论上应消耗的功,并求(各级)气缸出口温度。如果不用中间冷却器,那么压气机消耗的功和各级气缸出口温度又是多少(按定比热容理想气体计算)?

解 各级增压比

$$\pi = \left(\frac{p_{max}}{p_{min}}\right)^{\frac{1}{m}} = \left(\frac{12.5\ \text{MPa}}{0.1\ \text{MPa}}\right)^{\frac{1}{3}} = 5$$

消耗的理论功

$$w_{C,n} = m\,\frac{n}{n-1}R_g T_1\left(\pi^{\frac{n-1}{n}} - 1\right)$$

$$= 3 \times \frac{1.3}{1.3-1} \times 287.1\ \text{J/(kg·K)} \times (20+273.15)\ \text{K} \times \left(5^{\frac{1.3-1}{1.3}} - 1\right)$$

$$= 492\,000\ \text{J/kg} = 492\ \text{kJ/kg}$$

各级气缸出口温度为

$$T_2 = T_1\pi^{\frac{n-1}{n}} = (20+273.15)\ \text{K} \times 5^{\frac{1.3-1}{1.3}} = 425\ \text{K}(152\ ℃)$$

如果没有中间冷却器,则各级气缸出口温度为

第一级

$$T_2 = T_1\pi^{\frac{n}{n-1}} = 425\ \text{K}(152\ ℃)$$

第二级

$$T_2' = T_2\pi^{\frac{n-1}{n}} = 425\ \text{K} \times 5^{\frac{1.3-1}{1.3}} = 616\ \text{K}(343\ ℃)$$

第三级

$$T_2'' = T_2'\pi^{\frac{n-1}{n}} = 616\ \text{K} \times 5^{\frac{1.3-1}{1.3}} = 893\ \text{K}(620\ ℃)$$

压气机消耗的功则为

$$w_{C,n}' = \frac{n}{n-1}R_g(T_1 + T_2 + T_2')\left(\pi^{\frac{n-1}{n}} - 1\right)$$

$$= \frac{1.3}{1.3-1} \times 287.1\ \text{J/(kg·K)} \times (293 + 425 + 616)\ \text{K} \times \left(5^{\frac{1.3-1}{1.3}} - 1\right)$$

$$= 746\,500\ \text{J/kg} = 746.5\ \text{kJ/kg}$$

从计算结果可以看出:如果不采用中间冷却,不仅浪费功,而且气体温度将逐级升高,以致达到润滑条件不能允许的高温。

思 考 题

1. 既然 $c = \sqrt{2(h^* - h)}$ 对有摩擦和无摩擦的绝热流动都适用,那么摩擦损失表现在哪里?

2. 为什么渐放形管道也能使气流加速?渐放形管道也能使液流加速吗?

3. 在亚音速和超音速气流中,图 5-15 所示的三种形状的管道适宜作喷管还是适宜作扩压管?

4. 有一渐缩喷管,进口前的滞止参数不变,背压(即喷管出口外面的压力)由等于滞止压

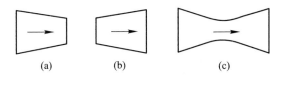

图 5-15

力逐渐下降到极低压力。问该喷管的出口压力、出口流速和喷管的流量将如何变化？

5. 有一渐缩喷管和一缩放喷管，最小截面积相同，一同工作在相同的滞止参数和极低的背压之间（图 5-16）。试问它们的出口压力、出口流速、流量是否相同？如果将它们截去一段（图中虚线所示的右边一段），那么它们的出口压力、出口流速和流量将如何变化？

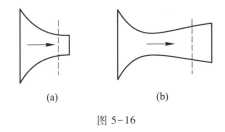

图 5-16

习　　题

5-1　用管道输送天然气（甲烷）。已知管道内天然气的压力为 4.5 MPa，温度为 295 K、流速为 30 m/s、管道直径为 0.5 m。问每小时能输送天然气多少标准立方米？

5-2　温度为 750 ℃、流速为 550 m/s 的空气流，以及温度为 20 ℃、流速为 380 m/s 的空气流，是亚音速气流还是超音速气流？它们的马赫数各为多少？已知空气在 750 ℃时 $\gamma_0 = 1.335$；在 20 ℃时 $\gamma_0 = 1.400$。

5-3　已测得喷管某一截面空气的压力为 0.3 MPa、温度为 700 K、流速为 600 m/s。视空气为定比热容理想气体，试求其滞止温度和滞止压力。能否推知该测量截面在喷管的什么部位？

5-4　压缩空气在输气管中的压力为 0.6 MPa、温度为 25 ℃，流速很小。经一出口截面积为 300 mm² 的渐缩喷管后压力降为 0.45 MPa。求喷管出口流速及喷管流量（按定比热容理想气体计算，不考虑摩擦，以下各题均如此）。

5-5　同习题 5-4。若渐缩喷管的背压为 0.1 MPa，则喷管流量及出口流速为多少？

5-6　空气进入渐缩喷管时的初速为 200 m/s，初压为 1 MPa，初温为 400 ℃，求该喷管达到最大流量时出口截面的流速、压力和温度。

5-7　试设计一喷管，工质是空气。已知流量为 3 kg/s，进口截面上的压力为 1 MPa、温度为 500 K、流速为 250 m/s，出口压力为 0.1 MPa。

5-8　一渐缩喷管,出口流速为 350 m/s,工质为空气。已知滞止温度为 300 ℃(滞止参数不变)。试问这时是否达到最大流量? 如果没有达到,它目前的流量是最大流量的百分之几?

5-9　欲使压力为 0.1 MPa、温度为 300 K 的空气流经扩压管后压力提高到 0.2 MPa,空气的初速至少应为多少?

5-10　有两台单级活塞式压气机,每台每小时均能生产压力为 0.6 MPa 的压缩空气 2 500 kg,进气参数都是 0.1 MPa、20 ℃。其中一台用水套冷却气缸,压缩过程的多变指数 $n=1.3$;另一台没有水套冷却,压缩过程的多变指数 $n=\gamma_0=1.4$。试求两台压气机理论上消耗的功率各为多少? 如果能做到定温压缩,则理论上消耗的功率将是多少?

5-11　一台单级活塞式压气机,余隙比为 0.06,空气进入气缸时的温度为 32 ℃,压力为 0.1 MPa,压缩过程的多变指数为 1.25。试求压缩气体能达到的极限压力(图 5-10 中 $p_{2''}$)及达到该压力时的温度。当压气机的出口压力分别为 0.5 MPa 和 1 MPa 时,其容积效率及压缩终了时气体的温度各为多少? 如果将余隙比降为 0.03,则上面所要求计算的各项将是多少? 将计算结果列成表格,以便对照比较。

5-12　离心式空气压缩机,流量为 3.5 kg/s,进口压力为 0.1 MPa、温度为 20 ℃,出口压力为 0.3 MPa。试求压气机消耗的理论功率和实际功率。已知压气机的绝热效率

$$\eta_{C,s} = \frac{w_{C理论}}{w_{C实际}} = 0.85$$

第六章　气体动力循环

本章主要讲述以空气和燃气为工质的活塞式内燃机和燃气轮机装置内部各热力过程的特点，并将它们简化、抽象为理论循环；分析这些循环的特性参数对循环热效率的影响，用以指导热机效率的提高。

6-1　概述

常规的热力发动机或热能动力装置(简称热机)，都以消耗燃料为代价而输出机械功。燃料的化学能先通过燃烧变成热能，然后再通过工质的状态变化使热能转变为机械能。在热机中膨胀作功的工质可以是燃烧产物本身(内燃式热机)，也可以由燃烧产物将热能传给另一种物质，而以后者作为工质(外燃式热机)。工质在热机中不断完成热力循环，并使热能连续转变为机械能。

由于热机所采用的工质以及工质所经历的热力循环不同，各种热机不仅在结构上，而且在工作性能上都存在着差别。从热力学的角度来分析热机，主要是针对热机中进行的热力循环，计算其热效率，分析影响循环热效率的各种因素，指出提高热效率的途径。虽然实际的热力循环是多样的、不可逆的，而且有时还是相当复杂的，但通常总可以近似地用一系列简单的、典型的、可逆的过程来代替，这些过程相互衔接，形成一个封闭的理论循环。对这样的理论循环就可以比较方便地进行热力学分析和计算了。

理论循环和实际循环当然有一定的差别，但是只要这种从实际到理论的抽象、概括和简化是合理的、接近实际的，那么对理论循环的分析和计算结果不仅具有一般的理论指导意义，而且也会具有一定的精确性，必要时可做进一步修正，以提高其精确度。另外，对某种理论循环进行计算可以给出这类循环理论上能达到的最佳效果，这就为改进实际循环、减少不可逆损失树立了一个可以与之相比较的标准。所以，对理论循环的分析和计算无论在理论上或是在实用上都是有价值的。本章(气体动力循环)、第七章(蒸汽动力循环)以及第八章(制冷循环)将主要讨论各种理论循环。

6-2　活塞式内燃机的混合加热循环

　　活塞式内燃机(包括煤气机、汽油机、柴油机等)的共同特点是：工质的膨胀和压缩以及燃料的燃烧等过程都是在同一个带活塞的气缸中进行的,因此结构比较紧凑。

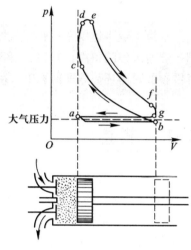

图 6-1

　　在活塞式内燃机的气缸中,气体工质的压力和体积的变化情况可以通过一种称为"示功器"的仪器记录下来。以四冲程柴油机为例,它的示功图如图 6-1 所示。当活塞从最左端(即所谓上止点)向右移动时,进气阀门开放,空气被吸进气缸。这时气缸中空气的压力由于进气管道和进气阀门的阻力而稍低于外界大气压力(图中 $a \to b$)。然后活塞从最右端(即所谓下止点)向左移动,这时进气阀门和排气阀门都关闭着,空气被压缩,这一过程接近于绝热压缩过程,温度和压力同时升高(过程 $b \to c$)。当活塞即将达到上止点时,由喷油嘴向气缸中喷柴油,柴油遇到高温的压缩空气立即迅速燃烧,温度和压力在极短的一瞬间急剧上升,以致活塞在上止点附近移动极微,因此这一过程接近于定容燃烧过程($c \to d$)。接着活塞开始向右移动,燃烧继续进行,直到喷进气缸内的燃料烧完为止,这时气缸中的压力变化不大,接近于定压燃烧过程($d \to e$)。此后,活塞继续向右移动,燃烧后的气体膨胀作功,这一过程接近于绝热膨胀过程($e \to f$)。当活塞接近下止点时,排气阀门开放,气缸中的气体冲出气缸,压力突然下降,而活塞还几乎停留在下止点附近,接近于定容排气过程($f \to g$)。最后,活塞由下止点向左移动,将剩余在气缸中的废气排出,这时气缸中气体的压力由于排气阀门和排气管道的阻力而略高于大气压力($g \to a$)。当活塞第二次回到上止点时(活塞往返共 4 次),便完成了一个循环。此后,便是循环的不断重复。

　　如上所述,内燃机的工作循环是开式的(工质与大气连通),工质的成分也是有变化的——进入内燃机气缸的是新鲜空气,而从气缸中排出的是废气(燃烧产物)。但是,由于废气和空气的成分相差并不悬殊(其中 80% 左右均为不参加燃烧的氮),因此在作理论分析时可以近似地假定气缸中工质的成分不变,而将气缸内部的燃烧过程看作从气缸外部向工质加热的过程,并将定容排气过程看作定容冷却(降压)过程。另外,进气过程和定压排气过程都是在接近大气压力的情况下进行的,可以近似地假定图 6-1 中的 $a{\to}b$ 和 $g{\to}a$ 与大气压力线重合,进气过程得到的功和排气过程需要的功互相抵消。因此,可以认为工作循环既不进气也不排气,而是由封闭在活塞气缸中的一定量的气体工质不断地完成热力循环。这样,实际上已经将一个工质成分改变的内燃的开式循环变换成了一个工质成分不变的外燃的闭式循环。

再将绝热压缩过程 $b{\to}c$ 理想化为定熵压缩过程 $1{\to}2$(图 6-2),将定容燃烧过程 $c{\to}d$ 理想化为定容加热过程 $2{\to}3$,将定压燃烧过程 $d{\to}e$ 理想化为定压加热过程 $3{\to}4$,将绝热膨胀过程 $e{\to}f$ 理想化为定熵膨胀过程 $4{\to}5$,将定容排气(降压)过程 $f{\to}g$ 理想化为定容冷却(降压)过程 $5{\to}1$,这样就得到了图 6-2 所示的活塞式内燃机的理想循环 123451。

循环 123451 称为混合加热循环[①]。它的特性可以用下述三个特性参数来说明:

压缩比
$$\varepsilon = \frac{v_1}{v_2} \tag{6-1}$$

它说明燃烧前气体在气缸中被压缩的程度,即气体比体积缩小的倍率。

压升比
$$\lambda = \frac{p_3}{p_2} \tag{6-2}$$

它说明定容燃烧时气体压力升高的倍率。

预胀比
$$\rho = \frac{v_4}{v_3} \tag{6-3}$$

它说明定压燃烧时气体比体积增大的倍率。

如果进气状态(状态 1)和压缩比 ε、压升比 λ 以及预胀比 ρ 均已知,那么整个混合加热循环也就确定了。

混合加热循环在温熵图中如图 6-3 所示。它的热效率为

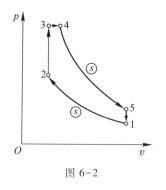

图 6-2

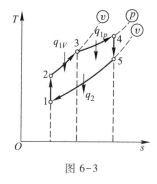

图 6-3

---

① 混合加热循环的意思是指这种循环既包括定容加热过程,又包括定压加热过程。

$$\eta_t = 1 - \frac{q_2}{q_1} = 1 - \frac{q_2}{q_{1V} + q_{1p}} \tag{a}$$

假定工质是定比热容理想气体,则

$$\left. \begin{aligned} q_2 &= c_{V0}(T_5 - T_1) \\ q_{1V} &= c_{V0}(T_3 - T_2) \\ q_{1p} &= c_{p0}(T_4 - T_3) \end{aligned} \right\} \tag{b}$$

将式(b)代入式(a)得

$$\eta_t = 1 - \frac{c_{V0}(T_5 - T_1)}{c_{V0}(T_3 - T_2) + c_{p0}(T_4 - T_3)} = 1 - \frac{T_5 - T_1}{(T_3 - T_2) + \gamma_0(T_4 - T_3)} \tag{c}$$

过程 1→2 是绝热(定熵)过程,因此

$$T_2 = T_1 \left(\frac{v_1}{v_2} \right)^{\gamma_0 - 1} = T_1 \varepsilon^{\gamma_0 - 1} \tag{d}$$

过程 2→3 是定容过程,因此

$$T_3 = T_2 \frac{p_3}{p_2} = T_1 \varepsilon^{\gamma_0 - 1} \lambda \tag{e}$$

过程 3→4 是定压过程,因此

$$T_4 = T_3 \frac{v_4}{v_3} = T_1 \varepsilon^{\gamma_0 - 1} \lambda \rho \tag{f}$$

过程 4→5 是绝热(定熵)过程,因此

$$T_5 = T_4 \left(\frac{v_4}{v_5} \right)^{\gamma_0 - 1} = T_4 \left(\frac{v_3 \rho}{v_1} \right)^{\gamma_0 - 1}$$

$$= T_4 \left(\frac{v_2 \rho}{v_1} \right)^{\gamma_0 - 1} = T_1 \varepsilon^{\gamma_0 - 1} \lambda \rho \left(\frac{\rho}{\varepsilon} \right)^{\gamma_0 - 1} = T_1 \lambda \rho^{\gamma_0} \tag{g}$$

将式(d)、(e)、(f)、(g)代入式(c)得

$$\eta_t = 1 - \frac{T_1 \lambda \rho^{\gamma_0} - T_1}{(T_1 \varepsilon^{\gamma_0 - 1} \lambda - T_1 \varepsilon^{\gamma_0 - 1}) + \gamma_0(T_1 \varepsilon^{\gamma_0 - 1} \lambda \rho - T_1 \varepsilon^{\gamma_0 - 1} \lambda)}$$

化简后可得

$$\eta_t = 1 - \frac{1}{\varepsilon^{\gamma_0 - 1}} \frac{\lambda \rho^{\gamma_0} - 1}{(\lambda - 1) + \gamma_0 \lambda (\rho - 1)} \tag{6-4}$$

从式(6-4)可以看出:如果压升比和预胀比不变,那么提高压缩比可以提高混合加热循环的热效率。这也可以从温熵图中看出。图 6-4 中循环 12'3'4'51 的压缩比高于循环 123451,它也具有较高的平均吸热温度($T'_{m1} > T_{m1}$;平均放热温度相同),因而具有较高的热效率($\eta'_t > \eta_t$)。图 6-5 中的曲线表示混合加热循环的热效率随压缩比变化的情况。

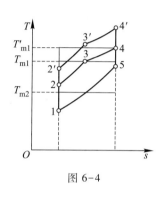

图 6-4

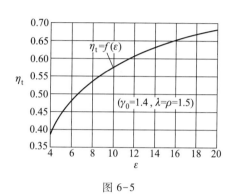

图 6-5

为了保证气缸中的空气在压缩终了时具有足够高的温度,以便喷油燃烧,同时也为了获得较高的热效率,柴油机的压缩比比较高,一般为 13~20。

压升比和预胀比对混合加热循环热效率的影响如图 6-6 中曲线所示。从图中可以看出:提高压升比、降低预胀比,可以提高混合加热循环的热效率。也可以用温熵图来说明压升比和预胀比对混合加热循环热效率的影响。图 6-7 中循环 123'4'51 比循环 123451 具有较高的压升比($\lambda' > \lambda$)和较低的预胀比($\rho' < \rho$)。循环 123451 的热效率为

$$\eta_t = 1 - \frac{q_2}{q_1} = 1 - \frac{\text{面积 } C}{\text{面积}(B + C)}$$

循环 123'4'51 的热效率为

$$\eta'_t = 1 - \frac{q'_2}{q'_1} = 1 - \frac{\text{面积 } C}{\text{面积}(A + B + C)}$$

显然 $\eta'_t > \eta_t$

所以说,如果压缩比不变,那么提高压升比并降低预胀比(意即使燃烧过程更多地在定容下进行,更少地在定压下进行),可以提高混合加热循环的热效率。

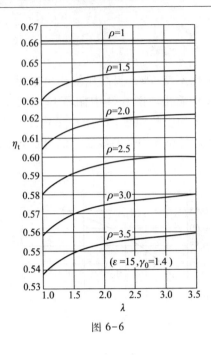

图 6-6

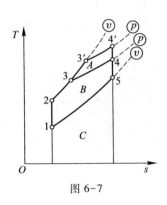

图 6-7

6-3 活塞式内燃机的定容加热循环和定压加热循环

有些活塞式内燃机(如煤气机和汽油机),燃料是预先和空气混合好再进入气缸的,然后在压缩终了时用电火花点燃。一经点燃,燃烧过程进行得非常迅速,几乎在一瞬间完成,活塞基本上停留在上止点未动,因此这一燃烧过程可以看做定容加热过程。其他过程则和混合加热循环相同。

这种定容加热循环在热力学分析上可以看作混合加热循环当预胀比 $\rho = 1$ 时的特例。当 $\rho = 1$ 时,$v_4 = v_3$,状态 4 和状态 3 重合,混合加热循环便成了定容加热循环(图 6-8、图 6-9)。令式(6-4)中 $\rho = 1$,即可得定容加热循环的理论热效

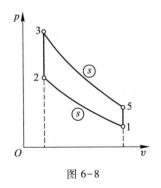

图 6-8

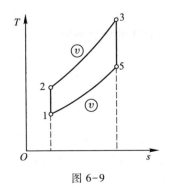

图 6-9

率计算式:

$$\eta_{t,v} = 1 - \frac{1}{\varepsilon^{\gamma_0 - 1}} \qquad (6-5)$$

从式(6-5)可以看出:提高压缩比可以提高定容加热循环的理论热效率。但是,由于这种点燃式内燃机中被压缩的是燃料和空气的混合物,压缩比过高,使压缩终了的温度和压力太高,容易引起不正常的燃烧(爆燃),不仅会降低热效率,而且会损坏发动机。所以,点燃式内燃机的压缩比都比较低,一般为 5~9,远低于压燃式内燃机(柴油机)的压缩比(13~20)。

另外,有些柴油机的燃烧过程主要在活塞离开上止点的一段行程中进行。这时,气缸内气体一面燃烧,一面膨胀,压力基本保持不变,相当于定压加热。这种定压加热循环也可以看作混合加热循环的特例。当 $\lambda = 1$ 时,$p_3 = p_2$,状态 3 和状态 2 重合,混合加热循环便成了定压加热循环(图 6-10、图 6-11)。令式(6-4)中 $\lambda = 1$,即可得定压加热循环的理论热效率计算式:

$$\eta_{t,p} = 1 - \frac{1}{\varepsilon^{\gamma_0 - 1}} \frac{\rho^{\gamma_0} - 1}{\gamma_0(\rho - 1)} \qquad (6-6)$$

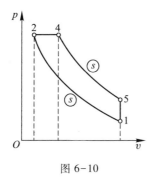

图 6-10

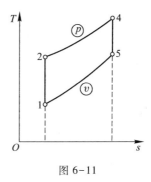

图 6-11

从式(6-6)可以看出:如果预胀比不变,那么提高压缩比可以提高定压加热循环的热效率;如果压缩比不变,那么预胀比的增大(即增加发动机负荷)会引起循环热效率的降低(这是由于 $\gamma_0 > 1$,当 ρ 增大时,$\rho^{\gamma_0} - 1$ 比 $\rho - 1$ 增加得快)。从图 6-6 也可以看出:当 $\lambda = 1$ 时,η_t 随 ρ 的增加而下降。

*6-4 活塞式内燃机各种循环的比较

上面讨论的活塞式内燃机的三种循环,它们的工作条件并不相同,但是为了对它们进行比较,需要给定某些相同的比较条件。只要比较条件选择恰当,还是可以得出某些合理结论的。

1. 在进气状态、压缩比以及吸热量相同的条件下进行比较

图 6-12 示出了符合上述条件的内燃机的三种理论循环。图中循环 123451 为混合加热循环;循环 124′5′1 为定容加热循环;循环 124″5″1 为定压加热循环。按所给的条件,三种循环吸热量相同:

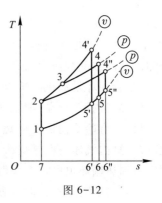

图 6-12

$$q_{1V} = q_1 = q_{1p}$$

即　面积 724′6′7 ＝ 面积 723467 ＝ 面积 724″6″7

从图中可以明显地看出,定容加热循环放出的热量最少, 混合加热循环次之, 定压加热循环最多:

$$q_{2V} < q_2 < q_{2p}$$

即　　　　面积 715′6′7 ＜ 面积 71567 ＜ 面积 715″6″7

根据循环热效率的公式 $\left(\eta_t = 1 - \dfrac{q_2}{q_1} \right)$ 可知

$$\eta_{t,V} > \eta_t > \eta_{t,p} \tag{6-7}$$

所以,在进气状态、压缩比和吸热量相同的条件下,定容加热循环的热效率最高, 混合加热循环次之,定压加热循环最低。这一结论说明了如下两点:第一,对点燃式内燃机(汽油机、煤气机等),在所用燃料已经确定,压缩比也跟着基本确定的情况下,发动机按定容加热循环工作是最有利的;第二,对于压燃式内燃机(柴油机等),在压缩比确定以后,按混合加热循环工作比按定压加热循环工作有利,如能按接近于定容加热循环工作,则可达更高的热效率。但是,不能从式(6-7)得出点燃式内燃机的热效率高于压燃式内燃机的结论(事实恰恰相反),因为它们的压缩比相差悬殊,不符合上述比较条件。

2. 在进气状态以及最高温度($T_{\max}$)和最高压力($p_{\max}$)相同的条件下进行比较

图 6-13 示出了符合上述比较条件的内燃机的三种理论循环。图中循环 123451 为混合加热循环;循环 12′451 为定容加热循环;循环 12″451 为定压加热循环。从图中可以看出,三种循环放出的热量相同,即

$$q_{2p} = q_2 = q_{2V} = 面积\ 71567$$

它们吸收的热量则以定压加热循环的最多,混合
加热循环的次之,定容加热循环的最少:

$$q_{1p} > q_1 > q_{1V}$$

即   面积 72″467 > 面积 723467 > 面积 72′467

根据循环热效率的公式$\left(\eta_t = 1 - \dfrac{q_2}{q_1}\right)$可知

$$\eta_{t,p} > \eta_t > \eta_{t,V} \qquad (6-8)$$

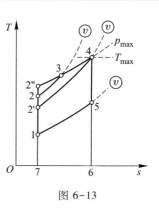

图 6-13

所以,在进气状态以及最高温度和最高压力相同的条件下,定压加热循环的热效
率最高,混合加热循环次之,定容加热循环最低。这一结论也说明了两点:第一,
在内燃机的热强度和机械强度受到限制的情况下,为了获得较高的热效率,采用
定压加热循环是适宜的;第二,如果近似地认为点燃式内燃机循环和压燃式内燃
机循环具有相同的最高温度和最高压力,那么压燃式内燃机具有较高的热效率。
实际情况正是这样,由于压缩比较高,柴油机的热效率通常都显著地超过汽
油机。

例 6-1 试计算活塞式内燃机定压加热循环各特性点(图 6-10 中状态 1、2、4、5)的温
度、压力、比体积以及循环的功、放出的热量和循环热效率。已知 $p_1 = 0.1$ MPa、$t_1 = 50$ ℃、
$\varepsilon = 16$、$q_1 = 1\ 000$ kJ/kg。工质为空气,按定比热容理想气体计算。

解 对空气,查附表 1 得

$$R_g = 287.1\ \text{J/(kg·K)}, \quad \gamma_0 = 1.400$$

$$c_{p0} = 1.005\ \text{kJ/(kg·K)}, \quad c_{V0} = 0.718\ \text{kJ/(kg·K)}$$

状态 1:

$$p_1 = 0.1\ \text{MPa}, \quad T_1 = 323.15\ \text{K}$$

$$v_1 = \frac{R_g T_1}{p_1} = \frac{287.1\ \text{J/(kg·K)} \times 323.15\ \text{K}}{0.1 \times 10^6\ \text{Pa}} = 0.927\ 8\ \text{m}^3/\text{kg}$$

状态 2:

$$v_2 = \frac{v_1}{\varepsilon} = \frac{0.927\ 8\ \text{m}^3/\text{kg}}{16} = 0.057\ 99\ \text{m}^3/\text{kg}$$

$$p_2 = p_1\left(\frac{v_1}{v_2}\right)^{\gamma_0} = p_1 \varepsilon^{\gamma_0} = 0.1\ \text{MPa} \times 16^{1.4} = 4.850\ \text{MPa}$$

$$T_2 = \frac{p_2 v_2}{R_g} = \frac{4.850 \times 10^6 \text{ Pa} \times 0.057\ 99 \text{ m}^3/\text{kg}}{287.1 \text{ J}/(\text{kg} \cdot \text{K})} = 979.6 \text{ K}$$

状态 4：

$$p_4 = p_2 = 4.850 \text{ MPa}$$

$$T_4 = T_2 + \frac{q_1}{c_{p0}} = 979.6 \text{ K} + \frac{1\ 000 \text{ kJ/kg}}{1.005 \text{ kJ}/(\text{kg} \cdot \text{K})} = 1\ 974.6 \text{ K}$$

$$v_4 = v_2 \frac{T_4}{T_2} = 0.057\ 99 \text{ m}^3/\text{kg} \times \frac{1\ 974.6 \text{ K}}{979.6 \text{ K}} = 0.116\ 9 \text{ m}^3/\text{kg}$$

状态 5：

$$v_5 = v_1 = 0.927\ 8 \text{ m}^3/\text{kg}$$

$$p_5 = p_4 \left(\frac{v_4}{v_5} \right)^{\gamma_0} = 4.850 \text{ MPa} \times \left(\frac{0.116\ 9 \text{ m}^3/\text{kg}}{0.927\ 8 \text{ m}^3/\text{kg}} \right)^{1.4} = 0.266\ 8 \text{ MPa}$$

$$T_5 = \frac{p_5 v_5}{R_g} = \frac{0.266\ 8 \times 10^6 \text{ Pa} \times 0.927\ 8 \text{ m}^3/\text{kg}}{287.1 \text{ J}/(\text{kg} \cdot \text{K})} = 862.2 \text{ K}$$

放出的热量：

$$q_2 = c_{V0}(T_5 - T_1) = 0.718 \text{ kJ}/(\text{kg} \cdot \text{K}) \times (862.2 - 323.15) \text{ K} = 387 \text{ kJ/kg}$$

循环的功：

$$w_0 = q_1 - q_2 = (1\ 000 - 387) \text{ kJ/kg} = 613 \text{ kJ/kg}$$

循环热效率：

$$\eta_{t,p} = \frac{w_0}{q_1} = \frac{613 \text{ kJ/kg}}{1\ 000 \text{ kJ/kg}} = 0.613$$

或

$$\rho = \frac{v_4}{v_2} = \frac{0.116\ 9 \text{ m}^3/\text{kg}}{0.057\ 99 \text{ m}^3/\text{kg}} = 2.016$$

$$\eta_{t,p} = 1 - \frac{1}{\varepsilon^{\gamma_0 - 1}} \frac{\rho^{\gamma_0} - 1}{\gamma_0(\rho - 1)} = 1 - \frac{1}{16^{1.4 - 1}} \times \frac{2.016^{1.4} - 1}{1.4 \times (2.016 - 1)} = 0.613$$

6-5　燃气轮机装置的循环

　　燃气轮机装置包括下列三部分主要设备：压气机、燃烧室、燃气轮机。压气机都采用叶轮式的。关于叶轮式压气机已在第 5-4 节 4 中作了介绍。这里简单介绍一下燃气轮机。

燃气轮机的工作原理从图 6-14 中可以看清楚。燃气先进入喷管,降低压力、增加速度,然后高速气流冲击在叶片上推动叶轮旋转,对外作功。

燃气在燃气轮机中的膨胀过程可以认为是绝热的,因为燃气很快通过燃气轮机,散失到周围空气中的热量很少(图 6-15)。另外,燃气轮机进口和出口气流的动能都不大,它们的差值更可略去不计$[(c_2^2-c_1^2)/2 \approx 0]$;气流重力位能的变化也可以忽略$[g(z_2-z_1) \approx 0]$。因此,根据能量方程式(2-13)可得出燃气轮机所作的功等于燃气的焓降:

$$w_{\mathrm{T}} = h_1 - h_2 \tag{6-9}$$

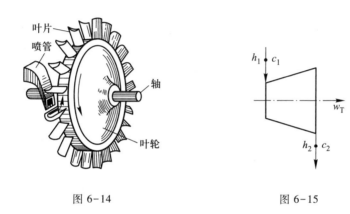

图 6-14   图 6-15

如果将燃气看作定比热容理想气体,则

$$w_{\mathrm{T}} = c_{p0}(T_1 - T_2) \tag{6-10}$$

如果膨胀过程是可逆的定熵过程,则

$$w_{\mathrm{T},s} = \frac{\kappa}{\kappa - 1} p_1 v_1 \left[1 - \left(\frac{p_2}{p_1} \right)^{\frac{\kappa - 1}{\kappa}} \right] \tag{6-11}$$

对定比热容理想气体的定熵过程,则

$$w_{\mathrm{T},s} = \frac{\gamma_0}{\gamma_0 - 1} R_{\mathrm{g}} T_1 \left[1 - \left(\frac{p_2}{p_1} \right)^{\frac{\gamma_0 - 1}{\gamma_0}} \right] \tag{6-12}$$

图 6-16 是最简单地按定压加热循环(也称为布雷顿循环)工作的燃气轮机装置的示意图。空气从大气进入压气机,在压气机中绝热压缩(图 6-17 和图 6-18 中过程 1→2);然后压缩空气进入燃烧室,与同时喷入燃烧室的燃料混合后

在定压的情况下燃烧(过程 2→3);燃烧生成的燃气进入燃气轮机中进行绝热膨胀(过程 3→4);膨胀后的燃气(废气)排向大气。从燃气轮机排出来的废气压力 p_4 和进入压气机的空气压力 p_1 都接近于大气压力,只是温度不同($T_4 > T_1$)。从状态 4 到状态 1 相当于一个定压冷却过程(过程 4→1)[1]。这样便完成了一个循环(循环 12341)。这一循环便是燃气轮机装置的定压加热循环。

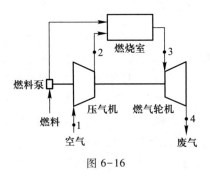

图 6-16

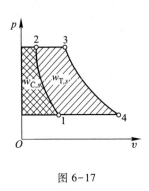

图 6-17

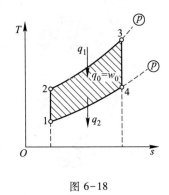

图 6-18

定压加热循环的特性可由<u>增压比</u> π($\pi = p_2/p_1$)和<u>升温比</u> τ($\tau = T_3/T_1$)来确定。

假定燃气轮机装置中工质的化学成分在整个循环期间保持不变并近似地把它看做定比热容理想气体,那么定压加热循环的理论热效率为

$$\eta_{t,p} = 1 - \frac{q_2}{q_1} = 1 - \frac{c_{p0}(T_4 - T_1)}{c_{p0}(T_3 - T_2)} = 1 - \frac{T_4 - T_1}{T_3 - T_2}$$

式中

$$T_2 = T_1\left(\frac{p_2}{p_1}\right)^{\frac{\gamma_0 - 1}{\gamma_0}} = T_1 \pi^{\frac{\gamma_0 - 1}{\gamma_0}}$$

$$T_3 = T_1 \tau$$

---

[1] 可以设想这一定压冷却过程是在大气中完成的。

$$T_4 = T_3\left(\frac{p_4}{p_3}\right)^{\frac{\gamma_0-1}{\gamma_0}} = T_3\left(\frac{p_1}{p_2}\right)^{\frac{\gamma_0-1}{\gamma_0}} = T_1\tau\left(\frac{1}{\pi}\right)^{\frac{\gamma_0-1}{\gamma_0}}$$

所以

$$\eta_{t,p} = 1 - \frac{T_1\tau\left(\dfrac{1}{\pi}\right)^{\frac{\gamma_0-1}{\gamma_0}} - T_1}{T_1\tau - T_1\pi^{\frac{\gamma_0-1}{\gamma_0}}}$$

化简后得

$$\eta_{t,p} = 1 - \frac{1}{\pi^{\frac{\gamma_0-1}{\gamma_0}}} \tag{6-13}$$

从式(6-13)可以看出：按定压加热循环工作的燃气轮机装置的理论热效率仅仅取决于增压比，而和升温比无关；增压比愈高，理论热效率也愈高[①]。

从图6-19可以看出，加大增压比 π（假定升温比 τ 不变），可以提高循环的平均吸热温度（$T'_{m1} > T_{m1}$）并降低循环的平均放热温度（$T'_{m2} < T_{m2}$），因此可以提高循环的热效率。

由于燃气轮机排出的废气温度通常都高于压气机出口压缩空气的温度，因此可以利用回热器回收废气中的一部分热能，用于加热压缩空气（图6-20），以达到节约燃料提高热效率的目的。

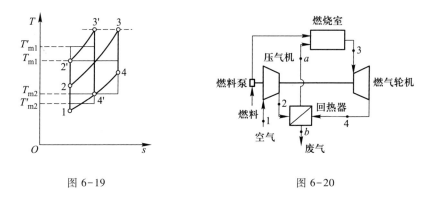

图6-19   图6-20

采用回热器的燃气轮机装置的理论循环在温熵图中如图6-21所示。在完全回热的理想情况下，可以认为

---

① 如果考虑燃气轮机装置中的不可逆损失（主要是压气机和燃气轮机中的不可逆损失），那么循环的实际热效率将不仅和增压比有关，也和升温比有关。在压气机效率、燃气轮机效率以及升温比已经给定的情况下，有一最佳增压比。燃气轮机装置工作在最佳增压比下，将能获得最高热效率（参看例6-2）。

$$T_a = T_4, \quad T_b = T_2$$

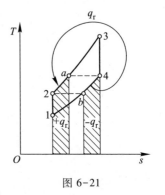

图 6-21

定压加热过程 $2 \to a$ 所需热量由定压冷却过程 $4 \to b$ 放出的热量供给。因此，气体在燃烧室中所需热量减少，而循环所作的功不变。所以，采用回热器可以节约燃料，提高循环热效率。

也可以这样来解释回热循环比不回热循环具有更高的热效率：回热循环从外界吸热的过程 $a \to 3$ 比不回热循环的吸热过程 $2 \to 3$ 具有较高的平均吸热温度；而回热循环向外界放热的过程 $b \to 1$ 比不回热循环的放热过程 $4 \to 1$ 具有较低的平均放热温度。因此，回热循环的热效率比不回热循环的热效率高。

理想回热循环的热效率为（认为工质是定比热容理想气体）

$$\eta_{\mathrm{t,r}} = 1 - \frac{q_2}{q_1} = 1 - \frac{c_{p0}(T_b - T_1)}{c_{p0}(T_3 - T_a)} = 1 - \frac{T_2 - T_1}{T_3 - T_4}$$

式中

$$T_2 = T_1 \pi^{\frac{\gamma_0 - 1}{\gamma_0}}$$

$$T_3 = T_1 \tau$$

$$T_4 = T_1 \tau \left(\frac{1}{\pi}\right)^{\frac{\gamma_0 - 1}{\gamma_0}}$$

所以

$$\eta_{\mathrm{t,r}} = 1 - \frac{T_1 \pi^{\frac{\gamma_0 - 1}{\gamma_0}} - T_1}{T_1 \tau - T_1 \tau \left(\frac{1}{\pi}\right)^{\frac{\gamma_0 - 1}{\gamma_0}}}$$

化简后得

$$\eta_{\mathrm{t,r}} = 1 - \frac{\pi^{\frac{\gamma_0 - 1}{\gamma_0}}}{\tau} \tag{6-14}$$

从式(6-14)可以看出：提高升温比 τ 或降低增压比 π 都能提高理想回热循环的热效率。

用温熵图来分析。如果 π 不变(图 6-22)，提高 $\tau(\tau' > \tau)$，可以提高循环的平均吸热温度($T'_{\mathrm{m1}} > T_{\mathrm{m1}}$)，而平均放热温度不变($T'_{\mathrm{m2}} = T_{\mathrm{m2}}$)，所以能提高回热循

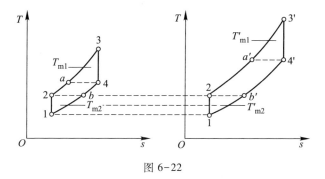

图 6-22

环的热效率。

如果 τ 不变(图 6-23),降低 $\pi(\pi'<\pi)$,可以提高循环的平均吸热温度($T'_{m1}>T_{m1}$),同时降低平均放热温度($T'_{m2}<T_{m2}$),所以能提高回热循环的热效率。

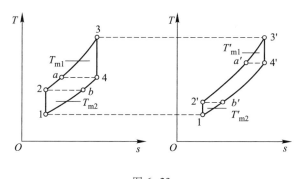

图 6-23

燃气轮机装置循环,除定压加热循环外,还有定容加热循环。由于定容燃烧的燃气轮机装置具有结构复杂、气流脉动等一系列的缺点,已经不再采用,因此在这里不作介绍。

例 6-2 已知某燃气轮机装置中压气机的绝热效率和燃气轮机的相对内效率均为 0.85,升温比为 3.8。试求增压比为 4、6、8、10、12、14、16 时燃气轮机装置的绝对内效率,并画出它随增压比变化的曲线(按定比热容理想气体计算,取 $\gamma_0=1.4$)。

解 根据题中所给条件,压气机的绝热效率为(图 6-24):

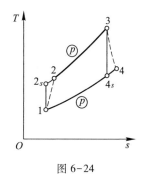

图 6-24

$$\eta_{C,s}=\frac{w_{C理论}}{w_{C实际}}=\frac{h_{2s}-h_1}{h_2-h_1}=0.85$$

燃气轮机的相对内效率为

$$\eta_{ri} = \frac{w_{T实际}}{w_{T理论}} = \frac{h_3 - h_4}{h_3 - h_{4s}} = 0.85$$

燃气轮机装置的绝对内效率为

$$\eta_i = \frac{w_i}{q_1} = \frac{w_{T实际} - w_{C实际}}{q_1} = \frac{(h_3 - h_4) - (h_2 - h_1)}{q_1}$$

$$= \frac{(h_3 - h_{4s})\eta_{ri} - \dfrac{h_{2s} - h_1}{\eta_{C,s}}}{(h_3 - h_1) - \dfrac{h_{2s} - h_1}{\eta_{C,s}}} = \frac{c_{p0}(T_3 - T_{4s})\eta_{ri} - \dfrac{c_{p0}(T_{2s} - T_1)}{\eta_{C,s}}}{c_{p0}(T_3 - T_1) - \dfrac{c_{p0}(T_{2s} - T_1)}{\eta_{C,s}}}$$

$$= \frac{(T_3 - T_{4s})\eta_{ri} - \dfrac{(T_{2s} - T_1)}{\eta_{C,s}}}{(T_3 - T_1) - \dfrac{T_{2s} - T_1}{\eta_{C,s}}} = \frac{\dfrac{T_3 - T_{4s}}{T_{2s} - T_1}\eta_{ri} - \dfrac{1}{\eta_{C,s}}}{\dfrac{T_3 - T_1}{T_{2s} - T_1} - \dfrac{1}{\eta_{C,s}}}$$

式中

$$T_{2s} = T_1 \pi^{\frac{\gamma_0 - 1}{\gamma_0}}, \quad T_{4s} = T_3 / \pi^{\frac{\gamma_0 - 1}{\gamma_0}}$$

所以

$$\eta_i = \frac{\dfrac{T_3(1 - 1/\pi^{\frac{\gamma_0 - 1}{\gamma_0}})}{T_1(\pi^{\frac{\gamma_0 - 1}{\gamma_0}} - 1)}\eta_{ri} - \dfrac{1}{\eta_{C,s}}}{\dfrac{T_1\left(\dfrac{T_3}{T_1} - 1\right)}{T_1(\pi^{\frac{\gamma_0 - 1}{\gamma_0}} - 1)} - \dfrac{1}{\eta_{C,s}}} = \frac{\dfrac{\tau}{\pi^{\frac{\gamma_0 - 1}{\gamma_0}}}\eta_{ri} - \dfrac{1}{\eta_{C,s}}}{\dfrac{\tau - 1}{\pi^{\frac{\gamma_0 - 1}{\gamma_0}} - 1} - \dfrac{1}{\eta_{C,s}}} = f(\pi, \tau, \eta_{ri}, \eta_{C,s}, \gamma_0)$$

令 $\eta_{ri} = \eta_{C,s} = 0.85, \tau = 3.8, \gamma_0 = 1.4$,则可计算出燃气轮机装置在不同增压比下的绝对内效率如下表所示:

π	4	6	8	10	12	14	16
η_i	0.217	0.252	0.267	0.271	0.269	0.262	0.251

　　燃气轮机装置绝对内效率随增压比变化的曲线如图 6-25 所示。当 $\pi \approx 10$ 时,η_i 有最大值。所以,在本题所给的条件下,最佳增压比 $\pi_{opt} \approx 10$,最高绝对内效率 $\eta_{i,max} \approx 0.271$。

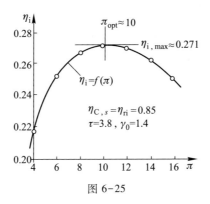

图 6-25

思 考 题

1. 内燃机循环从状态 f 到状态 g(参看图 6-1)实际上是排气过程而不是定容冷却过程。试在 p-v 图和 T-s 图中将这一过程进行时气缸中气体的实际状态变化情况表示出来。

2. 活塞式内燃机循环中,如果绝热膨胀过程不是在状态 5 结束(图 6-26),而是继续膨胀到状态 6($p_6 = p_1$),那么循环的热效率是否会提高?试用温熵图加以分析。

3. 试证明:对于燃气轮机装置的定压加热循环和活塞式内燃机的定容加热循环,如果燃烧前气体被压缩的程度相同,那么它们将具有相同的理论热效率。

4. 在燃气轮机装置的循环中,如果空气的压缩过程采用定温压缩(而不是定熵压缩),那么压气过程消耗的功就可以减少,因而能增加循环的净功(w_0)。在不采用回热的情况下,这种定温压缩的循环比起定熵压缩的循环来,热效率是提高了还是降低了?为什么?

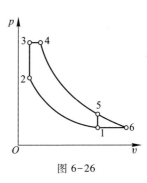

图 6-26

习 题

6-1 已知活塞式内燃机定容加热循环的进气参数为 $p_1 = 0.1$ MPa、$t_1 = 50$ ℃,压缩比 $\varepsilon = 6$,加入的热量 $q_1 = 750$ kJ/kg。试求循环的最高温度、最高压力、压升比、循环的净功和理论热效率。认为工质是空气并按定比热容理想气体计算。

6-2 同习题 6-1,但将压缩比提高到 8。试计算循环的平均吸热温度、平均放热温度和理论热效率。

6-3 活塞式内燃机的混合加热循环,已知其进气压力为 0.1 MPa,进气温度为 300 K,压缩比为 16,最高压力为 6.8 MPa,最高温度为 1 980 K。求加入每千克工质的热量、压升比、预胀比、循环的净功和理论热效率。认为工质是空气并按定比热容理想气体计算。

6-4   按定压加热循环工作的柴油机,已知其压缩比 $\varepsilon = 15$,预胀比 $\rho = 2$,工质的定熵指数 $\gamma_0 = 1.33$。求理论循环的热效率。如果预胀比变为 2.4(其他条件不变),这时循环的热效率将是多少? 功率比原来增加了百分之几?

6-5   某燃气轮机装置,已知其流量 $q_m = 8 \ \text{kg/s}$、增压比 $\pi = 12$、升温比 $\tau = 4$,大气温度为 295 K。试求理论上输出的净功率及循环的理论热效率。认为工质是空气并按定比热容理想气体计算。

6-6   同习题 6-5。若压气机的绝热效率 $\eta_{C,s} = 0.86$,燃气轮机的相对内效率 $\eta_{ri} = 0.88$(参看例 6-2 及图 6-24),则实际输出的净功率及循环的绝对内效率为多少? 认为工质是空气,并按定比热容理想气体计算。

6-7   已知某燃气轮机装置的增压比为 9、升温比为 4,大气温度为 295 K。如果采用回热循环,则其理论热效率比不回热循环增加多少? 认为工质是空气并按定比热容理想气体计算。

第七章　水蒸气性质和蒸汽动力循环

蒸汽动力装置是主要的电力生产设备，一般都以水蒸气作为工质。水蒸气的性质比较复杂，而且还常涉及相变（汽化或液化），不能像对待空气或燃气那样按理想气体进行分析、计算。通常的做法是由专业研究人员汇集整理水蒸气的各种热力性质的实验数据，编制成专用的图表或相应的计算软件，以便查用或运算。

本章将较为详细地介绍水蒸气的热力性质、热力过程和水蒸气图表的使用方法，并在此基础上讨论各种蒸汽动力循环的特点及提高循环热效率的途径。

7-1　水蒸气的饱和状态

在热力工程中，水蒸气的应用非常广泛。蒸汽轮机以及很多换热器都采用水蒸气做工作物质。另外，不少工业部门的生产过程也常用到水蒸气。

工业和生活用的水蒸气都由水在蒸汽锅炉中汽化而产生。这种水蒸气通常离凝结温度不远，有时还和水同时并存。这种汽-液平衡共存的状态也就是饱和状态。饱和状态有它的特殊性，因此有必要专门讨论。

假定有一容器（图 7-1），灌进一定量的水（不装满），然后设法将留在容器中水面上方的空气抽出，并将容器封闭。空气抽出后，水面上方不可能是真空状态，而是充满了水蒸气（由水汽化而来）。水蒸气的分子处于紊乱的热运动中，它们相互碰撞，和容器壁碰撞，也和水面碰撞。在和水面碰撞时，有的仍然返回蒸汽空间来，有的就进入水面变成水的分子。水蒸气的压力愈高，密度愈大，水蒸气分子与水面碰撞愈频繁，在单位时间内进入水面变成水分子的水蒸气分子数也愈多。

另一方面，容器中水的分子也在作不停息的热运动。水面附近动能较大的分子有可能挣脱其他分子的引力离开水面变成水蒸气的分子。水的温度越高，分子运动越剧烈，在单位时间内脱离水面变成水蒸气的水分子数也就越多。

在一定的温度下，水蒸气的压力总会自动稳定在一定的数值上。这时进入水面和脱离水面的分子数相等，水蒸气和水处于平衡状态，也就是饱和状态。饱和状态下的水称为饱和水；饱和状态下的水蒸气称为饱和水蒸气（饱和蒸汽）；

饱和蒸汽的压力称为饱和压力 p_s;与此相应的饱和蒸汽(或饱和液体)的温度称为饱和温度 t_s(或 T_s)。

改变饱和温度,饱和压力也会起相应的变化。一定的饱和温度总是对应着一定的饱和压力;一定的饱和压力也总是对应着一定的饱和温度。饱和温度越高,饱和压力也越高。由实验可以测出饱和温度与饱和压力的关系,如图 7-2 中曲线 AC 所示。

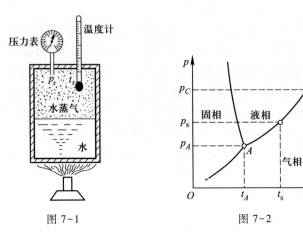

图 7-1   图 7-2

当温度超过 t_c 时,液相不可能存在,而只可能是气相[①]。t_c 称为临界温度,与临界温度相对应的饱和压力 p_c 称为临界压力。所以,临界温度是最高的饱和温度,临界压力是最高的饱和压力。

水(或水蒸气)的临界参数值为[②]

$$T_c = 647.14 \text{ K}(373.99 \text{ ℃})$$

$$p_c = 22.064 \text{ MPa}$$

$$v_c = 0.003\ 106 \text{ m}^3/\text{kg}$$

当压力低于一定数值 p_A 时,液相也不可能存在,而只可能是气相或固相。p_A 称为三相点压力。与三相点压力相对应的饱和温度 t_A 称为三相点温度。所以,三相点压力是最低的汽-液两相平衡的饱和压力;三相点温度是最低的汽-液两相平衡的饱和温度。

水的三相点温度和三相点压力为[③]

$$T_A = 273.16 \text{ K}(0.01 \text{ ℃})$$

---

① 这是一般的看法。实际上,在超临界压力下存在着高于临界温度的液相。

②③ 这些数值为 1985 年第十届国际水蒸气性质大会所推荐采用。

$$p_A = 0.000\ 611\ 659\ \text{MPa}$$

水蒸气的饱和温度与饱和压力的对应关系可以查饱和水蒸气表（参看附表 5 和附表 6），也可以根据经验公式计算。粗略的经验公式如

$$p_s = \left(\frac{t_s}{100}\right)^4 \tag{7-1}$$

式中：p_s 单位为 atm；t_s 单位为℃。

作者提供一个精确的水蒸气饱和蒸汽压计算式，用该式计算，其结果完全符合 1985 年国际水蒸气性质骨架表中规定的允差要求：

$$p_s = p_c \exp\left[f\left(\frac{T_s}{T_c}\right)\left(1 - \frac{T_c}{T_s}\right)\right] \tag{7-2}$$

其中：

$$f\left(\frac{T_s}{T_c}\right) = 7.214\ 8 + 3.956\ 4\left(0.745 - \frac{T_s}{T_c}\right)^2 + 1.348\ 7\left(0.745 - \frac{T_s}{T_c}\right)^{3.177\ 8}$$

$$(\text{当 } T_A < T_s \leqslant 482\ \text{K})$$

$$f\left(\frac{T_s}{T_c}\right) = 7.214\ 8 + 4.546\ 1\left(\frac{T_s}{T_c} - 0.745\right)^2 + 307.53\left(\frac{T_s}{T_c} - 0.745\right)^{5.347\ 5}$$

$$(\text{当 } 482\ \text{K} \leqslant T_s < T_c)$$

7-2　水蒸气的产生过程

蒸汽锅炉产生水蒸气时，压力变化一般都不大，所以水蒸气的产生过程接近于一个定压加热过程。

考察水在定压加热时的变化情况。将 1 kg、0 ℃ 的水装在带有活塞的容器中（图 7-3a）。从外界向容器中加热，同时保持容器内的压力 p 不变。起初，水

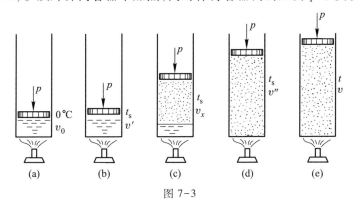

图 7-3

的温度逐渐升高,比体积也稍有增加(图 7-4、图 7-5 中过程 $a{\rightarrow}b$)。但当温度升高到相应于 p 的饱和温度 t_s 而变成饱和水以后(图 7-3b),继续加热,饱和水便逐渐变成饱和水蒸气(即所谓汽化),直到汽化完毕。在整个汽化过程中,温度始终保持为饱和温度 t_s 不变。在汽化过程中,由于饱和水蒸气的量不断增加,比体积一般增大很多(过程 $b{\rightarrow}d$)。再继续加热,温度又开始上升,比体积继续增大(过程 $d{\rightarrow}e$),饱和水蒸气变成了<u>过热水蒸气</u>(即温度高于当时压力所对应的饱和温度的水蒸气)。过程 $d{\rightarrow}e$ 和一般气体的定压加热过程没有什么区别。

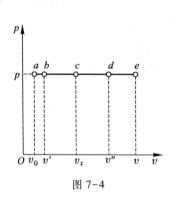

图 7-4

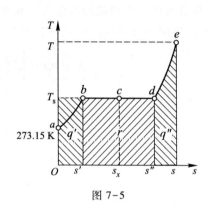

图 7-5

如上所述,水蒸气的产生过程一般分为三个阶段:水的定压预热过程(从不饱和水到饱和水为止);饱和水的定压汽化过程(从饱和水到完全变为饱和水蒸气为止)[①];水蒸气的定压过热过程(从饱和水蒸气到任意温度的过热水蒸气)。下面分别讨论这三个阶段。

1. 水的定压预热过程

将 1 kg、0 ℃的水定压加热到该压力 p 下的饱和温度 t_s 所需加入的热量 q',称为水的<u>液体热</u>(参看图 7-5 中过程 $a{\rightarrow}b$)。液体热可以通过比热容和温度变化的乘积计算出来:

$$q' = \int_0^{t_s} c_p' \mathrm{d}t \qquad (7-3)$$

式中, c_p' 是压力为 p 时水的比定压热容,它随温度而变。

水在定压预热过程中(或在不作技术功的流动过程中)所吸收的热量 q' 也等于焓的增量[参看式(3-80)或式(3-124)]:

---

① 水在超临界压力($p{>}p_c$ = 22.064 MPa)下定压加热,就不再有汽化过程,而且预热过程和过热过程也很难截然分开。

$$q' = h' - h_0 \tag{7-4}$$

式中：h'——压力为 p 时饱和水的焓；

h_0——压力为 p、温度为 0 ℃时水的焓。

从式(7-4)可得饱和水的焓为

$$h' = h_0 + q' \tag{7-5}$$

水的液体热随压力提高而增大(表 7-1、图 7-6)。这是因为压力高，则所对应的饱和温度也高，在较高的压力下，必须加入较多的热量才能使水升到较高的饱和温度而成为饱和水。

表 7-1

压力 p/MPa	0.01	0.1	1	5	10	20	22.064 = $\{p_c\}_{MPa}$
液体热 q'/(kJ/kg)	191.80	417.47	761.87	1 149.2	1 397.1	1 807.1	2 063.8

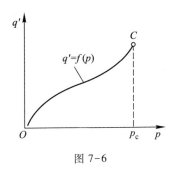

图 7-6

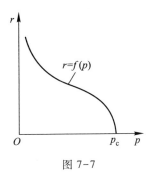

图 7-7

2. 饱和水的定压汽化过程

当水定压预热到饱和温度以后，继续加热，饱和水便开始汽化。这个定压汽化过程，同时又是在定温下进行的。使 1 kg 饱和水在一定压力下完全变为相同温度的饱和水蒸气所需加入的热量称为水的**汽化潜热**，用符号 r 表示。在温熵图中，定压汽化过程(同时也是定温过程)为一水平线段(图 7-5 中过程 $b \rightarrow d$)，而汽化潜热则相应于水平线段下的矩形面积：

$$r = T_s(s'' - s') \tag{7-6}$$

式中：s''——压力为 p 时饱和水蒸气的熵；

s'——压力为 p 时饱和水的熵。

汽化潜热也等于定压汽化过程中焓的增加：

$$r = h'' - h' \tag{7-7}$$

式中，h'' 是压力为 p 时饱和水蒸气的焓。

从式(7-7)和式(7-5)可得饱和水蒸气的焓为

$$h'' = h' + r = h_0 + q' + r \tag{7-8}$$

水的汽化潜热可由实验测定。在不同的压力下，汽化潜热的数值也不相同。表7-2中列出了不同压力下水的汽化潜热。从表中数据可以看出：压力愈高，汽化潜热愈小，而当压力达到临界压力时，汽化潜热变为零(图7-7)。

表 7-2

压力 p/MPa	0.01	0.1	1	5	10	20	$22.064 = \{p_c\}_{\text{MPa}}$
汽化潜热 $r/(\text{kJ/kg})$	2 392.0	2 257.6	2 014.8	1 639.5	1 317.2	585.9	0

如果汽化过程没有进行彻底，那么饱和水与饱和水蒸气便同时并存(图7-3c及图7-4、图7-5中状态 c)。这种饱和水和饱和水蒸气的混合物称为潮湿水蒸气，简称湿蒸汽。湿蒸汽中饱和水蒸气和饱和水的质量分数分别称为干度和湿度，即

$$\text{干度} \qquad x = \frac{m_v}{m_v + m_w} \tag{7-9}$$

$$\text{湿度} \qquad y = \frac{m_w}{m_v + m_w} \tag{7-10}$$

式中：m_v——湿蒸汽中饱和水蒸气的质量；

m_w——湿蒸汽中饱和水的质量；

$m_v + m_w$——湿蒸汽的质量。

显然 $\qquad\qquad x + y = 1, \quad x = 1 - y, \quad y = 1 - x \tag{7-11}$

对于饱和水 $\qquad\qquad x = 0, \quad y = 1$

对于饱和水蒸气 $\qquad\qquad x = 1, \quad y = 0$

对于湿蒸汽 $\qquad\qquad 0 < x < 1, \quad 1 > y > 0$

湿蒸汽的比状态参数可以根据干度(或湿度)以及该压力下饱和水与饱和水蒸气的比状态参数(查附表5和附表6)按下列各式计算：

$$\left.\begin{aligned}
v_x &= (1-x)v' + xv'' = v' + x(v'' - v') \\
h_x &= (1-x)h' + xh'' = h' + x(h'' - h') = h' + xr \\
u_x &= h_x - p_s v_x \\
s_x &= (1-x)s' + xs'' = s' + x(s'' - s') = s' + x\frac{r}{T_s}
\end{aligned}\right\} \tag{7-12}$$

式中：v'、h'、u'、s'——饱和水的比体积、比焓、比热力学能、比熵；

$\qquad v''$、h''、u''、s''——饱和水蒸气的比体积、比焓、比热力学能、比熵；

$\qquad v_x$、h_x、u_x、s_x——湿蒸汽的比体积、比焓、比热力学能、比熵。

至于湿蒸汽的压力和温度，也就是饱和压力和饱和温度。

3. 水蒸气的定压过热过程

将饱和水蒸气继续定压加热，便得到过热水蒸气。假定过热过程终了时过热水蒸气的温度为 t，那么在这个定压过热过程中，每千克水蒸气吸收的热量，即过热热量 q''（参看图 7-5 中过程 $d{\to}e$）为

$$q'' = \int_{t_s}^{t} c_p \mathrm{d}t = \bar{c}_p \Big|_{t_s}^{t}(t - t_s) = \bar{c}_p \Big|_{t_s}^{t}D \qquad (7-13)$$

式中：c_p——压力为 p 时过热水蒸气的比定压热容，它随温度而变；

$\qquad \bar{c}_p \Big|_{t_s}^{t}$——压力为 p 时过热水蒸气的平均比定压热容，以压力 p 所对应的饱和温度 t_s 为平均比热容的起点温度；

$\qquad D$——过热水蒸气的过热度，表示过热水蒸气的温度超出该压力下饱和温度的度数。它说明过热水蒸气离开饱和状态的远近程度。

水蒸气在定压过热过程中吸收的热量也等于焓的增加：

$$q'' = h - h'' \qquad (7-14)$$

式中，h 是压力为 p、温度为 t 时过热水蒸气的焓。

从式(7-14)和式(7-8)可得过热水蒸气的焓为

$$h = h'' + q'' = h_0 + q' + r + q'' \qquad (7-15)$$

将水蒸气产生过程的三个阶段串连起来，从压力为 p、温度为 0 ℃的不饱和水，变为压力为 p、温度为 t 的过热水蒸气，在这整个定压加热过程中所吸收的热量为

$$
\begin{aligned}
q &= q' + r + q'' \\
&= (h' - h_0) + (h'' - h') + (h - h'') \\
&= h - h_0 \qquad (7-16)
\end{aligned}
$$

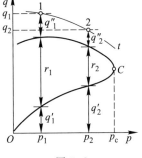

图 7-8

图 7-8 表示水从 0 ℃定压加热变为温度为 t 的过热水蒸气所需的热量 q，以及三个加热阶段所需热量 q'、r、q'' 因压力不同而变化的情况。

7-3 水蒸气图表

1. 水蒸气的压容图、温熵图和焓熵图

使水在不同压力下定压预热、汽化、过热,变成过热水蒸气,将各定压线上所有开始汽化的点连接起来,形成一条曲线 A_1C(图 7-9、图 7-10、图 7-11),称为下界线。下界线上各点相应于不同压力下的饱和水,因此下界线又称为饱和液体线。显然,它同时又是 $x=0$ 的定干度线。

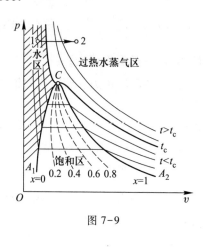

图 7-9

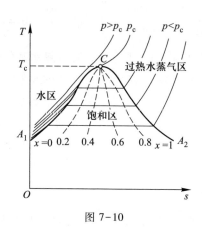

图 7-10

将定压线上所有汽化完毕的各点连接起来,形成另一条曲线 A_2C,称为上界线。上界线上各点相应于不同压力下的饱和水蒸气,因此上界线又称为饱和蒸汽线。显然,它同时又是 $x=1$ 的定干度线。

下界线和上界线相交于临界点 C,这样就形成了饱和曲线 A_1CA_2 所包围的饱和区(或称湿蒸汽区)。超出饱和区的范围($p>p_c$)便不再有水的定压汽化过程(如图 7-9 中过程 $1\rightarrow 2$)。

掌握了大量有关水蒸气的各种数据,原则上可以任意选取两个相互独立的状态参数构成一个平面坐标系,并将各种定值线(如定温线、定压线、定容线、定干度线等)画在平面坐标系中。只要给定任何两个相互独立的状态参数值,便可以在无论哪一个平面坐标系中找到其他各状态参数的值。

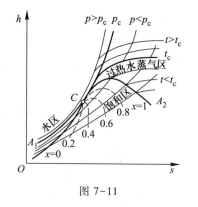

图 7-11

为了分析和计算上的方便,通常取 p、v、T、s、h、s 等状态参数构成平面坐标系(即压容图、温熵图、焓熵图)。特别是焓熵图,在分析计算水蒸气过程时应用起来非常方便,因此在焓熵图中详细画出各种定值线以便查用(附图 1)。

由于水的压缩性很小,因此在压容图中,定温线处于下界线左边的线段是很陡的,几乎是垂直线段。这说明水在定温压缩时,即使压力提高很多,比体积的减小也是不显著的。同时,也正由于水的压缩性很小,定熵压缩消耗的功很少,即使压力提高很多,热力学能也增加极少,温度几乎没有提高。因此,在温熵图中不同压力的定压线处于下界线左边的线段靠得很近,并且几乎都和下界线重合在一起(在图 7-10 中,为了看得清楚,已将定压线和下界线之间以及不同定压线之间的距离夸大了)。在焓熵图中,由于水在定熵压缩后焓的增加也有限,所以这些定压预热线段和下界线还是靠得比较近的。

另外,由于一定的饱和温度总是对应着一定的饱和压力,因此在饱和区中,定温线同时也是定压线。所以,在压容图中,定温线处于饱和区中的线段是水平线段(定压线);在温熵图中,定压线处于饱和区中的线段也是水平线段(定温线)。在焓熵图中,定压线(定温线)处于饱和区中的线段是不同斜率的直线段。因为在焓熵图中,定压线上各点的斜率正好等于各点的温度[式(4-34)]:

$$\left(\frac{\partial h}{\partial s}\right)_p = T$$

而在饱和区中,由于定压线同时也是定温线,压力不变,相应的饱和温度也不变,因此

$$\left(\frac{\partial h}{\partial s}\right)_p = T_s = 常数 \tag{7-17}$$

既然定压线的斜率是常数,那么当然就是直线。所以说,在焓熵图中,定压线(定温线)处于饱和区中的线段是直线段。同时,压力愈高,相应的饱和温度也愈高,定压线的斜率就愈大,在焓熵图中也就愈陡。

2. 水蒸气热力性质表

为了计算上的需要和方便,可将有关水蒸气各种性质的大量数据编制成表。常用的有"饱和水与饱和水蒸气热力性质表"及"未饱和水与过热水蒸气热力性质表"两种。

饱和水与饱和水蒸气热力性质表通常列成两个。一个按温度排列(附表 5),对温度取比较整齐的数值,按次序排列,相应地列出饱和压力以及饱和水蒸气的比体积、焓、熵和汽化潜热。另一个按压力排列(附表 6),对压力取比较整齐的数值,按次序排列,相应地列出饱和温度以及饱和水与饱和水蒸气的比体积、焓、熵和汽化潜热。

未饱和水与过热水蒸气热力性质表(附表 7)中,根据不同温度和不同压力,

按次序排列,相应地列出未饱和水(粗黑线以上)和过热水蒸气(粗黑线以下)的比体积、焓和熵。

热力学能的数值在上述各表及焓熵图中一般都不列出,因为热力学能在工程计算中应用较少。如果需要知道热力学能的值,可以根据焓及压力和比体积的数值计算($u = h - pv$)。

在上述各表(附表5、6、7)和焓熵图(附图1)中,都按1985年第十届国际水蒸气性质大会通过的骨架表规定,以三相点温度(0.01 ℃)和三相点压力(611.66 Pa)下饱和水的热力学能和熵为零。

7-4　水蒸气的热力过程

由于精确的水蒸气的状态方程都比较复杂,而且有时还牵涉相变,因此一般都不利用状态方程而利用图表对水蒸气的热力过程进行分析和计算。这种方法既简便又精确。当然,必备的条件是有一套精确而详尽的水蒸气热力性质图表。近年来由于水蒸气性质软件的开发和应用,利用计算机计算水蒸气的各种热力过程和循环已日益广泛。

利用图表进行水蒸气热力过程的计算时,一般步骤大致如下:

(1) 将过程画在焓熵图中(图7-12),以便分析。

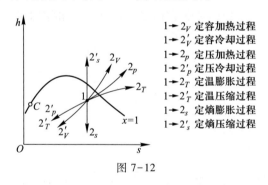

图 7-12

(2) 根据焓熵图或热力性质表查出过程始末各状态参数值:

$$T_1, p_1, v_1, h_1, s_1$$
$$T_2, p_2, v_2, h_2, s_2$$

如果计算中需要用到热力学能,则可将热力学能计算出来:

$$u_1 = h_1 - p_1 v_1$$
$$u_2 = h_2 - p_2 v_2$$

(3) 计算热量(不考虑摩擦)

对定容过程(不作膨胀功的过程)

$$q_V = u_2 - u_1 = (h_2 - h_1) - (p_2 - p_1)v \tag{7-18}$$

对定压过程（不作技术功的过程）

$$q_p = h_2 - h_1 \tag{7-19}$$

对定温过程

$$q_T = T(s_2 - s_1) \tag{7-20}$$

对定熵过程（绝热过程）

$$q_s = 0 \tag{7-21}$$

（4）计算功（不考虑摩擦）

对定容过程（不作膨胀功的过程）

$$w_V = 0 \tag{7-22}$$

$$w_{t,V} = v(p_1 - p_2) \tag{7-23}$$

对定压过程（不作技术功的过程）

$$w_p = p(v_2 - v_1) \tag{7-24}$$

$$w_{t,p} = 0 \tag{7-25}$$

对定温过程

$$w_T = q_T - (u_2 - u_1) = T(s_2 - s_1) - (h_2 - h_1) + (p_2 v_2 - p_1 v_1) \tag{7-26}$$

$$w_{t,T} = q_T - (h_2 - h_1) = T(s_2 - s_1) - (h_2 - h_1) \tag{7-27}$$

对定熵过程（绝热过程）

$$w_s = u_1 - u_2 = (h_1 - h_2) - (p_1 v_1 - p_2 v_2) \tag{7-28}$$

$$w_{t,s} = h_1 - h_2 \tag{7-29}$$

例 7-1　水蒸气从初状态 $p_1 = 1$ MPa、$t_1 = 300$ ℃可逆绝热（定熵）地膨胀到 $p_2 = 0.1$ MPa。求每千克水蒸气所作的技术功及膨胀终了时的湿度。

解　先利用焓熵图计算（图 7-13）。当 $p_1 = 1$ MPa、$t_1 = 300$ ℃时，查焓熵图（附图 1）得 $h_1 = 3\,053$ kJ/kg，$s_1 = 7.122$ kJ/(kg·K) 沿 7.122 kJ/(kg·K) 的定熵线垂直向下，与 0.1 MPa 的定压线的交点 2 即为终状态。据此查得

$$h_2 = 2\,589 \text{ kJ/kg}, \quad x_2 = 0.961$$

所以技术功为

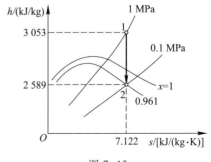

图 7-13

$$w_{t,s} = h_1 - h_2 = (3\,053 - 2\,589)\,\text{kJ/kg} = 464\,\text{kJ/kg}$$

终状态湿度为

$$y_2 = 1 - x_2 = 1 - 0.961 = 0.039$$

再利用水蒸气热力性质表进行计算。当 $p_1 = 1\,\text{MPa}$、$t_1 = 300\,℃$ 时，查过热水蒸气热力性质表（附表7）得

$$h_1 = 3\,050.4\,\text{kJ/kg}, \quad s_1 = 7.121\,6\,\text{kJ/(kg·K)}$$

查饱和水和饱和水蒸气热力性质表（附表6），当 $p = 0.1\,\text{MPa}$ 时：

$$s' = 1.302\,8\,\text{kJ/(kg·K)}, \quad s'' = 7.358\,9\,\text{kJ/(kg·K)}$$

$$h' = 417.52\,\text{kJ/kg}, \quad h'' = 2\,675.14\,\text{kJ/kg}$$

根据式（7-12）

$$s_2 = s' + x_2(s'' - s') = s_1 = 7.121\,6\,\text{kJ/(kg·K)}$$

即

$$x_2 = \frac{s_2 - s'}{s'' - s'} = \frac{(7.121\,6 - 1.302\,8)\,\text{kJ/(kg·K)}}{(7.358\,9 - 1.302\,8)\,\text{kJ/(kg·K)}} = 0.960\,8$$

由此可得

$$h_2 = h' + x_2(h'' - h')$$
$$= 417.52\,\text{kJ/kg} + 0.960\,8 \times (2\,675.14 - 417.52)\,\text{kJ/kg} = 2\,586.6\,\text{kJ/kg}$$

所以技术功为

$$w_{t,s} = h_1 - h_2 = (3\,050.4 - 2\,586.6)\,\text{kJ/kg} = 463.8\,\text{kJ/kg}$$

终状态湿度为

$$y_2 = 1 - x_2 = 1 - 0.960\,8 = 0.039\,2$$

由以上的演算可以看出：利用焓熵图进行计算比较直观简便，利用蒸汽表进行计算则更为精确。

7-5 基本的蒸汽动力循环——朗肯循环

蒸汽动力装置所采用的工质一般都是水蒸气。蒸汽动力装置包括四部分主要设备——蒸汽锅炉、蒸汽轮机、凝汽器、水泵（图7-14）。水在蒸汽锅炉中预热、汽化并过热，变成过热水蒸气（图7-15、图7-16、图7-17中过程0→1）。在这一过程中，每千克工质获得的热量为［式（7-19）］：

$$q_1 = h_1 - h_0 \tag{7-30}$$

在图7-16中，q_1 表示为面积60176；在图7-17中，q_1 表示为线段 a。

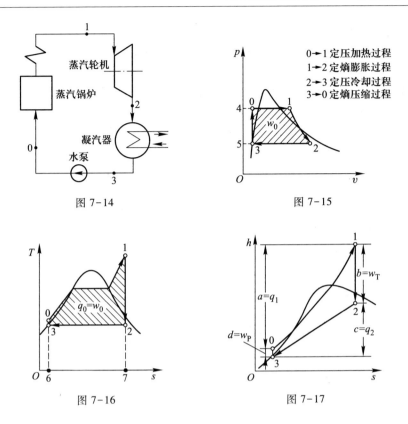

图 7-14

图 7-15

0→1 定压加热过程
1→2 定熵膨胀过程
2→3 定压冷却过程
3→0 定熵压缩过程

图 7-16

图 7-17

从蒸汽锅炉出来的水蒸气（即所谓新汽）进入蒸汽轮机膨胀作功。因为大量水蒸气很快流过蒸汽轮机,平均每千克蒸汽散失到外界的热量相对来说很少,因此可以认为过程是绝热的（过程 $1{\rightarrow}2$）。在绝热（定熵）膨胀过程中,水蒸气通过蒸汽轮机对外所作的功（技术功）为[式（7-29）]:

$$w_{\mathrm{T}} = h_1 - h_2 \qquad (7-31)$$

在图 7-15 中,w_{T} 表示为面积 41254;在图 7-17 中,w_{T} 表示为线段 b。

从蒸汽轮机排出的水蒸气（即所谓乏汽）进入凝汽器,凝结为水（过程 $2{\rightarrow}3$）,所放出的热量为[式（7-19）]:

$$q_2 = h_2 - h_3 \qquad (7-32)$$

在图 7-16 中,q_2 表示为面积 63276;在图 7-17 中,q_2 表示为线段 c。

凝结水经过水泵,提高压力后再进入蒸汽锅炉。水在水泵中被压缩时散失到外界的热量很少,可以认为过程是绝热的（过程 $3{\rightarrow}0$）。因此水泵消耗的功（技术功）为[式（7-29）]:

$$w_{\mathrm{P}} = h_0 - h_3 \qquad (7-33)$$

在图 7-15 中,w_P 表示为面积 40354;在图 7-17 中,w_P 表示为线段 d。由于水的比体积比水蒸气的比体积小得多,因此水泵所消耗的功只占蒸汽轮机所作功的很小一部分。

经过上述 4 个过程后,工质回到了原状态,这样便完成了一个循环。这是一个由两个定压过程(或者说由两个不作技术功的过程)和两个绝热过程组成的最简单的蒸汽动力循环,称为朗肯循环。每千克工质,每完成一个循环,对外界作出的功为[式(2-23)]:

$$w_0 = w_T - w_P = q_1 - q_2 = q_0 \tag{7-34}$$

图 7-15 和图 7-16 中包围在循环曲线内部的面积 01230 即表示循环所作的功 w_0(或循环的净热量 q_0)。

朗肯循环的热效率为

$$\eta_t = 1 - \frac{q_2}{q_1} = 1 - \frac{h_2 - h_3}{h_1 - h_0} \tag{7-35}$$

计算循环热效率时,各状态点的焓值可由水蒸气的焓熵图或热力性质表查得。

例 7-2　某蒸汽动力装置按简单朗肯循环工作。新蒸汽参数为 $p_1 = 3$ MPa,$t_1 = 450$ ℃;乏汽压力 $p_2 = 0.005$ MPa;蒸汽流量为 60 t/h。试求:

(1) 新蒸汽每小时从锅炉吸收的热量和乏汽每小时在凝汽器中放出的热量;

(2) 蒸汽轮机发出的理论功率和水泵消耗的理论功率;

(3) 循环的理论热效率(可忽略水泵消耗的功率)。

设蒸汽轮机的相对内效率为 82%,再求:

(4) 蒸汽轮机发出的实际功率;

(5) 乏汽在凝汽器中实际放出的热量;

(6) 循环的绝对内效率(可忽略水泵消耗的功率)。

解　理论的朗肯循环和考虑蒸汽轮机内部不可逆损失的朗肯循环如图 7-18 中循环 012_s30 和循环 01230 所示。查水蒸气的焓熵图(附图 1)得

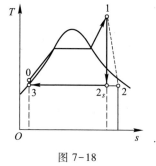

图 7-18

$h_1 = 3\ 345$ kJ/kg,　$[s_1 = 7.080$ kJ/(kg·K)$]$

$h_{2_s} = 2\ 158$ kJ/kg,　$[s_{2_s} = 7.080$ kJ/(kg·K)$]$

查饱和水与饱和水蒸气热力性质表(附表 6)得

$h_3 = 137.7$ kJ/kg,　$v_3 = 0.001\ 005\ 3$ m³/kg

由式(7-33)可知

$h_0 = h_3 + w_P \approx h_3 + v_3(p_0 - p_3)$

$= 137.7$ kJ/kg $+ 0.001\ 005\ 3$ m³/kg $\times (3 - 0.005) \times 10^6$ Pa $\times 10^{-3}$ kJ/J

$= 140.7 \text{ kJ/kg}$

另外,根据蒸汽轮机相对内效率的定义

$$\eta_{\text{ri}} = \frac{h_1 - h_2}{h_1 - h_{2s}} = \frac{3\ 345 \text{ kJ/kg} - h_2}{(3\ 345 - 2\ 158) \text{kJ/kg}} = 0.82$$

所以 $h_2 = 3\ 345 \text{ kJ/kg} - 0.82 \times (3\ 345 - 2\ 158) \text{ kJ/kg} = 2\ 372 \text{ kJ/kg}$

(1) 新蒸汽从锅炉吸收的热量

$$\dot{Q}_1 = q_m(h_1 - h_0) = 60 \times 10^3 \text{ kg/h} \times (3\ 345 - 140.7) \text{ kJ/kg} = 192.3 \times 10^6 \text{ kJ/h}$$

乏汽在凝汽器中放出的热量

$$\dot{Q}_2 = q_m(h_{2s} - h_3) = 60 \times 10^3 \text{ kg/h} \times (2\ 158 - 137.7) \text{ kJ/kg} = 121.2 \times 10^6 \text{ kJ/h}$$

(2) 蒸汽轮机发出的理论功率

$$P_{\text{T}} = q_m(h_1 - h_{2s}) = \frac{60 \times 10^3}{3\ 600} \text{ kg/s} \times (3\ 345 - 2\ 158) \text{ kJ/kg} = 19\ 783 \text{ kW}$$

水泵消耗的理论功率

$$P_{\text{P}} = q_m(h_0 - h_3) = \frac{60 \times 10^3}{3\ 600} \text{kg/s} \times (140.7 - 137.7) \text{ kJ/kg} = 50 \text{ kW}$$

或

$$P_{\text{P}} \approx q_m v_3(p_0 - p_3)$$

$$= \frac{60 \times 10^3}{3\ 600} \text{ kg/s} \times 0.001\ 005\ 3 \text{ m}^3\text{/kg} \times (3 - 0.005) \times 10^6 \text{ Pa} \times 10^{-3} \text{ kJ/J}$$

$$\approx 50 \text{ kW}$$

(3) 循环的理论热效率

$$\eta_{\text{t}} = \frac{3\ 600(P_{\text{T}} - P_{\text{P}})}{\dot{Q}_1} \approx \frac{3\ 600 P_{\text{T}}}{\dot{Q}_1} = \frac{(3\ 600 \times 19\ 783) \text{ kJ/h}}{192.3 \times 10^6 \text{ kJ/h}} = 0.37 = 37\%$$

(4) 蒸汽轮机发出的实际功率

$$P_{\text{T}}' = q_m(h_1 - h_2) = \frac{60 \times 10^3}{3\ 600} \text{ kg/s} \times (3\ 345 - 2\ 372) \text{ kJ/kg} = 16\ 217 \text{ kW}$$

或 $$P_{\text{T}}' = P_{\text{T}} \eta_{\text{ri}} = 19\ 783 \text{ kW} \times 0.82 = 16\ 222 \text{ kW}$$

(5) 乏汽在凝汽器中实际放出的热量

$$\dot{Q}_2' = q_m(h_2 - h_3) = 60 \times 10^3 \text{ kg/h} \times (2\ 372 - 137.7) \text{ kJ/kg} = 134.1 \times 10^6 \text{ kJ/h}$$

(6) 循环的绝对内效率

$$\eta_{\text{i}} \approx \frac{3\ 600 P_{\text{T}}'}{\dot{Q}_1} = \eta_{\text{t}} \eta_{\text{ri}} = 0.37 \times 0.82 = 0.303 = 30.3\%$$

7-6 蒸汽参数对朗肯循环热效率的影响

如果确定了新汽的温度(初温 T_1)、压力(初压 p_1)以及乏汽的压力(终压 p_2),那么整个朗肯循环也就确定了。因此,所谓蒸汽参数对朗肯循环热效率的影响,也就是指初温、初压和终压对朗肯循环热效率的影响。

假定新汽和乏汽压力保持为 p_1 和 p_2 不变,将新汽的温度从 T_1 提高到 $T_{1'}$ (图 7-19),结果朗肯循环的平均吸热温度有所提高($T'_{m1}>T_{m1}$),而平均放热温度未变,因而循环的热效率也就提高了($\eta'_t>\eta_t$)。

再假定新汽温度和乏汽压力保持为 T_1 和 p_2 不变,将新汽压力由 p_1 提高到 $p_{1'}$(图 7-20)。在通常情况下,这也能提高朗肯循环的平均吸热温度($T'_{m1}>T_{m1}$),而平均放热温度不变,因而可以提高循环的热效率。

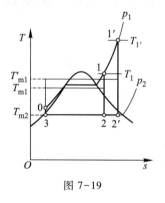

图 7-19

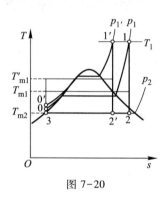

图 7-20

虽然提高新汽的温度和压力都能提高朗肯循环的热效率,但是应该指出,单独提高初压会使膨胀终了时乏汽的湿度增大(图 7-20 中 $y'_2>y_2$)。乏汽湿度过大,不仅影响蒸汽轮机最末几级的工作效率,而且危及安全。提高初温则可降低膨胀终了时乏汽的湿度(图 7-19 中 $y'_2<y_2$)。所以,蒸汽的初温和初压一般都是同时提高的,这样既可避免单独提高初压带来的乏汽湿度增大的问题,又可使循环热效率的增长更为显著。提高蒸汽的初温和初压一直是蒸汽动力装置的发展方向。

再来分析乏汽压力对朗肯循环热效率的影响。假定新汽温度和压力保持为 T_1 和 p_1 不变,将乏汽压力由 p_2 降低到 $p_{2'}$(图 7-21),结果循环的平均放热温度显著降低了,而平均吸热温度降低很少,因此随着乏汽压力的降低,朗肯循环的

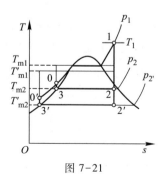

图 7-21

热效率有显著的提高。但是由于乏汽温度(即相应于乏汽压力的饱和温度)充其量也只能降低到和天然冷源(大气、海水等)的温度相等,因此乏汽压力的降低是有限度的。目前大型蒸汽动力装置的乏汽压力$p_2 \approx 0.004$ MPa(相应的饱和温度为 29 ℃),可以说已经到了下限。

*7-7 提高蒸汽动力循环热效率的其他途径

提高蒸汽动力循环热效率的方法,除了提高初温、初压,降低终压外,还有其他途径,如采用蒸汽再热(再热循环)和抽汽回热(回热循环)等。

1. 再热循环

图 7-22 表示一个采用再热循环的蒸汽动力装置。过热水蒸气在蒸汽轮机中并不一下子膨胀到最低压力,而是膨胀到某个中间压力,接着到再热器中再次加热,然后到第二段蒸汽轮机中继续膨胀。其他过程和朗肯循环相同。

再热循环在温熵图中如图 7-23 所示。只要再热参数($p_{1'}$、$t_{1'}$)选择得合理,再热循环(循环 $01a1'2'30$)的热效率就会比朗肯循环(循环 01230)的热效率高(图 7-23 中再热循环的平均吸热温度高于朗肯循环的平均吸热温度,$T'_{m1} > T_{m1}$,而二者的平均放热温度相同)。采用再热循环还可以显著地降低乏汽的湿度($y'_2 < y_2$)。目前,大型超高压蒸汽动力装置几乎都采用再热循环。

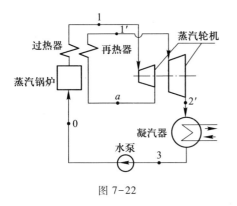

图 7-22

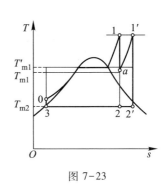

图 7-23

再热循环的热效率可计算如下:

$$\eta_{t再热} = 1 - \frac{q_2}{q_1} = 1 - \frac{h_{2'} - h_3}{(h_1 - h_0) + (h_{1'} - h_a)} \qquad (7-36)$$

2. 回热循环

在朗肯循环中,定压吸热过程(图 7-16 中过程 $0 \to 1$)的平均吸热温度远低于新汽温度,这主要是由于水的预热过程温度较低。如能设法使吸热过程不包括这一段水的预热过程,那么平均吸热温度将会提高不少,因而循环的热效率也就能相应地得到提高。采用抽汽回热来预热给水正是出于这种考虑。

图 7-24 表示一个采用二次抽汽回热的蒸汽动力装置。这个抽汽循环在温熵图中如图 7-25 所示。从蒸汽轮机的不同中间部位抽出一小部分不同压力的蒸汽,使它们定压冷却,完全凝结(过程 $a \to a'$、$b \to b'$),放出的热量用来预热锅炉的给水(过程 $b'' \to a'$、$c \to b'$),其余大部分蒸汽在蒸汽轮机中继续膨胀作功。这样一来,使蒸汽锅炉中的吸热过程变为 $a'' \to 1$,提高了吸热平均温度,从而提高了循环的热效率。抽汽回热是提高蒸汽动力装置循环热效率的切实可行和行之有效的方法,因而几乎所有火力发电厂中的蒸汽动力装置都采用这种抽汽的回热循环。抽汽次数少则三、四次,多则五、六次,有的甚至高达七、八次。

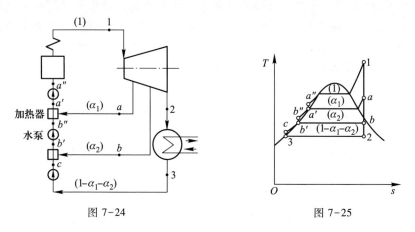

图 7-24   图 7-25

抽汽量可按质量守恒和能量平衡方程求出。假定进入蒸汽轮机的水蒸气量为 1 kg;第一、第二次抽汽率分别为 α_1、α_2,则可得(不考虑散热损失):

$$\alpha_1(h_a - h_{a'}) = (1 - \alpha_1)(h_{a'} - h_{b''})$$

$$\alpha_2(h_b - h_{b'}) = (1 - \alpha_1 - \alpha_2)(h_{b'} - h_c)$$

从而解得

$$\left. \begin{aligned} \alpha_1 &= \frac{h_{a'} - h_{b''}}{h_a - h_{b''}} \\ \alpha_2 &= (1 - \alpha_1)\frac{h_{b'} - h_c}{h_b - h_c} \end{aligned} \right\} \tag{7-37}$$

回热循环的热效率为

$$\eta_{t回热} = 1 - \frac{Q_2}{Q_1} = 1 - \frac{(1 - \alpha_1 - \alpha_2)(h_2 - h_3)}{h_1 - h_{a''}} \tag{7-38}$$

式(7-37)和式(7-38)中各状态点的焓值可以根据给定的条件从水蒸气图表中查得。

例 7-3 某回热并再热的蒸汽动力循环如图 7-26 所示。已知初压 p_1 = 10 MPa,初温 t_1 = 500 ℃;第一次抽汽压力,亦即再热压力 p_a = $p_{1'}$ = 1.5 MPa,再热温度 $t_{1'}$ = 500 ℃;第二次抽汽压力 p_b = 0.13 MPa;终压 p_2 = 0.005 MPa。试求该循环的理论热效率。它比相同参数的朗肯循环(循环 01230)的理论热效率提高了多少?

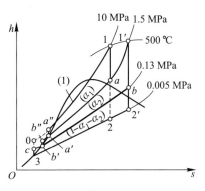

图 7-26

解 查水蒸气的焓熵图和水蒸气热力性质表,得各状态点的焓值为:

h_1 = 3 376 kJ/kg, $[s_1$ = 6.595 kJ/(kg·K)]

$h_{1'}$ = 3 475 kJ/kg, $[s_{1'}$ = 7.565 kJ/(kg·K)]

$\quad h_a$ = 2 866 kJ/kg, $\quad h_b$ = 2 810 kJ/kg

$\quad h_{2'}$ = 2 308 kJ/kg, $\quad h_2$ = 2 008 kJ/kg

$\quad h_3$ = 137.7 kJ/kg, $\quad h_c$ = 137.8 kJ/kg

$\quad h_0$ = 147.7 kJ/kg, $\quad h_{b'}$ = 449.2 kJ/kg

$\quad h_{b''}$ = 450.6 kJ/kg, $\quad h_{a'}$ = 844.8 kJ/kg

$\quad h_{a''}$ = 854.6 kJ/kg

计算抽汽率

$$\alpha_1 = \frac{h_{a'} - h_{b''}}{h_a - h_{b''}} = \frac{(844.8 - 450.6)\text{kJ/kg}}{(2\ 866 - 450.6)\ \text{kJ/kg}} = 0.163\ 2 = 16.32\%$$

$$\alpha_2 = (1 - \alpha_1)\frac{h_{b'} - h_c}{h_b - h_c} = (1 - 0.163\ 2)\frac{(449.2 - 137.8)\ \text{kJ/kg}}{(2\ 810 - 137.8)\ \text{kJ/kg}} = 0.097\ 5 = 9.75\%$$

再热、回热循环的理论热效率为

$$\eta_{t再热,回热} = 1 - \frac{Q_2}{Q_1} = 1 - \frac{(1 - \alpha_1 - \alpha_2)(h_{2'} - h_3)}{(h_1 - h_{a''}) + (1 - \alpha_1)(h_{1'} - h_a)}$$

$$= 1 - \frac{(1 - 0.163\ 2 - 0.097\ 5) \times (2\ 308 - 137.7)\text{kJ/kg}}{(3\ 376 - 854.6)\text{kJ/kg} + (1 - 0.163\ 2) \times (3\ 475 - 2\ 866)\ \text{kJ/kg}}$$

$$= 0.470\ 6 = 47.06\%$$

相同参数的朗肯循环的理论热效率为

$$\eta_t = 1 - \frac{q_2}{q_1} = 1 - \frac{h_2 - h_3}{h_1 - h_0} = 1 - \frac{(2\ 008 - 137.7)\ \text{kJ/kg}}{(3\ 376 - 147.7)\ \text{kJ/kg}} = 0.420\ 7 = 42.07\%$$

前者比后者热效率提高的百分率为

$$\frac{\Delta\eta_t}{\eta_t} = \frac{0.470\ 6 - 0.420\ 7}{0.420\ 7} = 0.118\ 6 \approx 11.86\%$$

思 考 题

1. 理想气体的热力学能只是温度的函数,而实际气体的热力学能则和温度及压力都有关。试根据水蒸气图表中的数据,举例计算过热水蒸气的热力学能以验证上述结论。

2. 根据式(3-31)$\left[c_p = \left(\dfrac{\partial h}{\partial T}\right)_p\right]$可知:在定压过程中 $dh = c_p dT$。这对任何物质都适用,只要过程是定压的。如果将此式应用于水的定压汽化过程,则得 $dh = c_p dT = 0$(因为水定压汽化时温度不变,$dT = 0$)。然而众所周知,水在汽化时焓是增加的($dh > 0$)。问题到底出在哪里?

3. 物质的临界状态究竟是怎样一种状态?

4. 各种气体动力循环和蒸汽动力循环,经过理想化以后可按可逆循环进行计算,但所得理论热效率即使在温度范围相同的条件下也并不相等。这和卡诺定理相矛盾吗?

5. 能否在蒸汽动力循环中将全部蒸汽抽出来用于回热(这样就可以取消凝汽器,$Q_2 = 0$),从而提高热效率?能否不让乏汽凝结放出热量 Q_2,而用压缩机将乏汽直接压入锅炉,从而减少热能损失,提高热效率?

习 题

7-1 利用水蒸气的焓熵图填充下列空白:

状态	p/MPa	t/℃	h/(kJ/kg)	s/[kJ/(kg·K)]	干度 x/%	过热度 D/℃
1	5	500				
2	0.3		2 550			
3		180		6.0		
4	0.01				90	
5		400				150

7-2 已知下列各状态:(1) $p = 3$ MPa,$t = 300$ ℃;(2) $p = 5$ MPa,$t = 155$ ℃;(3) $p = 0.3$ MPa,$x = 0.92$。试利用水和水蒸气热力性质表查出或计算出各状态的比体积、焓、熵和热力学能。

7-3 试利用计算机,通过对式(7-2)的计算,列出一个从三相点到临界点饱和蒸汽压随温度变化的关系表(从 0 ℃开始,温度间隔取 10 ℃),并与附表 5 中的数据对照。

7-4 某锅炉每小时生产 10 t 水蒸气,其压力为 1 MPa,温度为 350 ℃。锅炉给水温度为 40 ℃,压力为 1.6 MPa。已知锅炉效率为

$$\eta_B = \frac{蒸汽吸收的热量}{燃料可产生的热能} = 80\%$$

煤的发热量 $H_y = 29\ 000$ kJ/kg。求每小时的耗煤量。

7-5　过热水蒸气的参数为 $p_1 = 13$ MPa、$t_1 = 550$ ℃。在蒸汽轮机中定熵膨胀到 $p_2 = 0.005$ MPa。蒸汽流量为 130 t/h。求蒸汽轮机的理论功率和出口处乏汽的湿度。若蒸汽轮机的相对内效率 $\eta_{ri} = 85\%$，求蒸汽轮机的功率和出口处乏汽的湿度，并计算因不可逆膨胀造成蒸汽比熵的增加。

7-6　一台功率为 200 MW 的蒸汽轮机，其耗汽率 $d = 3.1$ kg/(kW·h)。乏汽压力为 0.004 MPa，干度为 0.9，在凝汽器中全部凝结为饱和水（图 7-27）。已知冷却水进入凝汽器时的温度为 10 ℃，离开时的温度为 18 ℃，水的比定压热容为 4.187 kJ/(kg·K)，求冷却水流量。

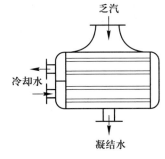

图 7-27

7-7　已知朗肯循环的蒸汽初压 $p_1 = 10$ MPa，终压 $p_2 = 0.005$ MPa；初温为（1）500 ℃；（2）550 ℃。试求循环的平均吸热温度、理论热效率和耗汽率[kg/(kW·h)]。

7-8　已知朗肯循环的初温 $t_1 = 500$ ℃，终压 $p_2 = 0.005$ MPa。初压为（1）10 MPa；（2）15 MPa。试求循环的平均吸热温度、理论热效率和乏汽湿度。

***7-9**　某蒸汽动力装置采用再热循环。已知新汽参数为 $p_1 = 14$ MPa、$t_1 = 550$ ℃，再热蒸汽的压力为 3 MPa，再热后温度为 550 ℃，乏汽压力为 0.004 MPa。试求它的理论热效率比不再热的朗肯循环高多少，并将再热循环表示在压容图和焓熵图中。

***7-10**　某蒸汽动力装置采用二次抽汽回热。已知新汽参数为 $p_1 = 14$ MPa、$t_1 = 550$ ℃，第一次抽汽压力为 2 MPa，第二次抽汽压力为 0.16 MPa，乏汽压力为 0.005 MPa。试问：（1）它的理论热效率比不回热的朗肯循环高多少？（2）耗汽率比朗肯循环增加了多少？（3）为什么热效率提高了而耗汽率反而增加呢？

第八章 制冷循环

随着冰箱、冰柜和空调设备大量进入人们的生活,制冷装置已得到十分广泛的应用。本章讲述各类制冷装置的工作原理,分析其理论循环的性能及影响性能系数的因素,指出提高性能系数的基本途径。

8-1 逆向卡诺循环

热功转换装置中,除了使热能转变为机械能的动力装置外,还有一类使热能从温度较低的物体转移到温度较高的物体的装置,这就是**制冷机**和**热泵**。在制冷机(或热泵)中进行的循环,其方向正好和动力循环相反,这种逆向循环称为制冷循环(或供热循环)。如果说卡诺循环是理想的动力循环,那么逆向卡诺循环则是理想的制冷循环(或供热循环)。

设有一逆向卡诺循环工作在冷库温度 T_R 和大气温度 T_0 之间。它消耗功 w_0,同时从冷库吸收热量 q_2,并向大气放出热量 q_1(图 8-1)。

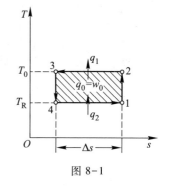

图 8-1

制冷循环的热经济性用制冷系数衡量。制冷系数是制冷剂(制冷装置中的工质)从冷库吸取的热量与循环消耗的净功的比值:

$$\varepsilon = \frac{收获}{消耗} = \frac{q_2}{w_0} \tag{8-1}$$

逆向卡诺循环的制冷系数为

$$\varepsilon_C = \frac{q_2}{w_0} = \frac{T_R \Delta s}{(T_0 - T_R) \Delta s} = \frac{T_R}{T_0 - T_R} = \frac{1}{\dfrac{T_0}{T_R} - 1} \tag{8-2}$$

当大气温度 T_0 一定时,冷库温度 T_R 愈低,则制冷系数愈小。制冷系数可以大于1,也可以小于 1。如果取 $T_0 = 300$ K,那么当 $T_R < 150$ K 时,逆向卡诺循环的制冷系数 $\varepsilon_C < 1$。因此,在深度冷冻的情况下,制冷系数通常都小于 1,而在冷库温度不很低的情况下,制冷系数往往大于 1。

利用逆向卡诺循环也可以达到供热的目的,这时循环工作在大气温度 T_0 和供热温度 T_H 之间(图 8-2)。供热装置(即热泵)消耗功 w_0(这功转变为热 q_0),同时从大气吸取热量 q_2,并向供热对象放出热量 q_1($q_1 = q_0 + q_2$)。

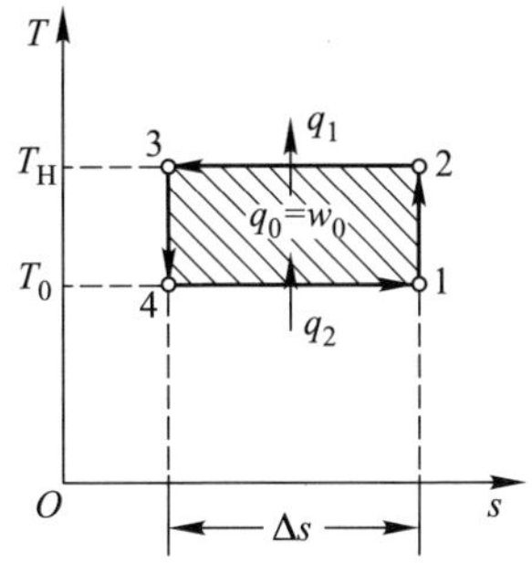

供热循环的热经济性用供热系数衡量。供热系数是热泵的供热量 q_1 和净耗功量 w_0 的比值:

$$\zeta = \frac{收获}{消耗} = \frac{q_1}{w_0} \qquad (8-3)$$

逆向卡诺循环的供热系数为

$$\zeta_C = \frac{q_1}{w_0} = \frac{T_H \Delta s}{(T_H - T_0)\Delta s} = \frac{T_H}{T_H - T_0} = \frac{1}{1 - \dfrac{T_0}{T_H}} \qquad (8-4)$$

图 8-2

当大气温度一定时,供热温度愈高,供热系数愈小。供热系数一定大于1。

供热循环和制冷循环在热力学原理上没有什么两样,只是使用目的和工作的温度范围不同罢了,所以在后面各节中将只讨论制冷循环。

8-2 空气压缩制冷循环

图 8-3 表示空气压缩制冷装置。它包括压气机、冷却器、膨胀机和冷库四部分。从冷库出来的具有较低温度和较低压力的空气在压气机中被绝热压缩至较高压力和较高温度(图 8-4 中过程 1→2),又在冷却器中定压冷却到接近大气温度(过程 2→3),然后将这经过冷却的压缩空气送到膨胀机中绝热膨胀到较低压力,温度降到冷库温度以下(过程 3→4)。最后低压、低温的冷空气在冷库中定压吸热(过程 4→1),从而达到制冷的目的。

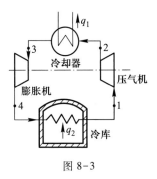

图 8-3

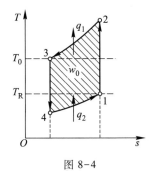

图 8-4

空气压缩制冷循环的制冷系数为

$$\varepsilon = \frac{q_2}{w_0} = \frac{h_1 - h_4}{(h_2 - h_1) - (h_3 - h_4)} \qquad (a)$$

如果将空气作定比热容理想气体处理,则从式(a)得

$$\varepsilon = \frac{c_{p0}(T_1 - T_4)}{c_{p0}(T_2 - T_1) - c_{p0}(T_3 - T_4)} = \frac{T_1 - T_4}{(T_2 - T_1) - (T_3 - T_4)} \qquad (b)$$

设压气机增压比为

$$\pi = \frac{p_2}{p_1}$$

并认为压缩和膨胀过程均为可逆绝热(定熵)过程,则可得

$$\left. \begin{array}{l} T_1 = T_R \\[2mm] T_2 = T_1 \left(\dfrac{p_2}{p_1}\right)^{\frac{\gamma_0 - 1}{\gamma_0}} = T_R \pi^{\frac{\gamma_0 - 1}{\gamma_0}} \\[3mm] T_3 = T_0 \\[2mm] T_4 = T_3 \left(\dfrac{p_4}{p_3}\right)^{\frac{\gamma_0 - 1}{\gamma_0}} = T_0 \left(\dfrac{1}{\pi}\right)^{\frac{\gamma_0 - 1}{\gamma_0}} \end{array} \right\} \qquad (c)$$

将式(c)代入式(b)得

$$\varepsilon = \frac{T_R - T_0/\pi^{\frac{\gamma_0 - 1}{\gamma_0}}}{\left(T_R \pi^{\frac{\gamma_0 - 1}{\gamma_0}} - T_R\right) - \left(T_0 - T_0/\pi^{\frac{\gamma_0 - 1}{\gamma_0}}\right)} = \frac{T_R - T_0/\pi^{\frac{\gamma_0 - 1}{\gamma_0}}}{\left(\pi^{\frac{\gamma_0 - 1}{\gamma_0}} - 1\right)\left(T_R - T_0/\pi^{\frac{\gamma_0 - 1}{\gamma_0}}\right)}$$

即

$$\varepsilon = \frac{1}{\pi^{\frac{\gamma_0 - 1}{\gamma_0}} - 1} = \frac{1}{\dfrac{T_2}{T_R} - 1} \qquad (8-5)$$

在相同的大气温度和冷库温度下,逆向卡诺循环的制冷系数为[式(8-2)]:

$$\varepsilon_C = \frac{1}{\dfrac{T_0}{T_R} - 1}$$

显然,由于 $T_2 > T_0$,所以 $\varepsilon < \varepsilon_C$。

从式(8-5)可以看出:增压比愈大(或 T_2 愈高),空气压缩制冷循环的制冷系数愈小。

是否可以降低增压比来提高空气压缩制冷循环的制冷系数呢?在理论上当然是可以的。但是,降低增压比会减少每千克空气的制冷量,而压缩空气的制冷能力由于空气的比定压热容较小本来就已经嫌小了。另外,不适当地降低增压比还可能引起实际制冷系数(即考虑压气机和膨胀机等设备不可逆损失的制冷

系数)反而降低(参看本节例 8-1)。一种可行的办法是采用回热循环(图 8-5、图 8-6 中循环 $1_r 2_r 3_r 41_r$)。

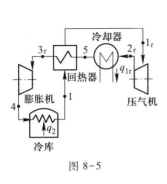

图 8-5

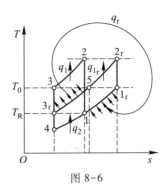

图 8-6

从图 8-6 可以看出:采用回热循环后,在理论上,制冷能力(过程 4→1 的吸热量 q_2)以及循环消耗的净功、向外界排出的热量与没有回热的循环(循环 12341)相比,显然都没有变($w_{0r} = w_0$;$q_{1r} = q_1$),所以理论的制冷系数也没有变。但是,采用回热后,循环的增压比降低,从而使压气机消耗的功和膨胀机所作的功减少了同一数量,这就减轻了压气机和膨胀机的工作负担,使它们在较小的压力范围内工作,因而机器可以设计得比较简单而轻小。另外,如果考虑压气机和膨胀机中过程的不可逆性(图 8-7),那么因采用回热,压气机少消耗的功将不是等于而是大于膨胀机少作的功。因此,制冷机实际消耗的净功

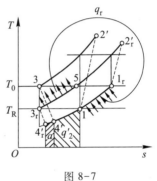

图 8-7

将因采用回热而减少(参看本节例 8-2)。与此同时,每千克空气的制冷量也相应地有所增加(增加量如图 8-7 中面积 a 所示)。所以,采用回热措施能提高空气压缩制冷循环的实际制冷系数。由于空气压缩制冷循环采用回热后具有上述各种优点,它在深度冷冻、气体液化等方面获得了实际的应用。

例 8-1 考虑压气机和膨胀机不可逆损失的空气压缩制冷循环如图 8-7 中循环 $12'34'1$ 所示。已知大气温度 $T_0 = 300$ K,冷库温度 $T_R = 265$ K,压气机的绝热效率和膨胀机的相对内效率均为 0.82。试计算增压比分别为 2、3、4、5、6 时循环的实际制冷系数(按定比热容理想气体计算)。

解 考虑到压气机和膨胀机的不可逆损失,循环的实际制冷系数为

$$\varepsilon' = \frac{q_2'}{w_C' - w_T'} = \frac{h_1 - h_{4'}}{(h_{2'} - h_1) - (h_3 - h_{4'})} = \frac{(h_3 - h_{4'}) - (h_3 - h_1)}{(h_{2'} - h_1) - (h_3 - h_{4'})}$$

$$= \frac{(h_3 - h_4)\eta_{ri} - (h_3 - h_1)}{(h_2 - h_1)\dfrac{1}{\eta_{C,s}} - (h_3 - h_4)\eta_{ri}} = \frac{(T_3 - T_4)\eta_{ri} - (T_3 - T_1)}{(T_2 - T_1)\dfrac{1}{\eta_{C,s}} - (T_3 - T_4)\eta_{ri}}$$

$$= \frac{\left(1 - \dfrac{T_4}{T_3}\right)\eta_{ri} - \left(1 - \dfrac{T_1}{T_3}\right)}{\dfrac{T_1}{T_3}\left(\dfrac{T_2}{T_1} - 1\right)\dfrac{1}{\eta_{C,s}} - \left(1 - \dfrac{T_4}{T_3}\right)\eta_{ri}} = \frac{\left(1 - 1/\pi^{\frac{\gamma_0 - 1}{\gamma_0}}\right)\eta_{ri} - \left(1 - \dfrac{T_R}{T_0}\right)}{\dfrac{T_R}{T_0}\left(\pi^{\frac{\gamma_0 - 1}{\gamma_0}} - 1\right)\dfrac{1}{\eta_{C,s}} - \left(1 - 1/\pi^{\frac{\gamma_0 - 1}{\gamma_0}}\right)\eta_{ri}}$$

$$= \frac{\eta_{ri} - \left(1 - \dfrac{T_R}{T_0}\right) \Big/ \left(1 - 1/\pi^{\frac{\gamma_0 - 1}{\gamma_0}}\right)}{\dfrac{T_R}{T_0}\pi^{\frac{\gamma_0 - 1}{\gamma_0}}\dfrac{1}{\eta_{C,s}} - \eta_{ri}}$$

$$= f\left(\pi, \frac{T_R}{T_0}, \eta_{C,s}, \eta_{ri}, \gamma_0\right)$$

令 $\eta_{C,s} = \eta_{ri} = 0.82$，$\dfrac{T_R}{T_0} = \dfrac{265\ \text{K}}{300\ \text{K}} = 0.883\ 3$，$\gamma_0 = 1.4$，则可计算出不同增压比下循环的实际制冷系数如下表所示：

π	2	3	4	5	6
ε'	0.346 0	0.591 2	0.593 4	0.568 2	0.541 1

图 8-8 画出了 $\varepsilon' = f(\pi)$ 的曲线。从图中可以看出：相应于 ε' 的最大值(0.599 7)有一最佳增压比(3.45)。选取太大或太小的增压比都会引起实际制冷系数的下降。

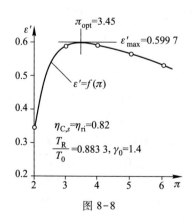

图 8-8

例 8-2　空气压缩制冷循环如图 8-6、图 8-7 所示。已知大气温度 $T_0 = T_3 = T_5 = T_{1r} = 293$ K，冷库温度 $T_R = T_{3r} = T_1 = 263$ K，压气机增压比 $\pi = \dfrac{p_2}{p_1} = \dfrac{p_3}{p_4} = 3$，压气机理论出口温度 $T_2 = T_{2r}$。试针对回热和不回热两种情况求(按定比热容理想气体计算)：

(1) 压气机消耗的理论功；

（2）膨胀机作出的理论功；

（3）每千克空气的理论制冷量；

（4）理论制冷系数。

设压气机的绝热效率和膨胀机的相对内效率均为 85%，其他条件不变，再对回热和不回热两种情况求：

（5）压气机实际消耗的功；

（6）膨胀机实际作出的功；

（7）每千克空气的实际制冷量；

（8）实际制冷系数。

解 A. 理论情况

（1）压气机消耗的理论功

不回热：
$$w_C = \frac{\gamma_0 - 1}{\gamma_0} R_g T_1 \left(\pi^{\frac{\gamma_0 - 1}{\gamma_0}} - 1 \right)$$

$$= \frac{1.4}{1.4 - 1} \times 0.287\ 1\ \text{kJ/(kg} \cdot \text{K)} \times 263\ \text{K} \times \left(3^{\frac{1.4-1}{1.4}} - 1 \right)$$

$$= 97.45\ \text{kJ/kg}$$

回热：
$$w_{C,r} = h_{2r} - h_{1r} = c_{p0}(T_{2r} - T_{1r}) = c_{p0}(T_2 - T_{1r})$$

$$= c_{p0}\left(T_1 \pi^{\frac{\gamma_0 - 1}{\gamma_0}} - T_{1r} \right) = 1.005\ \text{kJ/(kg} \cdot \text{K)} \times \left(263 \times 3^{\frac{1.4-1}{1.4}} - 293 \right) \text{K}$$

$$= 67.31\ \text{kJ/kg}$$

$$w_C - w_{C,r} = (97.45 - 67.31)\ \text{kJ/kg} = 30.14\ \text{kJ/kg}$$

（2）膨胀机作出的理论功

不回热：
$$w_T = \frac{\gamma_0 - 1}{\gamma_0} R_g T_3 \left(1 - 1/\pi^{\frac{\gamma_0 - 1}{\gamma_0}} \right)$$

$$= \frac{1.4}{1.4 - 1} \times 0.287\ 1\ \text{kJ/(kg} \cdot \text{K)} \times 293\ \text{K} \times \left(1 - 1/3^{\frac{1.4-1}{1.4}} \right)$$

$$= 79.32\ \text{kJ/kg}$$

回热：
$$w_{T,r} = h_{3r} - h_4 = c_{p0}(T_{3r} - T_4) = c_{p0}\left(T_{3r} - T_3/\pi^{\frac{\gamma_0 - 1}{\gamma_0}} \right)$$

$$= 1.005\ \text{kJ/(kg} \cdot \text{K)} \times \left(263 - 293/3^{\frac{1.4-1}{1.4}} \right) \text{K} = 49.18\ \text{kJ/kg}$$

$$w_T - w_{T,r} = (79.32 - 49.18)\ \text{kJ/kg} = 30.14\ \text{kJ/kg} = w_C - w_{C,r}$$

采用回热后由于减小了增压比，压气机将少消耗功。这少消耗的功在理论上正好等于膨胀机少作出的功。

（3）每千克空气的理论制冷量（回热与不回热相同）

$$q_2 = h_1 - h_4 = h_{3_r} - h_4 = w_{T,r} = 49.18 \text{ kJ/kg}$$

（4）理论制冷系数（回热与不回热一样）

$$\varepsilon = \varepsilon_r = \frac{q_2}{w_C - w_T} = \frac{q_2}{w_{C,r} - w_{T,r}} = \frac{49.18 \text{ kJ/kg}}{18.13 \text{ kJ/kg}} = 2.713$$

也可以根据式（8-5）求得理论制冷系数：

$$\varepsilon = \frac{1}{\pi^{\frac{\gamma_0 - 1}{\gamma_0}} - 1} = \frac{1}{3^{\frac{1.4-1}{1.4}} - 1} = 2.712$$

B. 考虑压气机和膨胀机的不可逆损失（$\eta_{C,s} = \eta_{ri} = 0.85$）

（5）压气机实际消耗的功

不回热：
$$w_C' = h_{2'} - h_1 = \frac{w_C}{\eta_{C,s}} = \frac{97.45 \text{ kJ/kg}}{0.85 \text{ kJ/kg}} = 114.65 \text{ kJ/kg}$$

回热：
$$w_{C,r}' = h_{2'r} - h_{1r} = \frac{w_{C,r}}{\eta_{C,s}} = \frac{67.31 \text{ kJ/kg}}{0.85} = 79.19 \text{ kJ/kg}$$

$$w_C' - w_{C,r}' = (114.65 - 79.19) \text{ kJ/kg} = 35.46 \text{ kJ/kg}$$

（6）膨胀机实际作出的功

不回热：　　　$w_T' = h_3 - h_{4'} = w_T \eta_{ri} = 79.32 \text{ kJ/kg} \times 0.85 = 67.42 \text{ kJ/kg}$

回热：　　　$w_{T,r}' = h_{2r} - h_{4'r} = w_{T,r} \eta_{ri} = 49.18 \text{ kJ/kg} \times 0.85 = 41.80 \text{ kJ/kg}$

$$w_T' - w_{T,r}' = (67.42 - 41.80) \text{ kJ/kg} = 25.62 \text{ kJ/kg} < 35.46 \text{ kJ/kg} = w_C' - w_{C,r}'$$

采用回热后压气机少消耗的功大于膨胀机少作出的功。

（7）每千克空气的实际制冷量

不回热：　$q_2' = h_1 - h_{4'} = (h_1 - h_3) + (h_3 - h_{4'}) = c_{p0}(T_1 - T_3) + w_T'$

$$= 1.005 \text{ kJ/(kg} \cdot \text{K)} \times (263 - 293) \text{ K} + 67.42 \text{ kJ/kg} = 37.27 \text{ kJ/kg}$$

回热：　　　$q_{2r}' = h_1 - h_{4'r} = h_{3r} - h_{4'r} = w_{T,r}' = 41.80 \text{ kJ/kg}$

回热后每千克空气增加的制冷量：

$$q_{2r}' - q_2' = (41.80 - 37.27) \text{ kJ/kg} = 4.53 \text{ kJ/kg}（相当于图 8 - 7 中面积 } a）$$

（8）实际制冷系数

不回热：　　　$\varepsilon' = \dfrac{q_2'}{w_C' - w_T'} = \dfrac{37.27 \text{ kJ/kg}}{(114.65 - 67.42) \text{ kJ/kg}} = 0.789\ 1$

回热：　　　$\varepsilon_r' = \dfrac{q_{2r}'}{w_{C,r}' - w_{T,r}'} = \dfrac{41.80 \text{ kJ/kg}}{(79.19 - 41.80) \text{ kJ/kg}} = 1.118$

$$\varepsilon_r' > \varepsilon'$$

回热后提高了实际制冷系数。

8-3　蒸气压缩制冷循环

利用一些低沸点物质作制冷剂，在其饱和区中实现逆向卡诺循环，这在原则上是可行的,因为在饱和区中实现定温过程毫无困难(图 8-9)。但是考虑到工作在湿蒸气区的压气机和膨胀机(特别是膨胀机),由于湿度很大,不仅效率低,而且工作不可靠,因此实际的蒸气压缩制冷循环都取消膨胀机而代之以节流阀(图 8-10)。这样虽然损失一些功和制冷量(图 8-11 中 $h_{4'} - h_4$),但设备要简单可靠得多,而且节流阀更便于调节。另外,压气机采用干蒸气压缩。这样虽然压气机多消耗一些功($h_{2'} - h_{1'} > h_2 - h_1$),但压气机的工作稳定,效率提高,而且制冷量也有所增加(增加了 $h_{1'} - h_1$)。所以,蒸气压缩式制冷机一般都采用这种干蒸气压缩制冷循环(循环 $1'2'34'1'$)。

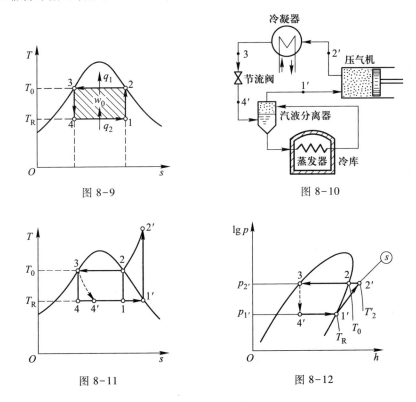

图 8-9

图 8-10

图 8-11

图 8-12

这种蒸气压缩制冷循环的制冷系数为

$$\varepsilon = \frac{q_2}{w_0} = \frac{q_2}{w_C} = \frac{h_{1'} - h_{4'}}{h_{2'} - h_{1'}} = \frac{h_{1'} - h_3}{h_{2'} - h_{1'}} \qquad (8-6)$$

若考虑压气机的不可逆损失,则其制冷系数为

$$\varepsilon' = \frac{q_2}{w_0'} = \frac{q_2}{w_0 / \eta_{C,s}} = \frac{h_{1'} - h_3}{h_{2'} - h_{1'}} \eta_{C,s} \qquad (8-7)$$

式中,$\eta_{C,s}$ 为压气机的绝热效率。

式(8-6)和式(8-7)中各状态点的焓值可在制冷剂热力性质的专用图表中查得。最常用的制冷剂热力性质图是压焓图(lg p-h 图,参看附图 2、附图 3)。蒸气压缩制冷循环在压焓图中的表示如图 8-12 中循环 $1'2'34'1'$ 所示。

由于蒸气压缩制冷循环在冷库中的吸热过程是最有利的定温吸热汽化过程,冷凝器中的冷却过程也有一段是定温过程,因此制冷系数比较大。另外,制冷剂的汽化潜热相对于气体的吸热能力来说一般都大得多,因此每千克制冷剂的制冷量较大,设备比较紧凑。还可以根据制冷的温度范围选择适当的制冷剂,以达到更好的效果。正因为蒸气压缩式制冷机有以上一系列优点,所以得到了广泛的应用。

例 8-3　某蒸气压缩式制冷机,用氨作制冷剂,制冷量为 10^5 kJ/h,冷凝器出口氨饱和液的温度为 300 K,节流后温度为 260 K。试求:

(1) 每千克氨的吸热量;

(2) 氨的流量;

(3) 压气机消耗的功率(不考虑不可逆损失);

(4) 压气机工作的压力范围;

(5) 冷却水带走的热量(kJ/h);

(6) 制冷系数。

解　参看图 8-11 和图 8-12。

查氨的压焓图(附图 2)得

$$h_{1'} = 1\,570 \text{ kJ/kg}, \quad h_{2'} = 1\,770 \text{ kJ/kg}, \quad h_3 = h_{4'} = 450 \text{ kJ/kg}$$

(1) 每千克氨的吸热量

$$q_2 = h_{1'} - h_{4'} = (1\,570 - 450) \text{ kJ/kg} = 1\,120 \text{ kJ/kg}$$

(2) 氨的流量

$$q_m = \frac{\dot{Q}_2}{q_2} = \frac{10^5 \text{ kJ/h}}{1\,120 \text{ kJ/kg}} = 89.29 \text{ kg/h} = 0.024\,80 \text{ kg/s}$$

(3) 压气机消耗的功率

$$P_C = q_m w_C = q_m(h_{2'} - h_{1'}) = 0.024\,8 \text{ kg/s} \times (1\,770 - 1\,570) \text{ kJ/kg} = 4.96 \text{ kW}$$

(4) 压气机工作的压力范围即 260 K 和 300 K 所对应的饱和压力。查压焓图得此压力范围为

$$0.255 \sim 1.06 \text{ MPa}$$

(5) 冷却水带走的热量

$$\dot{Q}_1 = q_m q_1 = q_m(h_{2'} - h_3)$$
$$= 89.29 \text{ kg/h} \times (1\,770 - 450) \text{ kJ/kg} = 0.117\,9 \times 10^6 \text{ kJ/h}$$

(6) 制冷系数

$$\varepsilon = \frac{q_2}{w_{\mathrm{C}}} = \frac{q_2}{P_{\mathrm{C}}/q_m} = \frac{1\ 120\ \mathrm{kJ/kg}}{4.96\ \mathrm{kJ/s}\Big/0.024\ 8\ \mathrm{kg/s}} = 5.60$$

8-4 制冷剂的热力性质

蒸气压缩式制冷机中采用的制冷剂一般都是低沸点物质。常用的有氨及各种不同化学组成的氯氟烃,如氟烃、烷烃等。由于氯氟烃中的氯原子对大气中的臭氧层有破坏作用,国际上已开始禁用这些物质,并逐步采用不含氯原子的制冷工质,如 R134a、R152a 以及烷烃如丙烷、异丁烷等。制冷剂的热力性质影响到制冷装置的结构、所用材料及工作压力等,在选择制冷剂时应考虑到以下一些热力性质上的要求:

(1) 对应于大气温度的饱和压力不要太高,以降低压气机成本和对设备强度、密封等方面的要求。

(2) 对应于冷库温度的饱和压力不要太低,最好稍高于大气压力,以免为维持真空度而引起麻烦。

(3) 在冷库温度下的汽化潜热要大,以使单位质量的制冷剂具有较大的制冷能力。

(4) 液体比热容要小。也就是说在温熵图中的饱和液体线要陡,这样就可以减小因节流而损失的功和制冷量。

节流过程引起的功和制冷量的损失为(图 8-13):

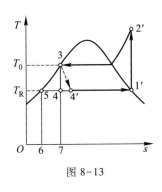

图 8-13

$$h_{4'} - h_4 = h_3 - h_4 = (h_3 - h_5) - (h_4 - h_5)$$

$$= 面积\ 53765 - 面积\ 54765$$

$$= 面积\ 5345$$

饱和液体线愈陡,则面积 5345 愈小,节流过程引起的功和制冷量的损失也就愈小。

(5) 临界温度要显著高于大气温度,以免循环在近临界区进行,不能更多地利用定温放热而引起制冷能力和制冷系数的下降。

(6) 凝固点应低于冷库温度,以免制冷剂在工作过程中凝固。

此外,希望制冷剂每单位容积的制冷能力大些,以便减小装置尺寸;希望制冷剂传热性能良好,使换热器更紧凑;希望制冷剂不溶于油,以免影响润滑;希望制冷剂有一定的吸水性,以免因析出水分而在节流降温时产生冰塞;还希望制冷剂不易分解变质、不腐蚀设备、不易燃、对人体和环境无害、价格低廉、来源充足等。

氨作为制冷剂应用较多。它有很多优点:汽化潜热大、工作压力适中、几乎不溶于油、吸水性强、价格低廉、来源充足。但也有缺点:对人体有刺激性、对铜腐蚀性强、空气中含氨量高时遇火会引起爆炸。

各种氟烃、烷烃的化学性质都很稳定,不腐蚀设备,不燃烧,对人体无害。由于各种氟烃、烷烃的临界参数、凝固温度及饱和蒸气压等各不相同,这就提供了根据不同工作温度选择合适的制冷剂的可能。但它们也有其不足之处,如汽化潜热较小,价格较高。寻找各方面都令人满意的制冷剂仍是值得探讨的课题。

表 8-1 给出了某些常用制冷剂的一些基本热力性质。在附图 2~附图 5 中还给出了氨、R134a、R245fa、R1234ze(E)的热力性质图(压焓图)。

表 8-1 常用制冷剂的基本热力性质

物质	分子式	摩尔质量 $M/(g/mol)$	沸点/℃ (1atm)	凝固点/℃ (1atm)	临界温度 t_c/℃	临界压力 p_c/MPa
空气	—	28.965	-194.4	—	-140.7	3.774
氨	NH_3	17.031	-33.4	-77.7	132.4	11.30
R142	$C_2H_3ClF_2$	100.48	-9.3	-130.8	137.0	4.12
R134a	$C_2H_2F_4$	102.032	-26.1	-101.2	101.1	4.059
R152a	$C_2H_4F_2$	66.051	-24.0	-118.6	113.2	4.517
R245fa	$C_3H_3F_5$	134.05	15.14	-102.1	154.01	3.651
R1234ze(E)	$C_3H_2F_4$	114.04	-18.97	-104.53	109.36	3.635
乙烷	C_2H_6	30.070	-88.5	-183.2	32.2	4.88
丙烷	C_3H_8	44.097	-42.1	-187.7	96.7	4.248
异丁烷	C_4H_{10}	58.124	-11.8	-159.6	134.7	3.629

*8-5 蒸汽喷射制冷循环和吸收式制冷循环

前面各节所讨论的各种制冷循环(逆向卡诺循环、空气压缩制冷循环和蒸气压缩制冷循环)都靠消耗外功来达到制冷目的。但是,也可以不消耗外功,而以消耗温度较高的热能为代价来达到同样的制冷目的。蒸汽喷射制冷循环和吸收式制冷循环正是这样的循环。

1. 蒸汽喷射制冷循环

图 8-14 表示蒸汽喷射制冷装置,作为该装置特征的,是用由喷管、混合室和扩压管三部分组成的喷射器来替代消耗外功的压缩机。图 8-15 示出了相应循环的 T-s 图。

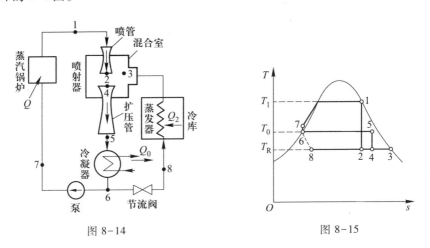

图 8-14 图 8-15

从蒸汽锅炉引来的较高温度和较高压力的蒸汽(状态 1)在喷管中膨胀至较低的混合室压力并获得高速(状态 2)。这股高速汽流在混合室中与从蒸发器过来的低压蒸汽(状态 3)混合后形成一股速度略低的汽流(状态 4)进入扩压管减速升压(过程 4→5),然后在冷凝器中凝结(过程 5→6)。凝结液则分为两路:一路经泵提高压力(过程 6→7),然后送入蒸汽锅炉再加热汽化变为高压蒸汽(过程 7→1);另一路经节流阀降压、降温(过程 6→8),然后在蒸发器中吸热汽化变成低温低压的蒸汽(状态 3)再进入混合室。

如上所述,蒸汽喷射制冷循环实际上包括两个循环:一个是逆向(在温熵图中逆时针方向)的制冷循环 456834;另一个是正向循环 1245671。二者合用喷射器和冷凝器。喷射器对制冷循环来说起到了压缩蒸汽的作用,而这部分蒸汽的压缩是靠正循环中那部分蒸汽的膨胀作为补偿才得以实现的。从整个装置来看,低温热之所以能转移到温度较高的大气中去,是以从锅炉获得的更高温度的热能最终也转移到大气中作为代价的。

高压蒸汽流量与低压蒸汽流量之比(q_{m1}/q_{m2}),与高压蒸汽的温度、冷库温度、大气温度(冷却水温度)以及喷射器的效能都有关。显然,高压蒸汽的温度比大气温度高得愈多、冷库温度比大气温度低得愈少,喷射器效能愈高,则上述比值愈小(即消耗的高压蒸汽相对愈少)。

如果忽略泵所消耗的少量的功,那么整个喷射制冷装置是不消耗功的,而只消耗热量 Q。热量平衡方程为

$$Q + Q_2 = Q_0 \tag{8-8}$$

式中: Q——蒸汽在锅炉中吸收的热量;

Q_2——蒸汽在冷库中吸收的热量;

Q_0——蒸汽在冷凝器中放出的热量。

蒸汽喷射制冷装置的热经济性可用热利用系数 ξ 来衡量;

$$\xi = \frac{收获}{消耗} = \frac{Q_2}{Q} \tag{8-9}$$

由于蒸汽混合过程的不可逆损失很大,因而热利用系数一般地都较低。但由于这种装置用简单紧凑的喷射器取代了复杂昂贵的压气机,而喷射器又容许通过很大的容积流量,可以利用低压水蒸气作为制冷剂,因此在有现成蒸汽可用的场合,常被用于调节气温。

2. 吸收式制冷循环

吸收式制冷装置中采用沸点较高的物质作吸收剂,沸点较低、较易挥发的物质做制冷剂。常用的有氨-水溶液(氨是制冷剂,水是吸收剂),在空气调节设备中也常用水-溴化锂溶液(水是制冷剂,溴化锂是吸收剂)。

图 8-16 表示吸收式制冷装置。其工作原理是:利用制冷剂在较低温度和较低压力下被吸收以及在较高温度和较高压力下挥发所起到的压缩气体的作用,再经过冷凝、节流、低温蒸发,从而达到制冷目的。

吸收式制冷循环的具体工作过程如下:蒸气发生器从外界吸收热量 Q,使溶液中较易挥发的制冷剂变为蒸气(其中夹有少量吸收剂的蒸气)。这蒸气具有较高的温度和较高的压力(状态 2),在冷凝器中凝结后(过程 2→3),经节流降压,温度降至冷库温度(过程 3→4),然后进入冷库中蒸发吸热 Q_2(过程 4→1),再送入吸收器中在较低的温度和压力下被吸收剂所吸收。吸收器中的溶液由于吸收了制冷剂,浓度(制冷剂相对含量)较高,并有增加的趋势;而蒸

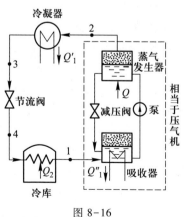

图 8-16

气发生器中的溶液则由于制冷剂的挥发,浓度较低,并有减少的趋势。为了使制冷装置能稳定地连续工作,可用泵和减压阀使蒸气发生器和吸收器中的溶液发生交换,以取得制冷剂的质量平衡,使吸收器和蒸气发生器中的溶液维持各自不变的浓度。另外,由于制冷剂被吸收剂吸收时会放出热量,而由蒸气发生器经减压阀进入吸收器的溶液又具有较高的温度,为了保持吸收器中溶液的吸收能力,除了要维持制冷剂的浓度不要太高以外,还必须维持溶液有较低的温度,因此吸收器必须加以冷却。以上是吸收式制冷循环的整个工作过程。除蒸气发生器和吸收器(它们共同起着压缩气体的作用)的工作过程比较特殊外,其他工作过程和蒸气压缩制冷循环基本相同。

如果忽略溶液泵消耗的少量的功,那么整个吸收式制冷装置也是不消耗功的,而只消耗热量 Q。热量平衡方程为

$$Q + Q_2 = Q'_1 + Q''_1 \qquad (8-10)$$

吸收式制冷循环的热经济性也用热利用系数 ξ 表示:

$$\xi = \frac{收获}{消耗} = \frac{Q_2}{Q}$$

吸收式制冷装置的热利用系数比较低,但由于设备简单、造价低廉(不需要昂贵的压气机)、不消耗功、可以利用温度不很高的热能,因此常用在有余热可以利用的场合。

近年来,一些根据其他原理工作的新型制冷装置也不断研制开发出来,如半导体制冷机、脉管制冷机、吸附式制冷机等。它们在一些特殊场合下有着不可取代的优越性。

思 考 题

1. 利用制冷机产生低温,再利用低温物体做冷源以提高热机循环的热效率。这样做是否有利?

2. 如何理解空气压缩制冷循环采取回热措施后,不能提高理论制冷系数,却能提高实际制冷系数?

3. 参看图 8–13,如果蒸气压缩制冷装置按 $1'2'351'$ 运行,就可以在不增加压气机耗功的情况下增加制冷剂在冷库中的吸热量(由原来的 $h_{1'}-h_4$ 增加为 $h_{1'}-h_5$),从而可以提高制冷系数。这样考虑对吗?

习 题

8–1 (1) 设大气温度为 30 ℃,冷库温度分别为 0 ℃、-10 ℃、-20 ℃,求逆向卡诺循环

的制冷系数。(2)设大气温度为-10 ℃,供热温度分别为 40 ℃、50 ℃、60 ℃,求逆向卡诺循环的供热系数。

8-2 已知大气温度为 25 ℃,冷库温度为-10 ℃,压气机增压比分别为 2、3、4、5、6。试求空气压缩制冷循环的理论制冷系数。在所给的条件下,理论制冷系数最大可达多少(按定比热容理想气体计算)?

8-3 大气温度和冷库温度同习题 8-2。压气机增压比为 3,压气机绝热效率为 82%,膨胀机相对内效率为 84%,制冷量为 0.8×10^6 kJ/h。求压气机所需功率、整个制冷装置消耗的功率和制冷系数(按定比热容理想气体计算)。

8-4 某氨蒸气压缩制冷装置(参看图 8-10),已知冷凝器中氨的压力为 1 MPa,节流后压力降为 0.2 MPa,制冷量为 0.12×10^6 kJ/h,压气机绝热效率为 80%。试求:(1)氨的流量;(2)压气机出口温度及所耗功率;(3)制冷系数;(4)冷却水流量[已知冷却水经过氨冷凝器后温度升高 8 K,水的比定压热容为4.187 kJ/(kg·K)]。

8-5 习题 8-4 中的制冷装置在冬季改作热泵用。将氨在冷凝器中的压力提高到 1.6 MPa,氨凝结时放出的热量用于取暖,节流后氨压力为 0.3 MPa,压气机功率和效率同上题。试求:(1)氨的流量;(2)供热量(kJ/h);(3)供热系数;(4)若用电炉直接取暖,则所需电功率为多少?

8-6 以 R134a 为制冷剂的冰箱(蒸气压缩制冷),已知蒸发温度为 250 K,冷凝温度为 300 K,压缩机绝热效率为 80%,每昼夜耗电 1.5 kW·h。试利用压焓图计算:(1)制冷系数;(2)每昼夜制冷量;(3)压缩机的增压比及出口温度。

第九章　湿空气性质和湿空气过程

随着科学技术的发展，湿空气的应用已不完全局限于传统的空调、干燥、气象等领域。在热动力工程（如湿空气透平、压气机喷水等）及其他工程中也经常会遇到湿空气问题。本章除介绍湿空气的一般性质和常压下的湿空气过程外，也稍涉及压力变化的湿空气过程。

9-1　湿空气和干空气

湿空气是指含有水蒸气的空气。完全不含水蒸气的空气称为干空气。大气中的空气或多或少都含有水蒸气，所以人们通常遇到的空气都是湿空气，只是由于其中水蒸气的含量不大，有时就按干空气计算。但对那些与湿空气中水蒸气含量有显著关系的过程，如干燥过程、空气调节、蒸发冷却等，就有必要按湿空气来考虑。

湿空气是水蒸气和干空气的混合物。干空气本身又是氮、氧及少量其他气体的混合物。干空气的成分比较稳定，而湿空气中水蒸气的含量在自然界的大气中已有不同，而在如上所述的那些工程应用中则变化更大。但总的来说，湿空气中水蒸气的分压力通常都很低，因此可按理想气体进行计算。所以，整个湿空气也可以按理想气体进行计算。

按照道尔顿定律，湿空气的压力等于水蒸气和干空气的分压力的总和：

$$p = p_v + p_{DA} \tag{9-1}$$

式中：p_v——水蒸气的分压力；

p_{DA}——干空气的分压力。

如果没有特意进行压缩或抽空，那么湿空气的压力一般也就是当时当地的大气压力。

湿空气中的水蒸气通常处于过热状态，即水蒸气的分压力低于当时温度所对应的饱和压力（图 9-1 和图 9-2 中状态 a）。这种湿空气称为未饱和空气。未饱和空气具有吸湿能力，即它能容纳更多的水蒸气。

如果水蒸气的分压力达到了当时温度所对应的饱和压力（图 9-1、图 9-2 中状态 b），那么这时的湿空气便称为饱和空气。饱和空气不再具有吸湿能力，如再加入水蒸气，就会凝结出水珠来。

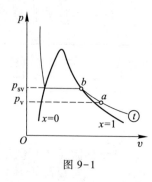

图 9-1

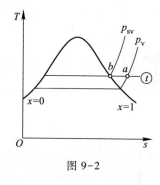

图 9-2

9-2   绝 对 湿 度 和 相 对 湿 度

湿度是用来表示湿空气中水蒸气的含量的。

所谓绝对湿度是指单位体积(通常指 1 m³)的湿空气中所含水蒸气的质量。所以,绝对湿度也就是湿空气中水蒸气的密度:

$$\rho_v = \frac{m_v}{V} = \frac{1}{v_v} \tag{9-2}$$

对于饱和空气

$$\rho_{sv} = \frac{1}{v_{sv}} = \frac{1}{v''} \tag{9-3}$$

绝对湿度并不能完全说明湿空气的潮湿程度(或干燥程度)和吸湿能力。因为同样的绝对湿度(比如 $\rho_v = 0.009 \ \text{kg/m}^3$),如果温度较高(比如 20 ℃),则该温度所对应的饱和压力及饱和水蒸气的密度都较高($\rho_{sv} = 0.017\,3 \ \text{kg/m}^3$),湿空气中的水蒸气还没有达到饱和压力和饱和密度,因而这时的空气还是比较干燥的,还具有吸湿能力(例如冬季室内开放暖气就会感到干燥);如果温度较低(比如 10 ℃),则该温度所对应的饱和压力和饱和水蒸气的密度都比较低($\rho_{sv} = 0.009\,4 \ \text{kg/m}^3$),这时就会感到阴冷潮湿;如果温度再低,就会有水珠凝结出来。

所以,绝对湿度的大小不能完全说明空气的干燥程度和吸湿能力,尚需引入相对湿度的概念。

相对湿度是指绝对湿度和相同温度下可能达到的最大绝对湿度(即饱和空气的绝对湿度)的比值:

$$\varphi = \frac{\rho_v}{\rho_{v,max}} = \frac{\rho_v}{\rho_{sv}} \tag{9-4}$$

相对湿度表示湿空气离开饱和空气的远近程度,所以相对湿度也称为饱和度。

相对湿度也可以表示成未饱和空气中水蒸气的分压力和饱和空气中水蒸气的分压力的比值。因为

$$\rho_{\mathrm{v}} = \frac{p_{\mathrm{v}}}{R_{\mathrm{g,v}}T}, \quad \rho_{\mathrm{sv}} = \frac{p_{\mathrm{sv}}}{R_{\mathrm{g,v}}T}$$

所以

$$\varphi = \frac{\rho_{\mathrm{v}}}{\rho_{\mathrm{sv}}} = \frac{p_{\mathrm{v}}/(R_{\mathrm{g,v}}T)}{p_{\mathrm{sv}}/(R_{\mathrm{g,v}}T)} = \frac{p_{\mathrm{v}}}{p_{\mathrm{sv}}} \tag{9-5}$$

当湿空气温度 t 所对应的水蒸气饱和压力 p_{sv} 超过湿空气的压力 p(或者当湿空气温度超过湿空气压力所对应的饱和温度)时,湿空气中水蒸气所能达到的最大分压力不再是 p_{sv},而是湿空气的总压力(这时干空气的分压力已等于零)。因此,在这种情况下,相对湿度应定义为

$$\varphi = \frac{p_{\mathrm{v}}}{p_{\mathrm{v,max}}} = \frac{p_{\mathrm{v}}}{p} \tag{9-6}$$

即水蒸气分压力与湿空气总压力之比。

9-3 露点温度和湿球温度

按式(9-5)计算相对湿度 φ 时,式中的 $\rho_{\mathrm{sv}}(\rho_{\mathrm{sv}} = 1/v'')$ 和 p_{sv},只要知道湿空气的温度便可以从饱和水蒸气热力性质表中查出,但绝对湿度 ρ_{v} 和水蒸气的分压力 p_{v} 是不知道的,还需要测量。测出了 ρ_{v} 或 p_{v},就可以按式(9-5)计算出相对湿度。但是,ρ_{v} 和 p_{v} 都不易直接测量,所以通常都用露点计或干湿球温度计间接测定。

一种简单的露点计如图9-3所示,它的主体是一个表面镀铬的金属容器,内装易挥发的液体乙醚。测量时,手捏橡皮球向容器送进空气,使乙醚液挥发。由于乙醚挥发时吸收热量,从而使乙醚液体及整个容器的温度不断降低。当温度降到一定程度时,镀铬的金属表面开始失去光泽(出现微小露珠),这时温度计所示温度即为露点温度 t_{d}。由露点温度可以从饱和水蒸气热力性质表中查出相应的饱和压力 $p_{\mathrm{sv}}(t_{\mathrm{d}})$。由于乙醚容器周围的空气是在总压力($p$)与分压力($p_{\mathrm{v}}$ 和 p_{DA})都不变的情况下被冷却的(图9-4和图9-5中过程 $a \rightarrow c$),所以

$$p_{\mathrm{v}} = p_{\mathrm{sv}(t_{\mathrm{d}})} \tag{9-7}$$

因此

$$\varphi = \frac{p_{\mathrm{v}}}{p_{\mathrm{sv}}} = \frac{p_{\mathrm{sv}(t_{\mathrm{d}})}}{p_{\mathrm{sv}(t)}} \tag{9-8}$$

意即相对湿度等于露点温度和湿空气温度各自对应的水蒸气的饱和压力之比。

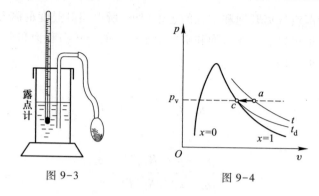

图 9-3   图 9-4

对于饱和空气 $t_d = t, \quad \varphi = 1$ (9-9)

　　用上述这种露点计测露点时,不容易准确判定什么时候开始凝露,因此所得结果往往误差较大。利用干湿球温度计进行测量则比较准确。

　　干湿球温度计就是两支普通温度计(图 9-6),其中一支的温包直接和湿空气接触,称为干球温度计;另一支的温包则用湿纱布包着,称为湿球温度计。干球温度计测出的温度 t 就是湿空气的温度。湿球温度计由于有湿布包着,如果周围的空气是未饱和的,那么湿纱布表面的水分就会不断蒸发。由于水蒸发时吸收热量,从而使贴近湿纱布周围的一层空气的温度降低。当温度降低到一定程度时,外界传入纱布的热量正好等于水蒸发需要的热量,这时温度维持不变,这就是<u>湿球温度 t_w</u>。显然,空气的相对湿度愈小,水蒸发得愈快,湿球温度比干球温度就低得愈多。

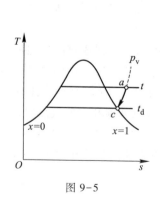

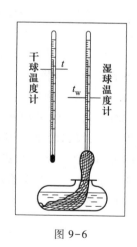

图 9-5   图 9-6

　　湿球温度总是界于露点温度和干球温度之间:

$$t_d < t_w < t \quad (当 \varphi < 1)$$ (9-10)

对于饱和空气,这三种温度相等:

$$t_d = t_w = t \quad (\text{当 } \varphi = 1) \tag{9-11}$$

应该指出,湿球温度计的读数和掠过湿球的风速有一定关系。实验表明:同样的湿空气,具有一定风速时湿球温度计的读数比风速为零时低些。但在风速超过 2 m/s 的宽广范围内,湿球温度计的读数变化很小。在查图表或进行计算时应以这种通风式干湿球温度计的读数为准。

9-4 含湿量、焓和焓湿图

在空气调节及干燥过程中,湿空气被加湿或去湿,其中水蒸气的质量是变化的(增加或减少),但其中干空气的质量是不变的。因此,以 1 kg 干空气的质量为计算单位显然比较方便。这样表示的湿度称为含湿量。

1. 含湿量

含湿量是指单位质量(每千克)干空气夹带的水蒸气的质量(克数):

$$d = 1\,000 \frac{m_v}{m_{DA}} = 1\,000 \frac{m_v/V}{m_{DA}/V} = 1\,000 \frac{\rho_v}{\rho_{DA}} \text{ g/kg(DA)} \tag{9-12}$$

式中:d 为含湿量;DA 表示干空气。

式(9-12)建立了含湿量和绝对湿度之间的关系。含湿量实质上是湿空气中水蒸气密度 ρ_v 与干空气密度 ρ_{DA} 之比。

含湿量和相对湿度之间的关系推导如下:

根据理想气体状态方程

$$p_v = \rho_v R_{g,v} T, \quad p_{DA} = \rho_{DA} R_{g,DA} T$$

所以

$$\frac{\rho_v}{\rho_{DA}} = \frac{p_v R_{g,DA}}{p_{DA} R_{g,v}} = \frac{p_v M_v}{p_{DA} M_{DA}}$$

$$= \frac{p_v \times 18.016 \text{ g/mol}}{p_{DA} \times 28.965 \text{ g/mol}} = 0.621\,99 \frac{p_v}{p_{DA}}$$

代入式(9-12)得

$$d = 1\,000 \frac{\rho_v}{\rho_{DA}} = 621.99 \frac{p_v}{p_{DA}} = 621.99 \frac{p_v}{p - p_v}$$

即

$$d = 621.99 \frac{\varphi p_{sv}}{p - \varphi p_{sv}} \text{ g/kg(DA)} \tag{9-13}$$

式(9-13)建立了含湿量和相对湿度之间的关系。

从式(9-13)又可得

$$p_v = \frac{pd}{621.99 + d} \qquad (9-14)$$

式(9-14)表明：当湿空气压力一定时,水蒸气的分压力和含湿量之间有单值的对应关系。

2. 焓

为计算方便起见,湿空气的焓也是对 1 kg 干空气而言的[或者说是对(1+0.001d) kg 湿空气而言的]：

$$H = h_{DA} + 0.001dh_v \quad kJ/kg(DA)$$

式中：H——湿空气的焓；

h_{DA}——干空气的比焓；

h_v——水蒸气的比焓。

由于湿空气的应用压力一般都不高,因而其中干空气和水蒸气的分压力也都较低,温度变化也不很大,可以认为它们的比热容只与温度有关,并与温度成线性关系：

$$\{c_{p,DA}\}_{kJ/(kg\cdot K)} = 1.002 + 0.000\,10\{t\}_{℃}$$

$$\{c_{p,v}\}_{kJ/(kg\cdot K)} = 1.850 + 0.000\,42\{t\}_{℃}$$

所以　　$\{h_{DA}\}_{kJ/kg} = \int_0^t \{c_{p,DA}\}_{kJ/(kg\cdot K)}\,d\{t\}_{℃} = 1.002\{t\}_{℃} + 0.000\,05\{t\}_{℃}^2$

（以 0 ℃ 干空气的焓为零）

$$\{h_v\}_{kJ/kg} = r_{(t=0℃)} + \int_0^t \{c_{p,v}\}_{kJ/(kg\cdot K)}\,d\{t\}_{℃}$$

$$= 2\,501 + 1.850\{t\}_{℃} + 0.000\,21\{t\}_{℃}^2$$

（以 0 ℃ 水的焓为零）

所以湿空气的焓为

$$\{H\}_{kJ/kg(DA)} = 1.002\{t\}_{℃} + 0.000\,05\{t\}_{℃}^2 +$$

$$0.001d(2\,501 + 1.850\{t\}_{℃} + 0.000\,21\{t\}_{℃}^2) \qquad (9-15)$$

3. 焓湿图

为方便湿空气过程的计算,可以针对某一指定压力将湿空气的热力性质绘制成线图。例如,附图 4 是湿空气压力为 0.1 MPa 时的焓湿图,它以湿空气的焓(H)为纵坐标,含湿量(d)为横坐标。为使图中曲线看起来清楚,两坐标轴的夹角适当放大(比如取 135°而不是 90°)。图中示出了各主要参数 H、d、t、φ 的定值线(参看图 9-7),其中 $\varphi=1$ 的定相对湿度线上的各点表示不同温度的饱和空气,称为饱和空气线。在饱和空气线的上方($\varphi<1$)代表未饱和空气。图的上方还标出了水蒸气的分压力和含湿量的对应关系 $p_v=f(d)$。

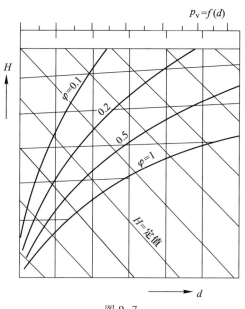

图 9-7

在指定的压力下,另外给出湿空气的两个参量,即可在图中查到相应的其他参数。例如指定湿空气压力 $p=0.1$ MPa,已知 $t=30$ ℃、$\varphi=80\%$(图 9-8 中状态 a),则可查得 $d=22$ g/kg(DA)、$H=86$ kJ/kg(DA)。由于定湿球温度线基本上和定焓线平行,因此湿球温度 t_w 可以这样来确定:由该状态 a 沿定焓线往右下方与饱和空气线($\varphi=1$)相交于点 b,点 b 的温度(27 ℃)即为湿球温度。所以

$$t_w = 27 \ ℃$$

露点温度 t_d 和水蒸气的分压力 p_v,可由点 a 沿定含湿量线垂直往下与饱和空气线相交于点 c,垂直往上与 $p_v=f(d)$ 线相交于点 e。点 c 的温度(26 ℃)即为露点温度;点 e 的压力(3.4 kPa)即为水蒸气的分压力。所以

$$t_d = 26 \ ℃$$

$$p_v = 3.4 \ kPa = 0.003 \ 4 \ MPa$$

由于通常的焓湿图都是针对指定的湿空气压力而绘制的,它只适用于该指

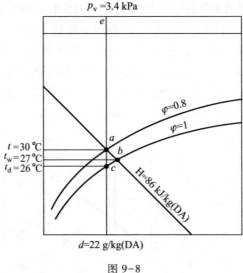

图 9-8

定压力,因此对不同的湿空气压力需要绘制不同的焓湿图。如高原地区的大气压力以及一些特殊条件下的环境压力可能与平原地区的大气压力不相同,因而就需要绘制很多针对不同压力的焓湿图。这样做将不胜其烦。为此,作者提出了比相对湿度的概念和可用于不同压力的通用焓湿图。

*9-5 比相对湿度和通用焓湿图

湿空气可作理想气体处理。因此,对于不同压力的湿空气,只要温度和含湿量相同,它们的焓[参看式(9-15)]和饱和蒸汽压也都是相同的。这时,相对湿度仅仅取决于水蒸气的分压力,而这一分压力在含湿量(即水蒸气和干空气的相对含量)不变的情况下与湿空气的总压力成正比。因此,对含湿量相同而总压力不同的湿空气,水蒸气的比分压力(即水蒸气分压力与湿空气总压力之比)是相同的:

$$p'_{\mathrm{v}} = \frac{p_{\mathrm{v}}}{p} \tag{9-16}$$

它和含湿量的单值关系[参看式(9-14)]为

$$p'_{\mathrm{v}} = \frac{d}{621.99 + d} \tag{9-17}$$

湿空气的相对湿度与湿空气总压力之比称为比相对湿度,即

$$\psi = \frac{\varphi}{p} = \frac{p_{\mathrm{v}}/p_{\mathrm{sv}}}{p} = \frac{p'_{\mathrm{v}}}{p_{\mathrm{sv}}} \tag{9-18}$$

比相对湿度也就是单位压力(指湿空气总压力)的相对湿度。对具有相同温度和相同含湿量但总压力不同的湿空气而言,它们有相同的比分压力(因含湿量相同)和相同的饱和压力(因温度相同),因而由式(9-18)可知,它们的比相对湿度也相同。所以,如果以温度 t、含湿量 d、比分压力 p'_v 和比相对湿度 ψ 为基本参数,就可以绘制出可用于不同压力的湿空气通用焓湿图。

根据上述思想,作者编制了通用焓湿图,单位压力取 0.1 MPa(即 1 bar),因为 0.1 MPa 的压力值(750.062 mmHg)比较接近我国平原地区的大气压力。对 0.1 MPa 的压力而言,比相对湿度和相对湿度的数值是相同的,但单位不同。比相对湿度的单位是 $(0.1\ \text{MPa})^{-1}$,相对湿度无单位(无因次量)。

通用焓湿图(附图 7)[①]是根据作者提供的下列计算式[②]算出的数据编制的:

$$\psi = \frac{\varphi}{\{p\}_{\text{bar}}} = \frac{0.1\varphi}{\{p\}_{\text{MPa}}} = \frac{0.1(A_{\text{w}} - D)}{A\{p\}_{\text{MPa}} - (A - A_{\text{w}} + D)\{p_{\text{sv}(t)}\}_{\text{MPa}}}(0.1\ \text{MPa})^{-1}$$

$$(9\text{-}19)$$

其中:

$$A = \left(1\,555.6 + 1.151t + 0.000\,13t^2 - 2.604t_{\text{w}}\right)\frac{p_{\text{sv}(t)}}{p - p_{\text{sv}(t)}}$$

$$A_{\text{w}} = \left(1\,555.6 - 1.453t_{\text{w}} + 0.000\,13t_{\text{w}}^2\right)\frac{p_{\text{sv}(t_{\text{w}})}}{p - p_{\text{sv}(t_{\text{w}})}}$$

$$D = 1.002(t - t_{\text{w}}) + 0.000\,05(t^2 - t_{\text{w}}^2)$$

$$p_{\text{sv}(t > 0\ ℃)} = 22.064 \exp\left\{\left[7.214\,8 + 3.956\,4\left(0.745 - \frac{\{t\}_℃ + 273.15}{647.14}\right)^2 + 1.348\,7\left(0.745 - \frac{\{t\}_℃ + 273.15}{647.14}\right)^{3.177\,8}\right]\left(1 - \frac{647.14}{\{t\}_℃ + 273.15}\right)\right\}\ \text{MPa}$$

给出湿空气压力 $p(\text{MPa})$、干球温度 t 和湿球温度 t_{w},即可根据此式计算出相对湿度 φ 和比相对湿度 $\psi(0.1\ \text{MPa})^{-1}$,然后再根据式(9-13)和(9-15)计算出含湿量 $d[\text{g/kg}(\text{DA})]$ 和焓 $H[\text{kJ/kg}(\text{DA})]$。

式(9-19)中的 φ 是根据式(9-5)的定义式计算的,其中的最大水蒸气分压 $p_{\text{v,max}}$ 取的是干球温度所对应的饱和蒸汽压 $p_{\text{sv}(t)}$。当干球温度所对应的饱和蒸汽压超过湿空气的总压(亦即当干球温度超过湿空气总压所对应的水蒸气饱和温度)时,应根据式(9-6)计算 φ,即 $p_{\text{v,max}}$ 应取湿空气总压,因此需将按式

①　附图 7 中,10^5 Pa = 0.1 MPa = 1 bar;$(10^5\ \text{Pa})^{-1} = (0.1\ \text{MPa})^{-1} = (1\ \text{bar})^{-1}$。本意取 1 bar 为单位压力,但 bar 不是我国法定计量单位,因此取 10^5 Pa 为单位压力。

②　参看:严家騄,等.湿空气的比相对湿度和通用焓湿图.工程热物理学报,1984(4)。

(9-19)计算所得的相对湿度值($\varphi_{计}$)乘以$\dfrac{p_{sv(t)}}{p}$,这样就可以得到正确的相对湿度值(参看例9-1):

$$\varphi = \frac{p_v}{p} = \frac{p_v}{p_{sv(t)}} \frac{p_{sv(t)}}{p} = \varphi_{计} \frac{p_{sv(t)}}{p} \qquad (9-20)$$

对通用焓湿图中查出的比相对湿度值($\psi_{图}$),在遇到上述情况时,只需乘以$p_{sv(t)}$即可得到正确的相对湿度值:

$$\varphi = \frac{p_v}{p} = \frac{p_v}{p_{sv(t)}} \frac{p_{sv(t)}}{p} = \frac{\varphi_{图}}{p} p_{sv(t)} = \psi_{图} \, p_{sv(t)} \qquad (9-21)$$

　　通用焓湿图的用法和一般焓湿图的用法基本相同。如果湿空气的压力为0.1 MPa,那么只要将图中ψ的值视为φ的值就可以了。这时饱和空气线($\varphi=1$)也就是$\psi=1(0.1\ \mathrm{MPa})^{-1}$的定值线;$\varphi=0.5$的定相对湿度线也就是$\psi=0.5(0.1\ \mathrm{MPa})^{-1}$的定值线。如果湿空气的压力为0.2 MPa,则饱和空气线($\varphi=1$)为$\psi=0.5(0.1\ \mathrm{MPa})^{-1}$的定值线;$\varphi=0.5$的定相对湿度线为$\psi=0.25(0.1\ \mathrm{MPa})^{-1}$的定值线。如果湿空气的压力为0.05 MPa,则饱和空气线为$\psi=2(0.1\ \mathrm{MPa})^{-1}$的定值线;$\varphi=0.5$的定相对湿度线为$\psi=1(0.1\ \mathrm{MPa})^{-1}$的定值线。依此类推。总之,对任意指定的湿空气压力$p$,只要将通用焓湿图中各个比相对湿度值,按$\varphi=\psi p$的简单关系换算成各个相对湿度值后,它就成了该指定压力下的一般焓湿图了。因此,一张通用焓湿图代表了很多(无数)张不同指定压力下的焓湿图。

　　通用焓湿图(附图7)中,与定焓线基本平行的虚线是定湿球温度线。这些定湿球温度线都是直线,在图中只有确定的斜率(随温度的提高而稍趋平坦),而无固定位置。在给定了湿空气压力,因而饱和空气线也确定的条件下,根据饱和空气线上湿球温度和干球温度相等的原理,将标出的定湿球温度线平行移动到相应位置,这样便得到该压力下的定湿球温度线的具体位置。附图7中画出的定湿球温度线的位置是0.1 MPa压力下的实际位置。例如图9-9中的三条平行虚线aa、bb、cc,它们分别是压力为0.05 MPa、0.1 MPa和0.125 MPa[其饱和空气线顺次为$\psi=2(0.1\ \mathrm{MPa})^{-1}$、$\psi=1(0.1\ \mathrm{MPa})^{-1}$和$\psi=0.8(0.1\ \mathrm{MPa})^{-1}$]时的30 ℃的定湿球温度线。在通用焓湿

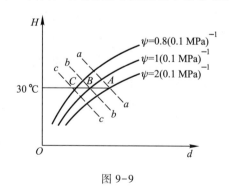

图9-9

图中,aa线和cc线可由bb线平行移动到相应位置而得出。如果湿球温度不很高,那么定湿球温度线基本上与定焓线平行,因此可以沿定焓线来确定湿球温度

（湿球温度值等于定焓线与饱和空气线交点上的干球温度值），这样会更方便些，带来的误差也不很显著。因此，有的温度范围较小的焓湿图中不画出定湿球温度线，认为它们与定焓线平行。

在通用焓湿图（附图7）的上方还标出了水蒸气的比分压力与含湿量的对应关系。

当干球温度超过湿空气总压所对应的饱和温度时，水蒸气的比分压力也就是相对湿度 $\left[p'_{\rm v} = \dfrac{p_{\rm v}}{p} = \varphi，\text{参看式（9-6）} \right]$。

例 9-1 计算湿空气的相对湿度、含湿量和焓。已知：(1) 干球温度 $t = 30$ ℃，湿球温度 $t_{\rm w} = 25$ ℃，湿空气压力 $p = 0.1$ MPa；(2) $t = 140$ ℃，$t_{\rm w} = 54$ ℃，$p = 745$ mmHg。

解 (1) 根据式（9-19）计算相对湿度。先计算饱和蒸汽压（亦可直接查饱和水蒸气表）：

$$p_{\rm sv(30\,℃)} = 0.004\ 245\ \text{MPa}, \quad p_{\rm sv(25\,℃)} = 0.003\ 169\ \text{MPa}$$

又可计算得 $\qquad A = 67.613, \quad A_{\rm w} = 49.724, \quad D = 5.023\ 8$

最后计算得相对湿度 $\varphi = 0.670\ 8$。

根据式（9-13）计算含湿量：

$$d = 621.99\ \frac{\varphi p_{\rm sv(t)}}{p - \varphi p_{\rm sv(t)}}$$

$$= 621.99\ \text{g/kg} \times \frac{0.670\ 8 \times 0.004\ 245\ \text{MPa}}{0.1\ \text{MPa} - 0.670\ 8 \times 0.004\ 245\ \text{MPa}} = 18.23\ \text{g/kg(DA)}$$

根据式（9-15）计算焓：

$$\{H\}_{\rm kJ/kg(DA)} = 1.002\{t\}_℃ + 0.000\ 05\{t\}_℃^2 + 0.001\ d\left(2\ 501 + 1.850\{t\}_℃ + 0.000\ 21\{t\}_℃^2\right)$$

$$= 1.002 \times 30 + 0.000\ 05 \times 30^2 + 0.001 \times 18.23 \times (2\ 501 + 1.850 \times 30 +$$

$$0.000\ 21 \times 30^2)$$

$$= 76.71$$

所以 $\qquad\qquad\qquad\qquad H = 76.71\ \text{kJ/kg(DA)}$

从附图6（湿空气的焓湿图）中亦可直接查得

$$\varphi = 0.67, \quad d = 18.3\ \text{g/kg(DA)}, \quad H = 77\ \text{kJ/kg(DA)}$$

(2) 根据式（9-19）计算得：

$$p_{\rm sv(140\,℃)} = 0.361\ 2\ \text{MPa} = 2\ 709\ \text{mmHg} > p(745\ \text{mmHg})$$

$$p_{\rm sv(54\,℃)} = 0.015\ 01\ \text{MPa} = 112.6\ \text{mmHg}$$

$$A = -2\ 177.5,\ A_{\rm w} = 263.07,\ D = 87.006$$

从而得 $\qquad\qquad\qquad\qquad \varphi_{\rm 计} = 0.027\ 59$

对 $p_{\rm sv(t)} > p$ 的情况，相对湿度的实际值应根据式（9-20）加以修正：

$$\varphi = \varphi_{\rm 计}\ \frac{p_{\rm sv(t)}}{p} = 0.027\ 59 \times \frac{2\ 709\ \text{mmHg}}{745\ \text{mmHg}} = 0.100\ 3$$

根据式(9-13)计算含湿量[注意！由于式(9-13)中 φ 定义为 $\dfrac{p_v}{p_{sv(t)}}$，所以应该用 $\varphi_计$ 代入 d 的计算式]：

$$d = 621.99\,\frac{\varphi_计\,p_{sv(t)}}{p - \varphi_计\,p_{sv(t)}} = 621.99\ \text{g/kg} \times \frac{0.027\,59 \times 2\,709\ \text{mmHg}}{745\ \text{mmHg} - 0.027\,59 \times 2\,709\ \text{mmHg}}$$

$$= 69.36\ \text{g/kg(DA)}$$

根据式(9-15)计算焓：

$$H = 1.002 \times 140 + 0.000\,05 \times 140^2 +$$

$$0.001 \times 69.36 \times (2\,501 + 1.850 \times 140 + 0.000\,21 \times 140^2)$$

$$= 332.98\ \text{kJ/kg(DA)}$$

*例 9-2** 对压力分别为 0.04 MPa、0.1 MPa 和 0.2 MPa 的湿空气,测得它们的干球温度均为 20 ℃,湿球温度均为 15 ℃,试利用通用焓湿图求它们的相对湿度和含湿量。

解 压力 $p = 0.04$ MPa、0.1 MPa、0.2 MPa 时,饱和空气线($\varphi = 1$)顺次为 $\psi = 2.5(0.1\ \text{MPa})^{-1}$、$1(0.1\ \text{MPa})^{-1}$、$0.5(0.1\ \text{MPa})^{-1}$ 的定比相对湿度线(图 9-10)。从 15 ℃ 的定温线与上述各定比相对湿度线的交点 A、B、C 画出 15 ℃ 的定湿球温度线(三条斜率略小于定焓线的平行虚线 AA'、BB'、CC'。考虑到 15 ℃ 离 0 ℃ 不远,也可以用定焓线代替定湿球温度线)与 20 ℃ 干球温度的定温线分别相交于点 A'、B'、C'。通过这些交点的定比相对湿度线的值即为上述不同压力的湿空气的比相对湿度。它们依次为

$$\psi = 1.69(0.1\ \text{MPa})^{-1},\quad 0.59(0.1\ \text{MPa})^{-1},\quad 0.226(0.1\ \text{MPa})^{-1}$$

再乘以各自的压力,即得它们的相对湿度($\varphi = \psi p$)：

$$\varphi = 0.676,\quad \varphi = 0.59,\quad \varphi = 0.452$$

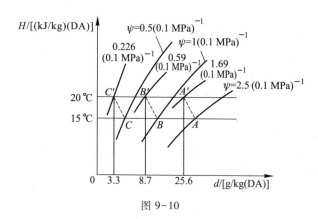

图 9-10

它们的含湿量(即 A'、B'、C' 在横坐标上的位置)可从通用焓湿图中直接查得：

$$d = 25.6\ \text{g/kg(DA)},\quad 8.7\ \text{g/kg(DA)},\quad 3.3\ \text{g/kg(DA)}$$

所以,不同压力的湿空气,尽管具有相同的干球温度和相同的湿球温度,但其相对湿度和含湿量是不相同的。

9-6 湿空气过程——焓湿图的应用

1. 加热(或冷却)过程

在空气调节技术中,使空气在压力基本不变的情况下加热或冷却的过程是经常会遇到的。利用热空气烘干物品时,在烘干过程之前也需要将空气加热(图 9-11)。这种加热(或冷却)过程在进行时,空气的含湿量保持不变(图 9-12 中过程 1→2):

$$d = 常数, \quad \Delta d = d_2 - d_1 = 0 \tag{9-22}$$

在加热过程中,湿空气的温度升高、焓增加、相对湿度减小:

$$\left. \begin{array}{l} \Delta t = t_2 - t_1 > 0 \\ \Delta H = H_2 - H_1 > 0 \\ \Delta \varphi = \varphi_2 - \varphi_1 < 0 \end{array} \right\} \tag{9-23}$$

加热过程中吸收的热量等于焓的增量:

$$Q = \Delta H = H_2 - H_1 \quad kJ/kg(DA) \tag{9-24}$$

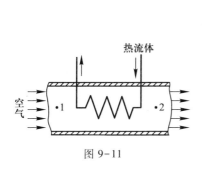

图 9-11

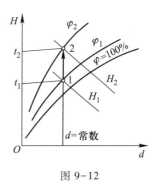

图 9-12

2. 加湿过程

加湿过程在空调技术中也是经常遇到的。在烘干过程中,物品的干燥过程也就是空气的加湿过程(图 9-13)。这种加湿过程往往是在压力基本不变,同时又和外界基本绝热的情况下进行的。空气将热量传给水,使水蒸发,变为水蒸气,水蒸气又加入空气中,而过程进行时与外界又没有热量交换,因此,如果忽略被蒸发的液态水本身的焓值,那么湿空气的焓将保持不变(图 9-14 中过程 2→3):

$$H = 常数, \quad \Delta H = H_3 - H_2 = 0 \tag{9-25}$$

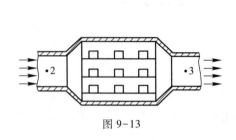

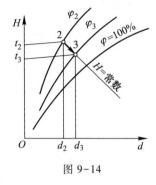

图 9-13　　　　　　　　　　　　　　　　　　图 9-14

在加湿过程中,湿空气的温度降低、相对湿度增加、含湿量增加:

$$\left.\begin{array}{l} \Delta t = t_3 - t_2 < 0 \\[4pt] \Delta \varphi = \varphi_3 - \varphi_2 > 0 \\[4pt] \Delta d = d_3 - d_2 > 0 \end{array}\right\} \qquad (9-26)$$

3. 绝热混合过程

在空调和干燥技术中,还经常采用两股(或多股)状态不同但压力基本相同的气流混合的办法,以获得符合温度和湿度要求的空气(图 9-15)。在混合过程中,气流与外界交换的热量通常都很少,因此混合过程可以认为是绝热的。

如果忽略混合过程中微小的压力降落,那么这种定压的绝热混合所得到的湿空气的状态,将完全取决于混合前各股气流的状态和它们的相对流量。

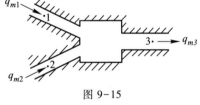

图 9-15

设混合前两股气流中干空气的流量分别为 q_{m1}、q_{m2},含湿量分别为 d_1、d_2,焓分别为 H_1、H_2;混合后气流中干空气的流量为 q_{m3},含湿量为 d_3,焓为 H_3。根据质量守恒和能量守恒原理可得下列各方程:

$$q_{m1} + q_{m2} = q_{m3}(干空气质量守恒) \qquad (9-27)$$

$$q_{m1}d_1 + q_{m2}d_2 = q_{m3}d_3(湿空气中水蒸气质量守恒) \qquad (9-28)$$

$$q_{m1}H_1 + q_{m2}H_2 = q_{m3}H_3(湿空气能量守恒) \qquad (9-29)$$

知道了混合前各股气流的流量和状态,即可根据上述三式计算出混合后气流的流量和状态。

也可以在焓湿图中利用图解的方法来确定混合后气流的状态。其原理如下。

从式(9-28)和式(9-29)分别得

$$q_{m1}\frac{d_1}{d_3} + q_{m2}\frac{d_2}{d_3} = q_{m3}$$

$$q_{m1}\frac{H_1}{H_3} + q_{m2}\frac{H_2}{H_3} = q_{m3}$$

所以

$$q_{m1}\frac{d_1}{d_3} + q_{m2}\frac{d_2}{d_3} = q_{m1}\frac{H_1}{H_3} + q_{m2}\frac{H_2}{H_3} = q_{m1} + q_{m2}$$

即

$$\left.\begin{array}{l} q_{m1}\dfrac{d_1 - d_3}{d_3} = q_{m2}\dfrac{d_3 - d_2}{d_3} \\[2mm] q_{m1}\dfrac{H_1 - H_3}{H_3} = q_{m2}\dfrac{H_3 - H_2}{H_3} \end{array}\right\}$$

亦即

$$\frac{q_{m1}}{q_{m2}} = \frac{d_3 - d_2}{d_1 - d_3} = \frac{H_3 - H_2}{H_1 - H_3} \qquad (9-30)$$

式(9-30)表明：在焓湿图中,绝热混合后的状态 3 正好落在混合前状态 1 和状态 2 的连接直线上,而直线距离$\overline{32}$和$\overline{31}$之比等于流量 q_{m1} 和 q_{m2} 之比($\overline{32}/\overline{31} = q_{m1}/q_{m2}$,参看图 9-16)。

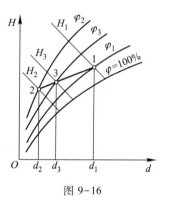

图 9-16

*4. 绝热节流过程

湿空气的绝热节流过程和一般气体的一样,绝热节流后压力降低、比体积增大、焓不变、熵增加。由于可将湿空气看作理想气体,绝热节流后既然焓不变,因此温度也不变。另外,由于节流过程中湿空气的含湿量不变,根据式(9-17)可知水蒸气的比分压力也不变。至于湿空气的比相对湿度,则由式(9-18)可得

$$\psi = \frac{p_v'}{p_{sv(t)}}$$

式中 $p_{sv(t)}$ 取决于湿空气温度。既然绝热节流后湿空气的温度和水蒸气的比分压力都不变,所以比相对湿度也不变。

绝热节流后,湿空气的相对湿度和水蒸气的分压力随湿空气总压力的降低而按比例减小($\varphi = \psi p, p_v = p_v' p$)。同时湿球温度也有所降低。

由于绝热节流后湿空气的焓、含湿量和比相对湿度都没有变,所以绝热节流过程在通用焓湿图中表示为同一状态点,但是该点对不同压力代表着不同的相

对湿度、不同的水蒸气分压力和不同的湿球温度。为了更清楚地说明这一情况，下面举一个简单例子。

设湿空气的压力为 0.2 MPa、温度为 30 ℃、相对湿度为 0.6（状态 1），绝热节流后压力分别下降到 0.1 MPa（状态 2）和 0.05 MPa（状态 3）。求这三个状态下的温度、焓、含湿量、比相对湿度、相对湿度、水蒸气的比分压力和分压力、湿球温度。

湿空气在状态 1 时的温度和比相对湿度为

$$t_1 = 30 \ ℃$$

$$\psi_1 = \frac{0.1\varphi_1}{\{p_1\}_{\text{MPa}}} = \frac{0.1 \times 0.6}{0.2} = 0.3(0.1 \ \text{MPa})^{-1}$$

根据前面对湿空气绝热节流过程的分析可知：

$$t_2 = t_3 = t_1 = 30 \ ℃$$

$$\psi_2 = \psi_3 = \psi_1 = 0.3(0.1 \ \text{MPa})^{-1}$$

状态 1、2、3 画在通用焓湿图中为同一状态点 A［图 9-17 中 30 ℃定温线和 $0.3(0.1 \ \text{MPa})^{-1}$定比相对湿度线的交点］。从图中可以查出：

$$H_1 = H_2 = H_3 = H_A = 50.5 \ \text{kJ/kg(DA)}$$

$$d_1 = d_2 = d_3 = d_A = 8.0 \ \text{g/kg(DA)}$$

$$p'_{v1} = p'_{v2} = p'_{v3} = p'_{vA} = 12.7 \ \text{kPa/MPa}$$

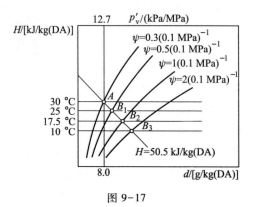

图 9-17

由于状态 1、2、3 的压力不同，A 点所代表的这三个状态的相对湿度、水蒸气分压力和湿球温度也不同：

$$\varphi_1 = \psi_1 p_1 = 0.3 \times 10 \ \text{MPa}^{-1} \times 0.2 \ \text{MPa} = 0.6$$

$$\varphi_2 = \psi_2 p_2 = 0.3 \times 10 \ \text{MPa}^{-1} \times 0.1 \ \text{MPa} = 0.3$$

$$\varphi_3 = \psi_3 p_3 = 0.3 \times 10 \ \text{MPa}^{-1} \times 0.05 \ \text{MPa} = 0.15$$

$$p_{v1} = p'_{v1} p_1 = 12.7 \ \text{kPa/MPa} \times 0.2 \ \text{MPa} = 2.54 \ \text{kPa}$$

$$p_{v2} = p'_{v2}p_2 = 12.7 \text{ kPa/MPa} \times 0.1 \text{ MPa} = 1.27 \text{ kPa}$$

$$p_{v3} = p'_{v3}p_3 = 12.7 \text{ kPa/MPa} \times 0.05 \text{ MPa} = 0.635 \text{ kPa}$$

三个状态的湿球温度则可由通过点 A 的定焓线与各自的(不同压力的)饱和空气线的交点(B_1、B_2、B_3)来确定。相应于 $p=0.2$ MPa、$p=0.1$ MPa、$p=0.05$ MPa 的压力,饱和空气线依次为 $\psi = 0.5(0.1 \text{ MPa})^{-1}$、$\psi = 1(0.1 \text{ MPa})^{-1}$、$\psi = 2(0.1 \text{ MPa})^{-1}$ 三条定比相对湿度线,因此可从图中查得:

$$t_{w1} = 25 \text{ ℃}$$
$$t_{w2} = 17.5 \text{ ℃}$$
$$t_{w3} = 10 \text{ ℃}$$

将上述结果列于表9-1中。由表中的数据可以看出湿空气绝热节流后各参数变化的简单规律。

表 9-1

状态点	压力 MPa	温度 ℃	焓 $\frac{kJ}{kg(DA)}$	含湿量 $\frac{g}{kg(DA)}$	比相对湿度 $(0.1 \text{ MPa})^{-1}$	相对湿度	水蒸气的比分压力 $\frac{kPa}{MPa}$	水蒸气分压力 kPa	湿球温度 ℃
1	0.2	30	50.5	8.0	0.3	0.6	12.7	2.54	25
2	0.1	30	50.5	8.0	0.3	0.3	12.7	1.27	17.5
3	0.05	30	50.5	8.0	0.3	0.15	12.7	0.635	10

本节前面所讨论的有关湿空气的加热、冷却、加湿和绝热混合过程,都认为压力基本不变。如果这些过程在进行时有显著压力降落,那就相当于在原来压力不变的基础上附加一个绝热节流的降压过程。此时,有关温度、焓、含湿量、比相对湿度、水蒸气的比分压力和过程的热量等的计算以及这些过程在图中的表示和分析方法都与压力不变时相同,只需将相对湿度换算成比相对湿度在通用焓湿图中进行分析即可(参看例9-6)。

例 9-3 某空调设备从室外吸进温度为-5 ℃、相对湿度为80%的冷空气,并向室内送进120 m³/h 的温度为20 ℃、相对湿度为60%的暖空气。问每小时需向该设备供给多少热量和水?如果先加热,后加湿,那么应加热到多高温度(大气压力 $p_b = 0.1$ MPa,不考虑压力变化)。

解 先将过程画在焓湿图中以便分析(图9-18中过程1→3)。

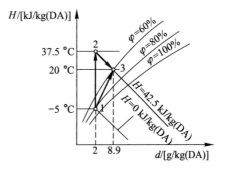

图 9-18

每千克干空气需加入的热量和水分别为(查附图 4):

$$Q = \Delta H = H_3 - H_1 = (42.5 - 0) \text{ kJ/kg(DA)}$$
$$= 42.5 \text{ kJ/kg(DA)}$$
$$m_w = \Delta d = d_3 - d_1 = (8.9 - 2) \text{ g/kg(DA)}$$
$$= 6.9 \text{ g/kg(DA)}$$

对每千克湿空气而言,所需加入的热量和水则为

$$q = \Delta h = \frac{\Delta H}{1 + 0.001 d_3} = \frac{42.5 \text{ kJ}}{(1 + 0.001 \times 8.9) \text{ kg}} = 42.13 \text{ kJ/kg}$$

$$m_w' = \frac{\Delta d}{1 + 0.001 d_3} = \frac{6.9 \text{ g}}{(1 + 0.001 \times 8.9) \text{ kg}} = 6.84 \text{ g/kg}$$

暖空气的平均摩尔质量为

$$M = \frac{(1 + 0.008\ 9) \text{kg}}{\dfrac{1 \text{ kg}}{0.028\ 965 \text{ kg/mol}} + \dfrac{0.008\ 9 \text{ kg}}{0.018\ 016 \text{ kg/mol}}} = 0.028\ 811 \text{ kg/mol}$$

其气体常数为

$$R_g = \frac{8.314\ 51 \text{ J/(mol · K)}}{0.028\ 811 \text{ kg/mol}} = 288.59 \text{ J/(kg · K)}$$

每小时送进室内的空气质量为

$$q_{m3} = \frac{p q_V}{R_g T_3} = \frac{0.1 \times 10^6 \text{ Pa} \times 120 \text{ m}^3\text{/h}}{288.59 \text{ J/(kg · K)} \times 293.15 \text{ K}} = 141.8 \text{ kg/h}$$

所以空调设备中热量和水的消耗量为

$$\dot{Q} = q_{m3} q = 141.8 \text{ kg/h} \times 42.13 \text{ kJ/kg} = 5\ 974 \text{ kJ/h}$$

$$q_{m,w} = q_{m3} m_w' = 141.8 \text{ kg/h} \times 6.84 \text{ g/kg} = 970 \text{ g/h} = 0.97 \text{ kg/h}$$

也可以按干空气标准来计算。暖空气中干空气的分压力为[参看式(3-24)和式(3-18)]:

$$p_{DA} = p x_{DA} = p \frac{w_{DA}/M_{DA}}{\dfrac{w_{DA}}{M_{DA}} + \dfrac{w_w}{M_w}}$$

$$= 0.1 \times 10^6 \text{ Pa} \frac{1 \text{ kg}/0.028\ 965 \text{ kg/mol}}{\dfrac{1 \text{ kg}}{0.028\ 965 \text{ kg/mol}} + \dfrac{0.008\ 9 \text{ kg}}{0.018\ 016 \text{ kg/mol}}} = 98\ 590 \text{ Pa}$$

干空气流量为

$$q_{m,DA} = \frac{p_{DA} q_V}{R_{g,DA} T} = \frac{98\ 590 \text{ Pa} \times 120 \text{ m}^3\text{/h}}{287.1 \text{ J/(kg · K)} \times 293.15 \text{ K}} = 140.57 \text{ kg/h}$$

从而得

$$\dot{Q} = q_{m,DA} Q = 140.57 \text{ kg/h} \times 42.5 \text{ kJ/kg} = 5\ 974 \text{ kJ/h}$$

$$q_{m,w} = q_{m,DA} m_w = 140.57 \text{ kg/h} \times 6.9 \text{ g/kg} = 970 \text{ g/h} = 0.97 \text{ kg/h}$$

如果先加热后加湿(不是边加热边加湿),那么应先将冷空气沿定含湿量线 d_1 加热到与定

焓线 H_3 相交的点 2，然后再从状态 2 沿定焓线加湿到状态 3。所需热量和水量和原来一样。

查焓湿图得状态 2 的温度为

$$t_2 = 37.5 \text{ ℃}$$

例 9-4 利用空调设备使温度为 30 ℃、相对湿度为 80% 的空气降温、去湿。先使温度降到 10 ℃（以达到去湿的目的），然后再加热到 20 ℃。试求冷却过程中析出的水分和加热后所得空气的相对湿度（大气压力 $p_b = 0.1 \text{ MPa}$）。

解 在冷却过程中，空气先在含湿量不变的情况下降温（图 9-19 中过程 1→2）。当温度降到露点温度（$t_d = t_2 = 26 \text{ ℃}$）时变为饱和空气（$\varphi_2 = 1$）。继续降温，则沿饱和空气线析出水分（过程 2→3）。然后在含湿量不变的情况下加热到 20 ℃（过程 3→4）。

由附图 6 可查得最后空气的相对湿度为

$$\varphi_4 = 52\%$$

冷却过程中析出的水分为

$$m_w = d_2 - d_3 = (22 - 7.7) \text{ g/kg(DA)} = 14.3 \text{ g/kg(DA)}$$

例 9-5 有两股空气，压力均为 0.1 MPa，温度分别为 40 ℃ 和 0 ℃，相对湿度均为 40%，干空气的流量百分比依次为 60% 和 40%。求混合后的温度和相对湿度（混合后压力仍为 0.1 MPa）。

解 已知：$t_1 = 40 \text{ ℃}$，$\varphi_1 = 40\%$；$t_2 = 0 \text{ ℃}$，$\varphi_2 = 40\%$

查焓湿图（附图 6）得

$$d_1 = 19 \text{ g/kg(DA)}, \quad H_1 = 89 \text{ kJ/kg(DA)}$$

$$d_2 = 1.5 \text{ g/kg(DA)}; \quad H_2 = 4.0 \text{ kJ/kg(DA)}$$

根据式（9-28）和式（9-29）可得

$$d_3 = 0.6 \times 19 \text{ g/kg(DA)} + 0.4 \times 1.5 \text{ g/kg(DA)} = 12 \text{ g/kg(DA)}$$

$$H_3 = 0.6 \times 89 \text{ kJ/kg(DA)} + 0.4 \times 4.0 \text{ kJ/kg(DA)} = 55 \text{ kJ/kg(DA)}$$

再根据 d_3、H_3 查焓湿图得

$$t_3 = 24.5 \text{ ℃}, \quad \varphi = 62\%$$

*例 9-6 某干燥装置，已知空气在加热前 $t_1 = 30 \text{ ℃}$、$t_{w1} = 25 \text{ ℃}$、$p_1 = 0.08 \text{ MPa}$，加热后 $t_2 = 60 \text{ ℃}$、$p_2 = 0.075 \text{ MPa}$，空气流出干燥箱时 $t_3 = 35 \text{ ℃}$、$p_3 = 0.07 \text{ MPa}$。求空气在加热前、加热后和流出干燥箱时的相对湿度及每千克干空气的加热量及吸湿量。

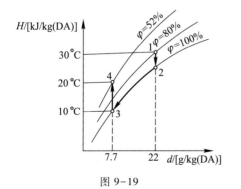

图 9-19

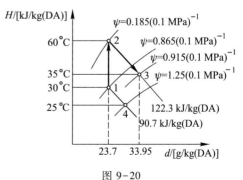

图 9-20

解 对 $p_1 = 0.08$ MPa 而言,饱和空气线为 $\psi = (0.1/0.08)(0.1\ \text{MPa})^{-1} = 1.25\ (0.1\ \text{MPa})^{-1}$ 的定比相对湿度线(图 9-20)。从 25 ℃ 的定温线与 $\psi = 1.25(0.1\ \text{MPa})^{-1}$ 的定比相对湿度线的交点,沿定焓线(严格讲应是定湿球温度线)向左上方与 30 ℃ 定温线的交点 1 即为空气加热前的状态。查通用焓湿图(附图 7)得

$$d_1 = 23.7\ \text{g/kg(DA)},\quad H_1 = 90.7\ \text{kJ/kg(DA)},\quad \psi_1 = 0.865(0.1\ \text{MPa})^{-1}$$

所以

$$\varphi_1 = \psi_1 p_1 = 0.865 \times 10\ \text{MPa}^{-1} \times 0.08\ \text{MPa} = 0.692$$

$$[\text{注意}: (0.1\ \text{MPa})^{-1} = 10\ \text{MPa}^{-1}]$$

从状态 1 沿定含湿量线垂直向上,与 60 ℃ 定温线的交点 2 即为空气经加热后的状态。从图中查得

$$d_2 = d_1 = 23.7\ \text{g/kg(DA)},$$

$$H_2 = 122.3\ \text{kJ/kg(DA)},\quad \psi_2 = 0.185(0.1\ \text{MPa})^{-1}$$

所以

$$\varphi_2 = \psi_2 p_2 = 0.185 \times 10\ \text{MPa}^{-1} \times 0.075\ \text{MPa} = 0.139$$

再从状态 2 沿定焓线向右下方与 35 ℃ 定温线的交点 3 即为空气流出干燥箱时的状态。查图得

$$d_3 = 33.95\ \text{g/kg(DA)},\quad H_3 = H_2 = 122.3\ \text{kJ/kg(DA)}$$

$$\psi_3 = 0.915(0.1\ \text{MPa})^{-1}$$

所以

$$\varphi_3 = \psi_3 p_3 = 0.915 \times 10\ \text{MPa}^{-1} \times 0.07\ \text{MPa} = 0.641$$

加热量为

$$Q = H_2 - H_1 = (122.3 - 90.7)\ \text{kJ/kg(DA)} = 31.6\ \text{kJ/kg(DA)}$$

吸湿量为

$$\Delta d = d_3 - d_2 = (33.95 - 23.7)\ \text{g/kg(DA)} = 10.25\ \text{g/kg(DA)}$$

思 考 题

1. 湿空气和湿蒸汽、饱和空气和饱和蒸汽,它们有什么区别?

2. 当湿空气的温度低于和超过其压力所对应的饱和温度时,相对湿度的定义式有何相同和不同之处?

3. 为什么浴室在夏天不像冬天那样雾气腾腾?

4. 使湿空气冷却到露点温度以下可以达到去湿目的(见例 9-4)。将湿空气压缩(温度不变)能否达到去湿目的?

习 题

9-1 已测得湿空气的压力为 0.1 MPa,温度为 30 ℃,露点温度为 20 ℃。求相对湿度、水蒸气分压力、含湿量和焓。(1) 按公式计算;(2) 查焓湿图。

9-2 已知湿空气的压力为 0.1 MPa,干球温度为 35 ℃,湿球温度为 25 ℃。试用式

(9-19)和查焓湿图两种方法求湿空气的相对湿度。

9-3 夏天空气的温度为 35 ℃,相对湿度为 60%,求通风良好的荫处的水温。已知大气压力为 0.1 MPa。

9-4 已知空气温度为 20 ℃,相对湿度为 60%。先将空气加热至 50 ℃,然后送进干燥箱去干燥物品。空气流出干燥箱时的温度为 30 ℃。试求空气在加热器中吸收的热量和从干燥箱中带走的水分。认为空气压力 $p = 0.1$ MPa。

9-5 夏天空气温度为 30 ℃,相对湿度为 85%。将其降温去湿后,每小时向车间输送温度为 20 ℃、相对湿度为 65% 的空气 10 000 kg。求空气在冷却器中放出的热量及冷却器出口的空气温度(参看例 9-4)。认为空气压力 $p = 0.1$ MPa。

9-6 10 ℃ 的干空气和 20 ℃ 的饱和空气按干空气质量对半混合,问所得湿空气的含湿量和相对湿度各为多少?已知空气的压力在混合前后均为 0.1 MPa。

***9-7** 将压力为 0.1 MPa、温度为 25 ℃、相对湿度为 80% 的湿空气压缩到 0.2 MPa,温度保持为 25 ℃。问能除去多少水分(利用附图 7 进行计算)?

*第十章　能源的合理利用及新能源简介

　　能源是人类社会可持续发展的物质基础和基本保障。合理利用现有能源、积极开发和利用新能源是解决中国乃至全世界当前能源问题的根本途径和基本原则。

　　本章简要介绍能源的分类与合理利用方式，以及新能源的开发、利用技术，希望能丰富读者在能源科学与工程方面的知识。

10-1　概　述

1. 能量与能源

　　物质和能量是构成客观世界的基础。自然界的一切物质都具有能量，人类的一切活动都与能量紧密相关。广义地讲，能量是产生某种效果（变化）的能力，是一切物质运动、变化和相互作用的动力。迄今为止，已知的能量形式有六种：机械能、热能、电能、辐射能、化学能和核能。

　　（1）机械能是与物质系统（或物体）的宏观机械运动或空间状态有关的一种能量，前者为动能，后者为势能。具体讲，动能是由于机械运动而具有的作功能力，而重力势能和弹性势能分别是由于高度差异和弹性形变而具有的作功能力。

　　（2）热能是与物质微观粒子（分子或原子）机械运动和空间状态有关的一种能量，前者为分子动能，后者为分子势能。分子动能和分子势能的总和称为热能。热能是能量的一种基本形式，所有其他形式的能量都可以完全转换为热能。

　　（3）电能是与电子的流动和积累有关的一种能量，通常是由电池中的化学能转换而来，或是通过发电机由机械能转换得到。

　　（4）辐射能是物体以电磁波形式发射的能量，也称为电磁能。根据电磁波的波长，可将辐射能分为 γ 射线、X 射线、热辐射、微波、毫米波射线、无线电波等。其中，热辐射是由原子振动而产生的电磁能，包括紫外线、可见光和红外线。因它们的辐射强度与物质的温度有关，且能产生热效应，故称为热辐射。太阳能是一种重要的辐射能。

　　（5）化学能是原子核外进行化学反应时放出的一种物质结构能。物质或物系在化学反应过程中以热能形式释放的热力学能为化学能,通常用燃料的发热量(热值)表示。

(6)核能是原子核内部结构发生变化时放出的一种物质结构能。原子核反应通常有三种形式:原子核的放射性衰变、重原子核的分裂反应(核裂变)和轻原子核的聚变反应(核聚变)。核裂变和核聚变时释放出的巨大能量,即核能。

能源是指提供能量的物质或物质的运动,前者包括煤炭、石油、天然气等物质,后者包括风能、水能、波浪能等物质的运动。能源可简单理解为提供或含有能量的资源。表10-1给出了几种能源及其主要能量形式。

表 10-1　几种能源及其主要能量形式

能源	主要能量形式
煤炭、石油、天然气	化学能
风能、水能、波浪能	机械能
太阳能	辐射能
核燃料	核能
蒸汽	热能、机械能
海洋盐分	电能

2. 能源的分类

能源形式多样,因此也有不同的分类方法。

按能量的来源,地球上的能源可以分为如下三种:

(1)地球本身蕴藏的能源,如核能、地热能等;

(2)来自地球外天体的能源,主要是太阳能,以及由太阳辐射能转化而来的煤炭、石油、天然气、生物质等燃料,由太阳辐射能引起的水能、风能、波浪能、海洋温差能等;

(3)来自地球与其他天体(主要是月球)相互作用的能源,主要是潮汐能。

按获得的方法,能源可以分为一次能源和二次能源。

(1)一次能源,指自然界存在的未经加工、转化的能源,如煤炭、石油、天然气、水能、风能等;

(2)二次能源,指由一次能源直接或间接加工、转换而来的能源,如蒸汽、煤气、电、氢、酒精、焦炭、激光等。

按能否再生,能源可以分为可再生能源和非再生能源。

(1)可再生能源,指不会因自身的转化或人类的利用而日益减少的能源,如水能、风能、潮汐能、太阳能等;

（2）非再生能源，指随自身的转化或人类的利用而日益减少的能源，如煤炭、石油、天然气、核燃料等。

按对环境的污染情况，能源可以分为清洁能源和非清洁能源。

（1）清洁能源，指对环境无污染或污染很小的能源，如太阳能、水能、海洋能等；

（2）非清洁能源，指对环境污染较大的能源，如煤炭、石油等。

按生产技术的水平及被开发利用的程度，能源可以分为常规能源和新能源。

（1）常规能源，指技术上比较成熟、能大量生产并被广泛利用的能源，如煤炭、石油、天然气、水能等。

（2）新能源，指开发利用较少、正在研究和开发的能源，如太阳能、地热能、生物质能、潮汐能等。核能通常也被看作新能源（不少学者认为核裂变属于常规能源，而核聚变属于新能源）。

能源还有其他的分类方法，如燃料能源和非燃料能源、商品能源和非商品能源、含能体能源和过程性能源等。

表 10-2 给出了能源及其分类。

表 10-2　能源及其分类

使用状况	获得方法	
	一次能源	二次能源
常规能源	煤炭（化学能） 油页岩、油砂（化学能） 原油（化学能） 天然气（化学能） 水能（机械能）	煤气、丙烷、液化石油气（化学能） 汽油、柴油、煤油、重油（化学能） 焦炭（化学能） 甲醇、酒精（化学能） 苯胺、火药（化学能） 热水、余热（热能） 蒸汽（热能、机械能） 电（电能）
新能源	太阳能（辐射能） 风能（机械能） 地热能（热能） 潮汐能（机械能） 海流能、波浪能（机械能） 海洋温差能（热能、机械能） 生物质能（化学能） 核燃料（核能）	氢气、沼气（化学能） 生物柴油（化学能） 激光（辐射能）

10-2　能源的合理利用

1. 能量的品位

　　能量是有品位的。能量的品位取决于其有序性,可以分为高级、中级和低级三类,分别对应完全有序、部分有序和无序。一般认为,机械能、电能、原子能和化学能是高级能,而热能和热辐射能(因与温度有关)是中级能。低级能是指在能量的传递和转换等过程中,虽然数量保持不变,但质量(品位)降低,作功能力下降,直至达到与环境状态平衡而失去作功能力,成为废能。

　　能源也是有品位的。能源的品位可用能级 λ (有效度)表示。对于高级能,$\lambda=1$;对于低级能,$\lambda=0$;对于中级能,$0<\lambda<1$。表 10-3 给出了几种能源的能级。一般认为,能量形式为机械能、电能、原子能和化学能的能源是高品位能源,能量形式为热能和热辐射能的能源是中品位能源。

表 10-3　几种能源的能级

能源	能级
电(电能)	1
风能、水能(机械能)	1
重油(化学能,发热量 41 860 kJ/kg)	0.706
焦炉煤气(化学能,发热量 16 744 kJ/m³)	0.701
转炉煤气(化学能,发热量 8 372 kJ/m³)	0.664
发生炉煤气(化学能,发热量 6 279 kJ/m³)	0.656
高炉煤气(化学能,发热量 3 767 kJ/m³)	0.636
烟气(热能,500 ℃)	0.614
热水(热能,100 ℃)	0.201

2. 能量的梯级利用

　　能量的梯级利用是能源合理利用的基础,其总体原则是"分配得当、各得其所、温度对口、梯级利用"。对于不同品位的能量,主要原则是分配得当、对口供应、各得其所,例如高品位的机械能和电能,适合于直接用来作功,而不是直接加热。热能也是有品位的,热能温度越高,其品位也越高。热能的合理用能原则是温度对口、梯级利用。图 10-1 给出了目前热能资源的主要存在形式或利用方式。

目前,化学能和核能主要是通过先转换成高品位的热能,然后加以利用的。煤炭、石油、天然气等燃料的理论燃烧温度可达 2 000 ℃ 以上,实际经各种燃烧设备(转炉、炼炉、窑炉等)转换和利用之后的排气温度也可达 1 000 ℃ 以上,是较高品位的热能。内燃机和燃气轮机中燃料燃烧后产生的气体不仅有高的温度(可达 2 000 ℃),还有较高的压力,比较适合于作功和发电,而且效率较高(可达 30% ~ 40%)。对于高温的烟气(例如燃煤锅炉烟气),如果压力不高或略大于大气压力时,就不适合于直接作功了。因此,燃煤锅炉

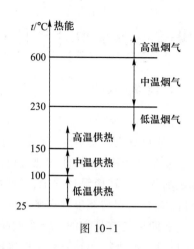

图 10-1

的烟气通常用于加热蒸汽,加热后的高温高压的蒸汽可以通过蒸汽轮机作功、发电。燃气轮机的排气,温度可达 500 ~ 600 ℃,也比较高,可以通过余热锅炉生产蒸汽,再通过蒸汽轮机作功、发电。

对于温度为 100 ~ 300 ℃ 的中低温热能,一个可行的方式是通过有机朗肯循环(organic Rankine cycle,ORC)系统进行发电。有机朗肯循环是指通过中低温余热驱动、以低沸点有机物为工质、推动透平机械发电的朗肯循环,与水蒸气朗肯循环的工作原理类似。有机工质经泵加压后进入蒸发器吸收热量,驱动膨胀机作功,再通过发电机输出电能,随后进入冷凝器冷却成液体后再泵入蒸发器,进行下一个循环。

中低温热能还可以通过换热器或其他设备(例如热泵、热管等)用于干燥、供热、制冷等领域。例如热泵系统,可以在电能或热能的驱动下,使热能从低温热源(例如空气、湖水、土壤等)转移到较高温的环境,在实现供热的同时,还可以达到制冷的效果。由于用于供热的能量通常大于用于驱动的能量,热泵系统的供热系数通常大于 1。因此,与电加热、燃用燃料加热和热能直接供热相比,热泵的节能效果很显著。

3. 能源的综合利用

与能量的梯级利用相比,能源的综合利用更是一个合理用能的系统工程,应该基于“总能”的思想实现能源的综合利用。总能的主要思想包括:基于不同用能系统(作功、发电、供热、制冷等)和不同热力循环有机联合的梯级用能思想,在系统的高度上,从总体上安排好功、电、热、冷与工质内能等各种能量之间的转换、使用和配合关系,并形成总能系统的集成;总体综合利用好各种能源和各级能量,以取得更有利的总效果,而不是仅仅着眼于提高单一设备

或工艺的能源利用率。在我国,现有能源的综合利用主要包括以下一些内容。

(1) 燃气-蒸汽联合循环

燃气轮机装置初温高(透平入口工质温度可达 1 300 ℃以上),排气温度也高(一般达 450~600 ℃),而蒸汽动力装置中蒸汽初温相对较低(低于 650 ℃)。可适当降低蒸汽初温,以便采用燃气-蒸汽联合循环(图 10-2),用燃气轮机的高温排气在余热锅炉中产生蒸汽,带动汽轮机作功、发电,可以使整个循环在 1 300~25 ℃的温度范围内工作,热效率显著提高。目前,燃气-蒸汽联合循环的发电效率已经超过 55%,高于燃气轮机和蒸汽轮机单独使用时的发电效率(一般均不超过 45%)。

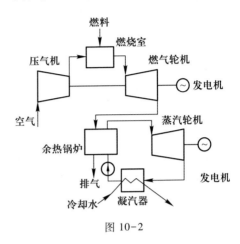

图 10-2

将煤气化技术与燃气-蒸汽联合循环按优化方式组合就构成了整体煤气化联合循环(integrated gasification combined cycle,IGCC)。此循环中,煤气化用的压缩空气来自燃气轮机装置的压气机,气化用的蒸汽从汽轮机抽汽而来,煤气先经过煤气透平作功,然后作为燃气轮机装置的燃料。此循环很好地体现了能量梯级利用和综合利用的原则,具有优良的热力性能,因此是目前燃煤动力循环研究的热点。

(2) 功热并供

功热并供是指热机输出机械功或电能的同时,还生产工艺用热或/和生活用热,又称为热电联产或热电并供。

热电联产可以采用汽轮机或燃气轮机,还可以采用燃气-蒸汽联合循环系统或有机朗肯循环系统。有机朗肯循环系统主要用于中低温热能驱动的热电联产,由于热源温度较低,有机朗肯循环系统的发电效率较低,提供给用户的热源温度也较低。汽轮机的热电联产系统是目前应用较多的一种形式,但从能的有效利用的角度看,系统仅仅利用 600 ℃以下的中低温区段,显然不合理。燃气轮机具有高温加热和高的热功转换能力的优势,且排气流量大、温度适中(400~600 ℃),很适合功热并供的场合,并可以采用补燃的方法来调节功热比的变化范围和满足热用户对温度的需求。在多数情况下,燃气-蒸汽联合循环的热电联产系统有更高的热功转换效率,可在更广的范围内抽取合适参数的热量来满足热用户的需求,并具有更经济的优点。

（3）动力-化工多联产

20世纪80年代以来，一些研究学者提出将IGCC等动力系统与煤基化工生产流程联合的思路，开拓研究动力和煤基化工多联产的总能系统。该系统在完成发电供热等热工功能的同时，还利用化石燃料生产出甲醇、二甲醚、氢气等化工产品。该系统使动力生产用能合理、污染少（甚至零污染），还使化工产品（或清洁能源燃料）的生产过程能耗低、成本低，从而协调兼顾了动力、化工、环境等的诸方面问题。

现代的多联产/供技术已经发展为能同时提供机械能、电能、蒸汽、热水、冷量、煤气、化工产品等的多联供技术，更好地体现了能量梯级利用和综合利用的原则，收到了很好的节能和环保效果。

（4）多能源互补

多数可再生能源（太阳能、风能、海洋能等）随时间、气候、季节等的变化而变化，具有不连续、不稳定的特点，开拓和发展可再生能源与化石能源的多能源互补利用的能源系统就成了发展应用可再生能源的一个重要课题。

目前，多能源互补系统已经受到了广泛的关注，包括化石能源-太阳能互补能源系统、燃料电池与太阳能联合发电系统、微型燃气轮机与风力发电联合系统、燃气轮机与水电站联合循环动力系统、天然气-核能综合利用系统等。

4. 能量转换新技术

通常的火力发电都要经过燃料的化学能→热能→机械能→电能的转换过程，每一个转换环节都有可用能的损耗，所以目前火力发电效率较低。如何摒除中间转换环节，提高燃料的利用率，一直是能源工作者努力的方向，由此开发了多种由燃料到电能的直接转换技术，磁流体发电技术和燃料电池技术是其中的代表。

（1）磁流体发电技术

高温导电流体高速通过磁场切割磁力线，产生感应电动势，从而将热能直接转变为电能，这就是磁流体发电。磁流体发电在一个简单的流道内完成了热能转变为电能的各个步骤，没有高速转动部件，具有噪声小、体积小、启动快等优点。

磁流体发电有开式循环和闭式循环两种方式。

开式循环通常直接以化石燃料燃烧所产生的高温烟气为工质（温度可达2 500 ℃以上），以富氧空气或高温空气为氧化剂。为了促进烟气电离以提高导电率，需在烟气中加入一定量的易电离的物质，例如钾盐，称为"种子"。高温烟气先在喷嘴中膨胀，获得高速，然后进入处于外磁场中的发电通道，将气流动能转变为电能。发电通道排出的烟气温度仍很高，可达2 000 ℃，如果将其送入余热锅炉产生蒸汽,驱动蒸汽轮机发电,就构成了磁流体-蒸汽联合循环,总的发电效率可达 $50\% \sim 60\%$。图 10-3 为开式磁流体-蒸汽联合循环的示意图。

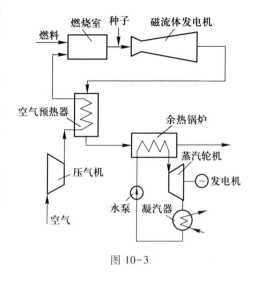

图 10-3

目前研究最多的开式循环是燃煤磁流体-蒸汽联合循环。由于加入的"种子"可以与烟气中的硫化合,减少 SO_2 的生成量,因此可大大减轻燃煤对环境的污染。

闭式循环的工作原理与开式循环的基本相同,不同之处在于开式循环所用的工质最终排入大气,而闭式循环所用的工质在循环中反复使用。闭式循环常用的工质是惰性气体(常以铯盐作为"种子")或液态金属,所需的热能可以来自燃料的燃烧或核反应堆。由于液态金属具有良好的导电性能,因此在较低温度($800 \sim 1\ 000$ ℃)下就可以很好地工作,这为太阳能、工业余能等的利用提供了一条新的途径。

（2）燃料电池技术

燃料电池是一种化学电池。与传统的化学电池相同,燃料电池也是通过电化学反应将化学能转换为电能的,不同之处在于燃料电池可连续不断地供入燃料和氧化剂(氧气或空气),并能连续不断地输出电流。

燃料电池最初只是用于航天领域,近年也开始用于地面,发展非常迅速,品种已由原来的氢氧碱型发展到现在的磷酸盐型、熔融碳酸盐型、高温固态氧化物电解质型、聚合物电解质型等多种类型。

尽管燃料电池多种多样,但工作原理大致相同,都是由阳极、电解质和阴极组成,由外界分别向阳极和阴极供入燃料和氧化剂。燃料在阳极被氧化,释放出电子;电子通过外电路向阴极移动,形成电流;氧化剂在阴极被还原。电解质的作用是运输离子,构成回路。这样,燃料的化学能就直接转变成了电能。燃料电池常用的电解质有酸、碱、熔盐、金属氧化物、离子交换聚合物等。图 10-4 为以磷酸为电解质的磷酸盐燃料电池的原理图。

与其他发电方式相比,燃料电池有许多突出的优点:

1）能量转换效率高。燃料电池根据电化学原理工作,其效率不受卡诺循环效率的限制,可以达到很高(理论上可达 $85\% \sim 90\%$),且在部分负荷下也基本能维持满负荷时的发电效率。若考虑利用余热,效果更佳。有的燃料电池可以和

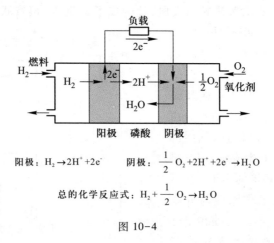

$$阳极: H_2 \rightarrow 2H^+ + 2e^- \qquad 阴极: \frac{1}{2}O_2 + 2H^+ + 2e^- \rightarrow H_2O$$

$$总的化学反应式: H_2 + \frac{1}{2}O_2 \rightarrow H_2O$$

图 10-4

燃气-蒸汽联合循环结合,构成燃料电池联合循环。若以煤炭气化得到的煤气为燃料则为整体煤气化燃料电池联合循环,预计可得到比整体煤气化联合循环更优越的性能。

2）低污染、无噪声。燃料电池污染物排放极少,是一种清洁的能源,并且没有机械运动部件,所以没有噪声污染。

3）对燃料的适应性强。燃料电池可以使用多种燃料,包括氢气、甲醇、天然气、煤炭等,甚至包括火力发电不宜使用的低质燃料。大多数燃料需经改质处理,形成燃料电池适用的燃料气。燃料电池为化石燃料的高效、清洁利用提供了一条途径。

4）质量小,体积小,启动和关闭迅速。

5）用途广。燃料电池既可作为固定电站,也可作为汽车、潜艇等移动装置的电源;可以小到一家一户的供电取暖,也可以大到分布式电站,与外电网并网发电。

10-3 新能源

新能源与常规能源在名称和内涵上是相对的。新能源是指技术正在发展成熟、尚未大规模利用的能源,其内涵根据技术水平、时期(时间)和地域(空间)有所变化。根据我国当前能源状况,新能源主要包括核能、太阳能、风能、生物质能、地热能、海洋能、氢能等,有些文献中还包括水能(主要指小型水电站)、天然气水合物(简称可燃冰)等。新能源有两个突出的特点:一是清洁,二是储量巨大或近乎无限。新能源的开发和利用是解决能源与环境问题、保证人类社会可持续发展的根本途径。

1. 核能

原子核结构发生变化时释放的能量,称为原子能或原子核能,简称核能。核能来源于原子核中一种短程作用力的核力。由于核力远大于原子核与外围电子间的作用力,核反应中释放的能量比化学能大几百万倍,具体数值可由爱因斯坦的质能方程确定。

核能的释放有三种方式:①原子核的放射性衰变(核衰变);②重原子核的分裂反应(核裂变);③轻原子核的聚变反应(核聚变)。原子核衰变的半衰期都很长,如铀约为 45 亿年,100 万千克铀衰变释放的能量一天还不到 $1\ kW\cdot h$,利用核衰变释放的能量不现实。因此,核能获得的主要途径是核裂变和核聚变。

核裂变又称核分裂,是指设法将一个重原子核分裂成两个或多个质量较小的轻原子核,同时释放出核能。常用的核裂变燃料是铀的同位素铀 235(^{235}U)、钚的同位素钚 239(^{239}Pu)等重元素物质。图 10-5 a 为铀 235 的核裂变原理示意图。^{235}U 原子核被中子轰击后,分裂成两个或多个质量较小的原子核(也称分裂碎片),并释放 2、3 个中子,同时释放出核能。释放的中子又去轰击其他 ^{235}U 原子核,再次引起核分裂。这种连续的核裂变反应称为链式反应,释放的核能(也称核裂变能)巨大,例如 1 kg ^{235}U 全部裂变产生的核能相当于约 2 500 t 标煤完全燃烧放出的热量。

核裂变目前已实用化,利用核裂变原理现在已经建成了各种反应堆/动力堆/供暖堆,如轻水堆、重水堆、气冷堆、快中子增殖堆等,用于发电、供热或用作某些大型装置(如核潜艇、核动力航母等)的动力。20 世纪 50 年代,用于生产电力和作为核动力使用时,核能被认为是一种新能源;目前,核裂变技术已经比较成熟,通过核裂变产生的核能(核裂变能)通常也被划入常规能源的范畴。

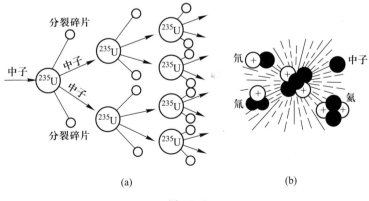

(a)　　　　　　　(b)

图 10-5

　　核聚变又称热核反应,是指轻原子核在超高温下克服原子核间斥力、聚合成较重原子核的熔合反应。原子核的静电斥力同其所带电荷的乘积成正比,原子序数越小,质子数越少,聚合所需的动能也就越低,即温度也越低。因此,只有较轻的原子核(例如氢、氘、氚、氦、锂等)才容易释放出聚变能。最容易实现的核聚合反应是氘和氚的反应,图 10-5 b 为氘($_1^2$D)和氚($_1^3$T)聚变为氦($_2^4$He)的核聚变原理示意图,相应的反应式为

$$_1^2D + _1^3T = _2^4He + 中子 + 聚变能$$

　　核聚变的能量巨大,例如 1 kg 氘和氚聚变释放的核能相当于 1 kg 铀裂变释放核能的 5 倍。另外,氘和氚聚变的产物只是氦和中子,是真正的清洁能源;核聚变的燃料(氘、氚)可以从海水中获得,储量极为丰富,例如每升海水中氘含量可达 0.034 g。

　　氢弹是根据核聚变原理制造的,但因聚变反应的速度难以控制,不能作为能源来利用。另外,核聚变反应在几千万摄氏度甚至上亿摄氏度的超高温下进行,任何材料制成的器壁都承受不了如此的高温,且反应的初始条件(例如等离子密度、最少约束时间等)非常苛刻。因此,核聚变能利用的关键在于核聚变的控制技术。目前,可控核聚变的方式主要有磁约束和惯性约束两种。

2. 太阳能

　　太阳是一个炽热的气态球体,内部持续进行着氢聚合成氦的核聚变反应,核心温度高达 $4×10^7$ K,表面温度也有 6 000 K。太阳以 $3.8×10^{23}$ kW 的功率向外辐射着能量。

　　地球是太阳系的一颗行星,虽然只接收到太阳总辐射能量的 22 亿分之一,仍然有 $1.73×10^{14}$ kW 的能量达到地球大气层,经大气层衰减后,最后约有一半的能量,即 $8.5×10^{13}$ kW 达到地球表面,这个数量相当于目前全世界发电量的几十万倍。

　　广义来讲,地球上除核能、地热能、潮汐能以外的能量都直接或间接地来自太阳能。地球上的水能、风能、波浪能、海洋温差能、生物质能等都是太阳辐射能的转换形式。煤炭、石油、天然气等化石燃料也是亿万年前太阳能转换的积蓄。本节介绍的狭义的太阳能,仅指可以直接利用的太阳辐射能。

　　分布广泛、不需运输、取之不竭、用之不尽、清洁、可再生等优点,决定了太阳能发展的必然性和生命力。目前,利用太阳能的基本方式主要有光热利用、光电利用、光化学利用、光生物利用等方式。

　　(1) 太阳能光热利用

　　太阳能光热利用是指将太阳能转换为热能而加以利用。收集和吸收太阳辐

射能的装置称为太阳能集热器,它是实现太阳能利用的基本装置。目前,太阳能集热器种类繁多、形式各样、名称各异,但总的来说可分为非聚光式和聚光式两大类。

非聚光式集热器的工作原理是基于温室效应。这种集热器结构简单、造价低,但由于太阳能的能量密度低,其工作温度也较低,通常在200 ℃以下,属于太阳能的低温热利用。图10-6为最常见的非聚光式集热器——平板集热器的基本原理图。波长较短的太阳光透过透明盖层进入集热器(透明盖层起减小大气对流和辐射损失的作用),吸收表面将太阳辐射能转变为热能,因吸收表面温度较低,其热辐射波长集中在红外长波波段,不易透过透明盖层,从而使集热器起到"收集热能"的作用,管内被加热的流体将热能带出。

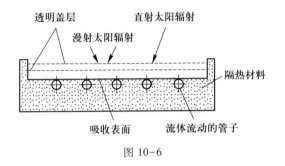

图 10-6

常见的非聚光式集热器还有真空管式和热管式。另外还有一种特殊的集热器——太阳池,它是一个盐水池,盐水的浓度和密度随水深而增大。阳光照射到池底,立即转变为热能;但稳定的盐水层使热对流难以形成,从而池底温度越集越高。太阳池有集热和蓄热的双重功能。某些咸水湖就是天然的太阳池,例如世界上著名的咸水湖——死海,其边上已经建立了许多太阳能热利用装置。

聚光式集热器根据光学系统的聚焦原理而工作,通常需采用太阳能跟踪系统。集热器分为透射式和反射式,是太阳能中、高温热利用的重要部件,其最高集热温度可达到3 000 ℃以上。

近年来,太阳能的热利用技术发展很快,出现了多种热利用装置,例如太阳能热水器、太阳能温室、太阳房、太阳能干燥器、太阳能蒸馏器、太阳能制冷、太阳能空调、太阳灶、太阳能冶炼炉、太阳能热发电装置等。

(2)太阳能光电利用

太阳能光电利用是通过光伏效应将太阳能直接转变为电能而加以利用。太阳能电池根据半导体的性质工作,是太阳能光电利用的最基本形式。

目前,已知的可以制造太阳能电池的半导体材料有十几种,可制成上百种不同形式的太阳能电池,常见的有硅系列太阳能电池(包括单晶硅、多晶硅和非晶硅)、多元化合物太阳能电池(如硫化镉太阳能电池、砷化镓太阳能电池、铜铟硒太阳能电池等)。目前,已实现工业化生产的主要是硅系列太阳能电池,而其中单晶硅太阳能电池研究最早,技术最成熟。

图 10-7 为典型单晶硅太阳能电池的工作原理图。通常,硅片的厚度为 0.2~0.4 mm,上部掺入微量的磷、砷、锑等五价元素,形成主要以带负电的电子导电的 N 型半导体;下部掺入微量的硼、镓、铝等三价元素,形成主要以带正电的空穴导电的 P 型半导体(图 10-7 a)。由于电子和空穴的扩散,界面处形成 PN 结,结内有一个由 N 区指向 P 区的内建电场(图 10-7 b)。当足够强度的阳光照射到半导体表面时,激发产生电子-空穴对。N 区的光生空穴向 PN 结扩散,进入 PN 结后,即被内建电场推向 P 区;P 区的光生电子向 PN 结扩散,然后被内建电场推向 N 区;PN 结处产生的电子和空穴,则立即被内建电场分别推向 N 区和 P 区(图 10-7 c)。这样,N 区就积累了大量带负电的电子,P 区积累了大量带正电的空穴,P 区和 N 区之间产生了光生电动势,光能就直接转变成了电能。

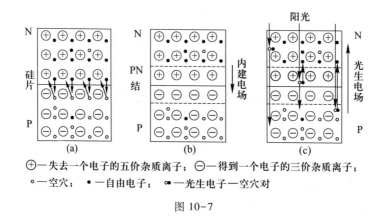

⊕—失去一个电子的五价杂质离子; ⊖—得到一个电子的三价杂质离子;
∘—空穴; •—自由电子; ∞—光生电子—空穴对

图 10-7

在电池的上下表面布上电极,并将电池用透明的减反射膜覆盖,就得到一个太阳能电池单体,它是实现光电转换的最小单元。将单体太阳能电池串、并联,就得到一定功率的太阳能电池组件,它可以作为手表、计算器等小型电器的电源。把许多组件进行串、并联,得到较大功率的太阳能电池方阵,可以作为太阳能汽车、太阳能电视、光伏水泵等的电源。数个太阳能电池方阵串、并联,可构成功率更大的太阳能光伏工作站。

太阳能电池是一种物理电源,完全不同于通常的化学电池,它不需要消耗燃料,不需要任何电解质,也不向外界排放废物,是一种理想的清洁能源。太阳能电池体积小,质量小,没有运动部件,无噪声,故障率低,使用维修简便,运行安全可靠,且运行费用低。只要有足够的光源,太阳能电池就可运行,而太阳能随处可得,所以太阳能电池的使用不受地域限制。太阳能电池可以根据需要来组合使用,规模可大可小,非常灵活。

在能源短缺或不易架设输电线路的地区,采用太阳能电池是保障电力供给的极好方法。航标灯、铁路信号灯、电视差转站、农田灭虫灯等都可以采用太阳能电池作能源,并可以做到无人值守,稳定供电。光伏电站可以作为边远农村、海岛、沙漠等地区的独立供电站,无需进行大型基础建设,也无需运输燃料,且建设周期短、操作简便。

（3）太阳能光化学利用

太阳能光化学利用是指将太阳能转换为化学能而加以利用,例如太阳能直接分解水制氢,但由于水不吸收可见光,不能直接将水分解,必须借助于光催化剂（例如光敏物质、络合物等）。太阳能化学电池也是太阳能光化学利用的一种方式,例如利用 N 型二氧化钛半导体作阳极、铂作阴极,在太阳光照射下能分解水,产生氢气和氧气,并获得电能。

（4）太阳能光生物利用

太阳能光生物利用是指将太阳能转换为生物质能而加以利用,例如通过植物的光合作用生产速生植物（例如薪炭林）、油料作物、巨型海藻等。

太阳能的能量密度低,并且受昼夜、季节、纬度、海拔等因素影响而具有间断性和不稳定性,给太阳能的利用带来了一定的困难,储能成为太阳能利用的一个关键问题。储存热能和储存电能是太阳能利用的常见储能方式,前者常采用某些储热介质（例如水、卵石、低熔点盐类等）,后者常采用蓄电池。

将某些发电方式一起构成互补复合式发电系统也是储能技术的组成部分,例如将太阳能发电和水力发电组合,用太阳能充足时的多余电力将水提到高处,在太阳能不足时用水力发电来补充。再如将太阳能发电与氢能发电组合,用多余的太阳能电力电解水制氢或利用光化学制氢,将氢作为储备能源。

3. 风能

风能是流动的空气所具有的动能。地球大气层在吸收太阳辐射后由于太阳辐射及地球表面环境的不均匀性会产生温差,从而导致压差形成空气流动。因此,风能是源于太阳的辐射热,是太阳辐射能的一种转换形式。地球所吸收的太阳能中有 1%~3% 转化为风能,即使比例很小,地球上可利用的风能总量仍然比可开发利用的水能总量大很多倍。

风能的大小取决于风速和空气密度,受大气环流、季节、时间、地形、高度、海陆、障碍物等影响。风能具有蕴藏量大、分布广、可再生、无污染等优点;但也有能量密度低、不稳定、地区差异大等局限。

风能的利用方式主要有风帆助航、风力泵水、风力发电、风力致热等,其他利用方式还有通风、空调等。

（1）风帆助航

风帆助航从古至今一直有普遍的应用。随着机动船舶及电子技术的发展，古老的风帆助航在提高航速、精确控制、节约燃油等方面也有了很大的进步，例如日本已在万吨级货船上采用电脑控制的风帆助航，节油率达15%。

（2）风力泵水

风力泵水从古至今一直有较为普遍的应用，并已有很大的发展。现代风力泵水机根据实用技术指标可以分为三类：①低扬程、大流量型，机组扬程为0.5~5 m，流量可达50~100 m^3/h，它与螺旋泵或钢管链式水车相匹配，提取河水、湖水或海水等地表水，主要用于农田灌溉、水产养殖、制盐等；②中扬程、大流量型，机组扬程为10~20 m，流量为15~25 m^3/h，一般采用流线型升力桨叶风力机，提取地下水，主要用于农田灌溉、草场灌溉等；③高扬程、小流量型，机组扬程为10~100 m，流量为0.5~5 m^3/h，它与活塞泵相匹配，提取深井地下水，主要用于草原灌溉、人畜饮水等。

（3）风力发电

风力发电是风能利用的主要形式，通常有三种运行方式：①独立运行，通常是一台小型风力发电机向一户或几户提供电力，为保证无风时的用电，通常采用蓄电池蓄能；②结合运行，即风力发电与其他发电方式相结合，向一个单位、村庄或海岛供电，例如风力-柴油互补发电、风力-太阳能互补发电等；③并网运行，通常一处风场安装几十台甚至几百台风力发电机，向大电网输电。其中，并网运行是风力发电的主要发展方向。

（4）风力致热

风力致热是将风能转换成热能，目前主要有三种方式：①风力发电致热，风力机发电后，再通过电阻丝加热将电能转换为热能；②风力压缩制热，风力机带动离心压缩机，使空气绝热压缩从而释放热能；③风力直接致热，风力机直接将风能转换为热能，例如搅拌液体致热、液体挤压致热、固体摩擦致热、涡电流致热等。其中，风力直接致热的致热效率最高，而风力发电致热的致热效率最低（由于风能发电的效率很低）。

风力机是实现风能利用的重要装置，它将空气流动的动能转变为机械有规则转动的动能。古代的风车就是一种原始的风力机。

现代风力机形式多种多样。按结构形式大致可分为水平轴式和垂直轴式，前者的旋转轴与地面平行（图10-8a），后者的旋转轴与地面垂直（图10-8b）。近年来还出现了一些特殊形式的风力机，如扩压式风力机、旋风式风力机等。

与太阳能相同，风能具有随机性和不稳定型，利用风能必须考虑储能和其他能源的相互配合，才能获得稳定的能源供应。另一方面，风能的能量密度低，所

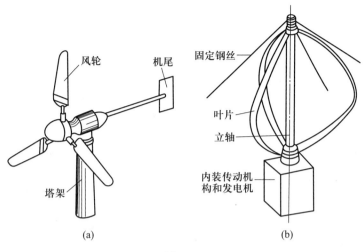

风轮　机尾

固定钢丝

叶片

立轴

内装传动机构和发电机

塔架

(a)　　　　　　　(b)

图 10-8

以风能利用装置体积大、耗材多、投资高。但是作为一种丰富的、清洁的可再生能源,风能会是未来社会的重要补充能源。

4. 生物质能

生物质是地球上最广泛存在的物质,包括所有动物、植物和微生物以及由这些有生命物质派生、代谢而形成的有机质(矿物燃料除外),例如农作物及其废弃物、林作物及其废弃物、藻类、菌类、粪便等。因为含有有机质,各种生物质都具有一定的能量,这种以生物质为载体的能量称为生物质能。从根本上讲,各种生物质能都直接或间接地来自太阳能。据估算,地球上每年通过光合作用产生的生物质能含能量达 3×10^{18} kJ,相当于目前世界能耗的 10 倍以上。

人类使用生物质能的历史可以追溯到史前。直到现在,生物质能仍然是许多发展中国家农村用能的主要来源。目前,被用作能源的生物质能是生物质能总量的极小部分,而且利用效率很低。世界性的能源危机和环境污染使人们对生物质能有了新的认识,现代科技的发展为生物质能的有效利用创造了条件,从而将生物质能提升到新能源领域。

合理有效地利用生物质能,就是要开发高效的生物质能转化技术,将能量密度低的生物质能转变成便于使用的高品位能源。目前,生物质能的转化技术可以概括为三大类:物理转化、化学转化、生物转化。

(1)物理转化

生物质的物理转化主要指生物质固化成型技术,是将生物质粉碎到一定粒度,在一定的压力下,挤压成一定形状。固化成型后的生物质有较高的体积密度和能量密度。而当生物质的含油率较高时,例如棉籽、菜籽等,直接挤压或压榨即可获得高品位的生物油。

（2）化学转化

生物质的化学转化主要指热化学转化,除了直接燃烧(此时,生物质能被划入常规能源的范畴)以外,还主要包括热解、气化、液化等。

热解也称热裂解,是指在惰性氛围(例如真空、氮气等)的条件下,生物质被加热到较高温度(通常高于 400 ℃)时分解成小分子的过程,热解的产物主要是生物油,还有一定量的焦炭和气体。产生的生物油主要含碳氢化合物、醇、酯、醛、酚等,是高品位的液体燃料;产生的气体也称为合成气,主要含一氧化碳、氢气、甲烷等,可以作为气体燃料使用;而产生的焦炭通常比原生物质具有更高的热值。

气化是指生物质与气化介质(例如空气、氧气、水蒸气、氢气、二氧化碳等)在高温(通常高于 700 ℃)时发生化学反应的过程,气化的产物主要是气体,还可能有少量的灰分和一定量的焦油。产生的气体也称合成气或气化气,主要含一氧化碳、氢气、甲烷等。气化合成气与热解合成气的主要区别是,气化合成气通常有较高的产率。整体来讲,气化产生的合成气具有较高的热值,是高品质的气体燃料,可以用作燃烧、发电的燃料,也可以进一步生产液体燃料或化工产品。

液化是指在一定条件(例如高压、催化剂等)下将生物质转化成液体燃料的过程。液体燃料主要含汽油、柴油、液化石油气等液体烃类燃料,有时还含有甲醇、乙醇等醇类燃料。按化学加工过程的技术路线,液化可分为直接液化和间接液化。直接液化通常是将生物质在高压(高达 5 MPa)、催化剂(例如 Na_2CO_3 溶液)和一定温度(250~400 ℃)下与氢气发生反应,直接转化为液体燃料。间接液化则是将生物质气化得到的合成气,经分离、调制、催化反应后,得到液体燃料。与热解相比,液化得到的生物油具有更好的物理稳定性和化学稳定性。

（3）生物转化

生物质的生物转化是指采用微生物发酵的方法将生物质转变成气体燃料或液体燃料,主要有沼气技术和燃料乙醇技术。

生物质在一定温度、湿度、酸碱度和缺氧的条件下,经过厌氧微生物发酵分解和转化后产生沼气。沼气的主要成分是甲烷(体积一般为 60%~70%)和二氧化碳(体积一般为 30%~40%),还有少量的氢气、氮气、一氧化碳、硫化氢、氨等。沼气具有较高的热值,既可以作为生活用气,也可以作为工业燃料。生成沼气所用的原料通常是农作物秸秆、人畜粪便、树叶杂草、有机废水、生活垃圾等,这些生物质如果不加以妥善利用,不仅会造成能源的浪费,还可能导致环境的污染。在农村,沼气工程可以和养殖业、种植业等结合起来,后者为前者提供原料,发酵后的沼渣、沼液又可以为后者提供部分肥料,从而实现生物质的综合利用和能源与环境的良性循环。在城镇,用沼气发酵处理有机废弃物,既保护了环境,又获得了能源。

依据原料的成分燃料乙醇的生产工艺主要可分为两类:一类是富含糖类的生物质经直接发酵转化为燃料乙醇;另一类是含淀粉、纤维素的生物质,先经酶解转化为可发酵糖分,再经发酵转化为燃料乙醇。发酵生产的乙醇可应用于化工、医疗和制酒业,还可以用作能源工业的基础原料。例如,乙醇经进一步脱水后可以和汽油按一定比例混合,从而成为很好的汽车燃料,可以用于汽油发动机汽车、灵活燃料汽车、乙醇发动机汽车等。

现代化的生物质能技术不仅要充分利用现有的各种生物质,还要建立以获取能源为目的的生物质生产基地,例如种植速生的薪炭林、油料作物等能源植物,利用植物的光合作用收集太阳能,以获得能源生产和环境保护的双重效益。

5. 地热能

地热能是地球内部蕴藏的热能。地球本身是一座巨大的天然储热库。据估计,在地壳表层 10 km 的范围内,地热资源就达 1.26×10^{24} kJ,相当于 4.6×10^{16} t 标煤所蕴藏的能量。

根据存在的形式,地热资源通常分为四大类:水热型地热、地压型地热、干热岩型地热、岩浆型地热。

（1）水热型地热

水热型地热主要包括地热蒸汽和地热水,又可细分为高温（150 ℃ 及以上）、中温（90~150 ℃）和低温（低于 90 ℃）三种形式,是现在开发利用的主要地热资源。

（2）地压型地热

地压型地热是封闭在地层深处沉积岩中的高压热水,压力可达几十兆帕,温度一般处于 150~260 ℃。地压型地热中通常溶有甲烷等碳氢化合物,因此地压型地热的能量包括热能、势能和化学能,是一种尚待研究和开发的地热资源。

（3）干热岩型地热

干热岩型地热是指地层中不含水或蒸汽的高温岩体,温度一般为 150~650 ℃,其能量需通过人造地热系统来利用。通常,打两口深井至热岩内部,用水压破碎法在岩体内形成洞穴,从一口井注入冷水,通过另一口井将被加热的水取出。干热岩型地热资源不受自然地热田的限制,可以更大范围地开发,因此引起了人们的注意。

（4）岩浆型地热

岩浆型地热是指熔融或半熔融的岩石,温度高达 700~1 200 ℃,其利用的技术难度很大。

目前,得到利用的主要是水热型地热能。水热型地热能可以直接利用,例如采暖、空调、工业烘干、农业温室、水产养殖、日常生活、旅游疗养等。水热型地热能还可以用于发电,原理与蒸汽动力发电相同,但是省去了锅炉和燃料。根据蒸汽轮机中蒸汽的来源,地热发电目前主要有地热蒸汽发电、扩容法地热发电、双循环地热发电。

（1）地热蒸汽发电

地热蒸汽发电是以净化后的地热蒸汽为工质,直接推动蒸汽轮机作功发电。

（2）扩容法地热发电

扩容法地热发电是将地热水通入压力较低的扩容器中,热水迅速汽化,体积增大,亦即扩容,也称闪蒸。根据具体情况,可以多次扩容,以获得更多的蒸汽用于发电。

（3）双循环地热发电

双循环地热发电是利用地热水加热某种低沸点工质,产生蒸气,用以发电。双循环地热发电也称双工质地热发电。根据循环方式,双循环地热发电又可以分为朗肯循环发电和卡林那循环发电。当地热水腐蚀性强、结垢性强或温度较低时,常采用双循环地热发电。

扩容法地热发电和双循环地热发电是利用低温热能发电的常用方法,亦可用于太阳能、海洋温差能、工业余热/废热发电等场合。

近年来还出现了一种地热全流发电系统,即将地热井口的全部流体,包括蒸汽、热水、不凝气体及化学物质等直接送入全流动力机械中膨胀作功、发电,以充分利用地热流体的能量。

地热资源的利用应做到一水多用、逐级开发、综合利用,如先发电,后供暖,然后养鱼、灌溉等。同时,还要考虑环境保护,如回灌地下水防止地面下陷、处理地热流体中的有害物质等。

6. 海洋能

海洋所蕴藏的自然资源极为丰富,有生命的、无生命的,可再生的、非再生的,固态的、液态的、气态的,等等,可谓种类繁多,形形色色。属于新能源范畴的海洋能指的仅是海洋中的可再生能源,包括潮汐能、波浪能、海流/潮流能、海洋温差能、海洋盐差能等。除了潮汐能和潮流能源于星球间的引力外,其他海洋能均源于太阳能。

（1）潮汐能

潮汐能是海水受月球和太阳的引力而发生周期性涨落所具有的能量。潮汐能的利用主要是发电。

潮汐能发电是在潮汐能丰富的海湾入口或河口筑堤构成水库,在堤坝内或堤坝侧安装水能发电机组,利用堤坝两侧潮汐涨落的水位差驱动水轮机组发电。

潮汐能发电不需要燃料供应,没有烟渣排放,也没有水电站的淹没损失,不涉及移民问题。堤坝的修建改变了周围的自然环境,可同时进行围垦种植、水产养殖、旅游、交通等综合开发。但是机组在海水中工作,需要解决防腐、防污(海生物附着)、防淤等问题。目前,潮汐能发电已经实用化。

(2) 波浪能

波浪是由于风和重力作用而形成的海水的起伏运动,它所具有的能包括动能和势能,统称为波浪能。将波浪能转换为电能的过程中,可以通过某种装置将波浪能转换为机械能、气压能或液压能,然后通过传动机构、汽轮机、水轮机或油压马达驱动发电机发电。根据能量的中间转换方式,波浪能发电可分为机械式、气动式和液压式三大类。目前,气动式采用的最多。

应用波力发电的小型装置已经得到了推广应用,例如航标灯、灯塔等。大型的波力发电装置如大型波力发电站、波力发电船等也已经出现。

(3) 海洋温差能

海洋表层海水的温度高于深层海水的温度,在热带和亚热带海域,这个温差可以达到 20 ℃。从热力学的角度讲,有温差就可以产生动力,所以海洋温差中蕴含着可用能量,称为海洋温差能或海洋热能。

在海洋表层(高温热源)和深层(低温热源)之间安装热机,可以将温差能转变为机械能,进而通过发电装置转变为电能。所采用的热力循环通常是朗肯循环,利用海水加热低沸点工质或将海水闪蒸产生蒸汽来驱动汽轮机发电,主要有开式循环系统、闭式循环系统和混合循环系统。

(4) 海洋盐差能

不同浓度的溶液之间存在的化学能称作浓度差能。海水含有大量的盐分,不同的海水或海水与河水间的浓度差,形成了海水含盐浓度差能或称盐差能。目前,海洋盐差能的利用还处于初期探索阶段。

(5) 海流能

海流是一种持续性的海水环流,是海洋中的一种自然现象。与河流相同,海流蕴藏着巨大的能量。海流能非常稳定,不会受到洪水的威胁或枯水期的影响,是一种可靠的能源,但其利用难度较大。

7. 氢能

氢是最轻的化学元素,在地球上广泛存在于水、各种碳氢化合物和地壳中,来源广泛、取之不尽。

在常温常压下,氢单质是无色、无味的气体,发热量很高,比化石燃料、化工燃料和生物燃料的都高,是汽油发热量的 3 倍。氢气在空气中的燃烧温度可高达 2 000 ℃,燃烧时无烟无尘,燃烧产物只有水,而水又是制取氢气的主要原料。因此,氢能是人们梦寐以求的能源。

尽管地球上氢元素含量丰富,但氢单质却很少存在,需要人工制取,因此氢能是二次能源。大量而廉价地制取氢是氢能利用的关键。

工业上常用的制氢方法是由化石燃料制氢和电解水制氢。前者制氢效率不高,对环境污染大,还要消耗本已不多的化石燃料资源,因此不能作为未来氢能的来源。后者则需要消耗大量高品位的电能,总的能量利用率很低,所以也是不足取的。当然,如果是作为储能的手段,那么电解水制氢还是可取的。

目前,正在研究的制氢方法有多种,例如分解水制氢法、光化制氢法、热化学制氢法、生物制氢法等。

(1) 分解水制氢法

分解水制氢法是指把水或蒸汽加热到 3 000 K 以上,使水分解成氢气和氧气。虽然这种方法的分解效率高,不需要催化剂,但高温的获取及维持,费用昂贵。通常,人们考虑利用太阳能聚焦或核反应的热能作为分解水的热源。

(2) 光化制氢法

光化制氢法是指在阳光照射和催化剂的作用下,先把水分解为氢离子和氢氧根离子,再生成氢气和氧气。此方法可以克服分解水制氢法温度高的缺点,可以实现大规模的太阳能制氢,关键是寻求光解效率高、性能稳定、价格低廉的光敏催化剂。

(3) 热化学制氢法

热化学制氢法是通过热化学反应制取氢气,例如生物质热化学制氢,将生物质燃料通过气化或裂解反应后可生成富含氢气的合成气,进一步采用变压吸附或膜分离等技术分离得到纯氢。通常情况下,合成气中还会含有一定量的其他气体(例如一氧化碳、二氧化碳、甲烷等),还有焦油。选择适当的生物质燃料、化学反应方式、运行条件、催化剂等,成为制取高产率、高纯度氢气的关键。

(4) 生物制氢法

生物制氢法是利用某些生物进行酶催化反应制取氢气的方法,主要分为光合作用微生物制氢和厌氧发酵有机物制氢两类。光合作用微生物制氢是指微生物(例如细菌、藻类等)通过光合作用将水分解产生氢气,由于同时也产生了氧气,酶(例如固氮酶、可逆产氢酶等)的活性会受到抑制。厌氧发酵有机物制氢是在厌氧和酶的作用下,通过微生物(例如细菌)将底物分解,制取氢气。底物可以是甲酸、丙酮酸、各种短链脂肪酸等有机物,也可以是淀粉、纤维素等糖类或硫化物,它们广泛存在于工农业生产的污水和废弃物中。但是,厌氧发酵细菌生物制氢的产率一般比较低。

制取的氢能,其利用方式很多,主要有以下三类。

（1）作为氢能能源

氢能作为汽车、飞机、舰艇等动力机械的能源，或用于产生热能以取代化石燃料。氢能将来有可能通过管道输送到各家各户，成为主要的二次能源。

（2）氢能发电

以氢为燃料组成氢氧发电机组或氢-氧燃料电池是氢能发电的主要形式。由于燃料电池的基本原理是电解水的逆反应，因此，氢-氧燃料电池比其他形式的燃料电池更有效，也更简单。

（3）作为能量载体

太阳能、风能等可再生能源往往连续性差，需要一定的储能装置才能实现连续供能。当电站处于用电低负荷或有多余电力时，储能也是一个重要问题。电能是过程性能源，很难长期储存，而氢能是含能体能源，有良好的输运性和转换性，是极好的储能介质，可作为能量储存和输运的载体。

氢气的储存和运输是氢能利用的另一个重要环节。将氢气加压后储存在特制的钢瓶中或将氢气在低温下液化储存在杜瓦瓶中是目前氢能储存和运输的常用方法。但前者储气量不会很大，且搬运不便；后者耗能巨大，价格昂贵。目前，研究最活跃的储氢技术是金属氢化物储氢。在一定温度下，氢气可以和许多金属或合金（例如铁钛合金、镁合金等）化合形成金属氢化物并放出热量，需要时对金属氢化物加热就可以得到氢气。这种储氢方法为氢能的运输以及氢作为移动式机械的能源提供了有利条件。

部分习题答案

第一章

1-1 742.56 mmHg；99 000 N

1-2 1.019 7 m；1.292 4 m

1-3 0.178 32 MPa

1-4 80 mmH$_2$O；739.12 mmHg

1-5 768.81 mmHg；1.175 kPa

1-6 1.062 3 MPa；0.632 7 MPa

1-7 9.807 MPa；3 048.8 kJ/kg

1-8 $\{t\}_{°F} = \dfrac{9}{5}\{t\}_{°C} + 32$；$-459.67\ °F$

第二章

2-1 1.589×10^6 kJ/h

2-2 1.921 kW

2-3 压缩过程；-8 kJ

2-4 过程 1-a-2 中 $W = 7$ kJ；过程 1-c-2 中 $Q = 11$ kJ

2-5 $W = 0$；$\Delta U = 0$；$\Delta H = 7.6$ kJ

2-6 $W_t = -7.6$ kJ(外界消耗功)；$\Delta U = 0$；$\Delta H = 7.6$ kJ

2-7 11 044 kW；10 853 kW

2-8 0.894 9×10^6 kJ/h

2-9 1 420 J

2-10 过程 1-2，$W_t = -18$ kJ/kg；过程 2-3，$q = 3\,218$ kJ/kg，$\Delta h = 3\,218$ kJ/kg；
过程 3-4，$W_t = 1\,142$ kJ/kg；过程 4-1，$q = -2\,094$ kJ/kg

第三章

3-1 （1）411.96 J/(kg·K)

（2）1.110 5 m^3/kg，0.900 5 kg/m^3

（3）0.618 kJ/(kg·K)，1.667

3-2 9.973 kg

3-3 0.234 1 kg；0.041 5 MPa

3-4　30.32 g/mol；274.2 J/(kg·K)；0.001 5 MPa

3-5　(1) $w_{CO_2} = 5.6\%$, $w_{O_2} = 16.32\%$, $w_{H_2O} = 2\%$, $w_{N_2} = 76.08\%$

　　(2) $m_{mix} = 28.87$ g/mol

　　(3) $R_{mix} = 288$ J/(kg·K)

3-6　(1) $\varphi_{CO_2} = 3.673\%$, $\varphi_{O_2} = 14.724\%$, $\varphi_{H_2O} = 3.205\%$, $\varphi_{N_2} = 78.398\%$

　　(2) $p_{CO_2} = 0.003\ 673$ MPa, $p_{O_2} = 0.014\ 724$ MPa, $p_{H_2O} = 0.003\ 205$ MPa

　　　$p_{N_2} = 0.078\ 398$ MPa

　　(3) $V = 108$ m^3

　　(4) $U = (1\ 046+3\ 707+1\ 020+20\ 951)$ kJ = 26 724 kJ

3-8　漏气 1.118 kg

3-9　195.8 ℃

3-10　(1) 603 kJ/kg, 1.104 kJ/(kg·K)

　　(2) 634.5 kJ/kg, 1.150 8 kJ/(kg·K)

3-11　(1) $w = 51.68$ kJ/kg, $q = 180.90$ kJ/kg, $\Delta u = 129.24$ kJ/kg

　　　$\Delta s = 0.472\ 35$ kJ/(kg·K)

　　(2) $w = 40.48$ kJ/kg, $q = 169.72$ kJ/kg, $\Delta u = 129.24$ kJ/kg

　　　$\Delta s = 0.472\ 35$ kJ/(kg·K)

3-12　(1) $w = -154.32$ kJ/kg, $w_t = -154.32$ kJ/kg, $q = -154.32$ kJ/kg

　　(2) $w = -143.95$ kJ/kg, $w_t = -201.53$ kJ/kg, $q = 0$

　　(3) $w = -148.48$ kJ/kg, $w_t = -185.60$ kJ/kg, $q = -55.60$ kJ/kg

3-13　(1) 230.76 K, 347 kW

　　(2) 241.16 K, 295 kW

3-14　1.222 3；3.027 MPa；84.54%

3-15　80.4 kJ/kg；300 K；0.102 4 kJ/(kg·K)

3-16　426.9 K

3-17　1.011 kg

3-18　1.445 kg；119.3 kJ

3-19　(1) 249.2 K；(2) 0.117 6 MPa；(3) 0.005 32 kg；(4) 0.264 kJ

第四章

4-1　4 800 kJ；1 200 kJ；75%

4-2　定温吸热过程：$w = 477.61$ kJ/kg, $q = 477.61$ kJ/kg

　　定熵膨胀过程：$w = 646.20$ kJ/kg, $q = 0$

　　定温压缩过程：$w = -119.40$ kJ/kg, $q = -119.40$ kJ/kg

　　定熵压缩过程：$w = -646.20$ kJ/kg, $q = 0$

　　热效率 $\eta_{t,C} = 75\%$

4-3　过程 1→2：$w = 676.3$ kJ/kg, $w_t = 676.3$ kJ/kg, $q = 676.3$ kJ/kg

　　过程 2→3：$w = -187.3$ kJ/kg, $w_t = 0$, $q = -468.7$ kJ/kg

过程 $3 \rightarrow 4: w = -169.1 \text{ kJ/kg}, w_t = -169.1 \text{ kJ/kg}, q = -169.1 \text{ kJ/kg}$

过程 $4 \rightarrow 1: w = 187.3 \text{ kJ/kg}, w_t = 0, q = 468.7 \text{ kJ/kg}$

$\eta_{t,r} = 75\%$

若不回热,则 $\eta_t = 44.3\%$,$\Delta S_{\text{孤立系}} = 1.171 \, 8 \text{ kJ/K}$

4-4 （1）360 ℃

（2）261 ℃

4-5 $\dfrac{\eta_{t,a}}{\eta_{t,b}} = 1 + \dfrac{T_2}{T_1}$；$\lim\limits_{T_1 \to \infty} \dfrac{\eta_{t,a}}{\eta_{t,b}} = 1$；$\eta_{t,a} = 70\%$；$\eta_{t,b} = 53.85\%$

$W_a - W_b = 16.15 \text{ kJ}$；$\Delta S_{\text{冷源b}} - \Delta S_{\text{冷源a}} = 0.053 \, 83 \text{ kJ/K}$；$\Delta S_{\text{孤立系}} = 0.053 \, 83 \text{ kJ/K}$

4-7 20 ℃；0.2 MPa；1.386 2 kJ/K

4-8 8.82 kJ/kg；$\Delta s = 0.059 \, 32 \text{ kJ/(kg·K)}$

4-9 33.09 ℃；0.598 3 kJ/K

4-11 21.70 kJ；19.29 kJ；15.01 kJ

4-12 （1）116.68 kJ/kg，12.03 kJ/kg

（2）25.46 kW

（3）9.42 kW

第五章

5-1 872 000 m³/h

5-2 0.878（亚音速气流）；1.107（超音速气流）

5-3 879.1 K,0.665 9 MPa；该截面在喷管的渐放段

5-4 217.4 m/s；0.372 3 kg/s

5-5 0.421 3 kg/s；316.0 m/s

5-6 481.8 m/s；0.585 MPa；577.56 K

5-7 $A_1 = 1 \, 723 \text{ mm}^2$；$A_{\min} = 1 \, 385 \text{ mm}^2$；$A_2 = 3 \, 016 \text{ mm}^2$

5-8 未达最大流量；$\dfrac{q_m}{q_{m,\max}} = 95.13\%$

5-9 363.4 m/s

5-10 $P_n = 129.69 \text{ kW}$；$P_s = 136.75 \text{ kW}$；$P_T = 104.72 \text{ kW}$

5-11 $p_{2''} = 3.622 \text{ MPa}$，$t_{2''} = 352.46 \text{ ℃}$

多变指数	进气压力/MPa	进气温度/℃	余隙比	排气压力/MPa	排气温度/℃	容积效率/%
1.25	0.1	32	0.06	0.5	147.87	84.26
				1	210.48	68.14
			0.03	0.5	147.87	92.13
				1	210.48	84.07

5-12　380.2 kW；447.3 kW

第六章

6-1　1 433.1 ℃；3.168 MPa；2.579；383.7 kJ/kg；51.16%

6-2　916.04 ℃；244.48 ℃；56.47%

6-3　971.0 kJ/kg；1.402；1.553；627.2 kJ/kg；64.59%

6-4　53.42%；51.57%；35.15%

6-5　2 370.5 kW，50.83%

6-6　1 392.5 kW；32.66%

6-7　$\Delta\eta_{\mathrm{t}}=6.54\%$

第七章

7-1

状态	p/MPa	t/℃	h/(kJ/kg)	s kJ/(kg·K)	干度 x/%	过热度 D/℃
1	5	500	3 433	6.975	—	235
2	0.3	134	2 550	6.565	91.9	—
3	1.0	180	2 510	6.0	86.7	—
4	0.01	47	2 345	7.405	90	—
5	4	400	3 215	6.77	—	150

7-2　(1) 0.081 226 m³/kg，2 992.4 kJ/kg，6.537 1 kJ/(kg·K)，2 748.7 kJ/kg

　　(2) 0.001 093 3 m³/kg，656.70 kJ/kg，1.886 9 kJ/(kg·K)，651.23 kJ/kg

　　(3) 0.557 49 m³/kg，2 552.17 kJ/kg，6.566 5 kJ/(kg·K)，2 348.92 kJ/kg

7-4　1.288 t/h

7-5　52 571 kW，22.6%；44 865 kW，13.6%；0.713 kJ/(kg·K)

7-6　40 520 t/h

7-7　(1) 255.3 ℃，42.09%，2.651 kg/(kW·h)

　　(2) 269.6 ℃，43.62%，2.483 kg/(kW·h)

7-8　(1) 255.3 ℃，42.09%，22.8%

　　(2) 265.2 ℃，43.15%，25.9%

***7-9**　$\Delta\eta_{\mathrm{t}}=2.17\%$；$\dfrac{\Delta\eta_{\mathrm{t}}}{\eta_{\mathrm{t}}}=4.68\%$

***7-10**　(1) $\Delta\eta_{\mathrm{t}}=4.9\%$，$\dfrac{\Delta\eta_{\mathrm{t}}}{\eta_{\mathrm{t}}}=11.1\%$

　　(2) $\Delta d=0.426$ kg/(kW·h)，$\dfrac{\Delta d}{d}=17.28\%$

第八章

8-1 （1）9.105,6.579,5.063

（2）6.263,5.386,4.759

8-2 4.566,2.712,2.058,1.713,1.496;7.519

8-3 809.72 kW;348.04 kW;0.638 4

8-4 （1）0.029 9 kg/s

（2）386 K,8.97 kW

（3）3.717

（4）1.263 kg/s

8-5 （1）0.028 8 kg/s

（2）0.140 7×10^6 kJ/h

（3）4.357

（4）39.08 kW

8-6 （1）2.349

（2）12 680 kJ

（3）5.83, 319 K(46 ℃)

第九章

9-1 （1）55.1%,2.339 kPa,14.90 g/kg(DA),68.20 kJ/kg(DA)

（2）55%,2.35 kPa,15 g/kg(DA),68.5 kJ/kg(DA)

9-2 44.85%;45%

9-3 28 ℃

9-4 31 kJ/kg(DA); 8.1 g/kg(DA)

9-5 522 MJ/h;13 ℃

9-6 7.5 g/kg(DA);70%

***9-7** 6.1 g/kg(DA)

索 引

(按拼音字母排列)

主要参考文献

[1] 沈维道,童钧耕.工程热力学[M].5版.北京:高等教育出版社,2015.

[2] 刘桂玉,刘志刚,阴建民,等.工程热力学[M].北京:高等教育出版社,1998.

[3] 朱明善,刘颖,林兆庄,等.工程热力学[M].北京:清华大学出版社,1995.

[4] 蔡祖恢.工程热力学[M].北京:高等教育出版社,1994.

[5] 曾丹苓,敖越,张新铭,等.工程热力学[M].3版.北京:高等教育出版社,2002.

[6] 庞麓鸣,汪孟乐,冯海仙.工程热力学[M].2版.北京:高等教育出版社,1986.

[7] 华自强,张忠进,高青.工程热力学[M].4版.北京:高等教育出版社,2009.

[8] 严家騄,余晓福,王永青,等.水和水蒸气热力性质图表[M].4版.北京:高等教育出版社,2021.

[9] 严家騄,尚德敏.湿空气和烃燃气热力性质图表[M].北京:高等教育出版社,1989.

[10] 胡成春.生存之源:探求新能源[M].北京:金盾出版社,科学出版社,1998.

[11] 王长贵.新能源发电技术[M].北京:中国电力出版社,2003.

[12] 陈维敬.中国电力百科全书:核能及新能源发电卷[M].北京:中国电力出版社,1995.

[13] 黄素逸,高伟.能源概论[M].2版.北京:高等教育出版社,2013.

[14] 黄素逸,杜一庆,明廷臻.新能源技术[M].北京:中国电力出版社,2011.

[15] 车得福,刘艳华.烟气热能梯级利用[M].北京:化学工业出版社,2006.

[16] 金红光,林汝谋.能的综合梯级利用与燃气轮机总能系统[M].北京:科学出版社,2008.

[17] Cravalho E G,Smith J L.Engineering Thermodynamics[M]. London:Pitman Pub Inc.,1981.

[18] Moran M J,Shapiro H N.Fundamentals of Engineering Thermodynamics[M].Hoboken:John Wiley & Sons Inc.,1988.

附 录

附表 1　常用气体的某些基本热力性质

气体	摩尔质量 M	气体常数 R_g		密度 ρ_0 (0 ℃;101 325 Pa)	比定压热容 c_{p0} (25 ℃)	比定容热容 c_{V0} (25 ℃)	热容比 γ_0 (25 ℃)
	g/mol	$\dfrac{kJ}{kg \cdot K}$	$\dfrac{kgf \cdot m}{kg \cdot K}$	kg/m³	kJ/(kg·K)	kJ/(kg·K)	
He	4.003	2.077 1	211.80	0.178 6	5.196	3.119	1.666
Ar	39.948	0.208 1	21.22	1.784	0.520 8	0.312 7	1.665
H_2	2.016	4.124 3	420.55	0.089 9	14.03	10.18	1.405
O_2	32.000	0.259 8	26.50	1.429	0.917	0.657	1.396
N_2	28.016	0.296 8	30.26	1.251	1.039	0.742	1.400
空气	28.965	0.287 1	29.27	1.293	1.005	0.718	1.400
CO	28.011	0.296 8	30.27	1.250	1.041	0.744	1.399
CO_2	44.011	0.188 92	19.26	1.977	0.844	0.655	1.289
H_2O	18.016	0.461 5	47.06	0.804	1.863	1.402	1.329
CH_4	16.043	0.518 3	52.85	0.717	2.227	1.709	1.303
C_2H_4	28.054	0.296 4	30.22	1.261	1.551	1.255	1.236
C_2H_6	30.070	0.276 5	28.20	1.357	1.752	1.475	1.188
C_3H_8	44.097	0.188 55	19.227	2.005	1.667	1.478	1.128

附表 2　某些常用气体在理想气体状态下的比定压热容与温度的关系式

$$\{c_{p0}\}_{kJ/(kg \cdot K)} = a_0 + a_1 \{T\}_K + a_2 \{T\}_K^2 + a_3 \{T\}_K^3$$

气体	a_0	$a_1 \times 10^3$	$a_2 \times 10^6$	$a_3 \times 10^9$	适用温度范围/K	最大误差/%
H_2	14.439	−0.950 4	1.986 1	−0.431 8	273~1 800	1.01
O_2	0.805 6	0.434 1	−0.181 0	0.027 48	273~1 800	1.09
N_2	1.031 6	−0.056 08	0.288 4	−0.102 5	273~1 800	0.59
空气	0.970 5	0.067 91	0.165 8	−0.067 88	273~1 800	0.72
CO	1.005 3	0.059 80	0.191 8	−0.079 33	273~1 800	0.89
CO_2	0.505 8	1.359 0	−0.795 5	0.169 7	273~1 800	0.65
H_2O	1.789 5	0.106 8	0.586 1	−0.199 5	273~1 500	0.52
CH_4	1.239 8	3.131 5	0.791 0	−0.686 3	273~1 500	1.33
C_2H_4	0.147 07	5.525	−2.907	0.605 3	298~1 500	0.30
C_2H_6	0.180 05	5.923	−2.307	0.289 7	298~1 500	0.70
C_3H_6	0.089 02	5.561	−2.735	0.516 4	298~1 500	0.44
C_3H_8	−0.095 70	6.946	−3.597	0.729 1	298~1 500	0.28

附表 3 某些常用气体在理想气体状态下的平均比定压热容

$$\bar{c}_{p0}\Big|_0^t / [\,kJ/(kg \cdot ℃)\,]$$

气体 温度/℃	H_2	O_2	N_2	空气	CO	CO_2	H_2O
0	14.195	0.915	1.039	1.004	1.040	0.815	1.859
100	14.353	0.923	1.040	1.006	1.042	0.866	1.873
200	14.421	0.935	1.043	1.012	1.046	0.910	1.894
300	14.446	0.950	1.049	1.019	1.054	0.949	1.919
400	14.447	0.965	1.057	1.028	1.063	0.983	1.948
500	14.509	0.979	1.066	1.039	1.075	1.013	1.978
600	14.542	0.993	1.076	1.050	1.086	1.040	2.009
700	14.587	1.005	1.087	1.061	1.098	1.064	2.042
800	14.641	1.016	1.097	1.071	1.109	1.085	2.075
900	14.706	1.026	1.108	1.081	1.120	1.104	2.110
1 000	14.776	1.035	1.118	1.091	1.130	1.122	2.144
1 100	14.853	1.043	1.127	1.100	1.140	1.138	2.177
1 200	14.934	1.051	1.136	1.108	1.149	1.153	2.211
1 300	15.023	1.058	1.145	1.117	1.158	1.166	2.243
1 400	15.113	1.065	1.153	1.124	1.166	1.178	2.274
1 500	15.202	1.071	1.160	1.131	1.173	1.189	2.305
1 600	15.294	1.077	1.167	1.138	1.180	1.200	2.335
1 700	15.383	1.083	1.174	1.144	1.187	1.209	2.363
1 800	15.472	1.089	1.180	1.150	1.192	1.218	2.391
1 900	15.561	1.094	1.186	1.156	1.198	1.226	2.417
2 000	15.649	1.099	1.191	1.161	1.203	1.233	2.442
2 100	15.736	1.104	1.197	1.166	1.208	1.241	2.466
2 200	15.819	1.109	1.201	1.171	1.213	1.247	2.489
2 300	15.902	1.114	1.206	1.176	1.218	1.253	2.512
2 400	15.983	1.118	1.210	1.180	1.222	1.259	2.533
2 500	16.064	1.123	1.214	1.184	1.226	1.264	2.554

附表 4　某些常用气体在理想气体状态下的平均比定容热容

$$\bar{c}_{V0} \Big|_0^t / [\, kJ/(kg \cdot \text{℃}) \,]$$

气体 温度/℃	H_2	O_2	N_2	空气	CO	CO_2	H_2O
0	10.071	0.655	0.742	0.716	0.743	0.626	1.398
100	10.228	0.663	0.744	0.719	0.745	0.677	1.411
200	10.297	0.675	0.747	0.724	0.749	0.721	1.432
300	10.322	0.690	0.752	0.732	0.757	0.760	1.457
400	10.353	0.705	0.760	0.741	0.767	0.794	1.486
500	10.384	0.719	0.769	0.752	0.777	0.824	1.516
600	10.417	0.733	0.779	0.762	0.789	0.851	1.547
700	10.463	0.745	0.790	0.773	0.801	0.875	1.581
800	10.517	0.756	0.801	0.784	0.812	0.896	1.614
900	10.581	0.766	0.811	0.794	0.823	0.916	1.648
1 000	10.652	0.775	0.821	0.804	0.834	0.933	1.682
1 100	10.729	0.783	0.830	0.813	0.843	0.950	1.716
1 200	10.809	0.791	0.839	0.821	0.857	0.964	1.749
1 300	10.899	0.798	0.848	0.829	0.861	0.977	1.781
1 400	10.988	0.805	0.856	0.837	0.869	0.989	1.813
1 500	11.077	0.811	0.863	0.844	0.876	1.001	1.843
1 600	11.169	0.817	0.870	0.851	0.883	1.010	1.873
1 700	11.258	0.823	0.877	0.857	0.889	1.020	1.902
1 800	11.347	0.829	0.883	0.863	0.896	1.029	1.929
1 900	11.437	0.834	0.889	0.869	0.901	1.037	1.955
2 000	11.524	0.839	0.894	0.874	0.906	1.045	1.980
2 100	11.611	0.844	0.900	0.879	0.911	1.052	2.005
2 200	11.694	0.849	0.905	0.884	0.916	1.058	2.028
2 300	11.798	0.854	0.909	0.889	0.921	1.064	2.050
2 400	11.858	0.858	0.914	0.893	0.925	1.070	2.072
2 500	11.939	0.863	0.918	0.897	0.929	1.075	2.093

附表 5①　饱和水与饱和水蒸气的热力性质表(按温度排列)

温度	压力	比体积		焓		汽化潜热	熵	
		液体	蒸汽	液体	蒸汽		液体	蒸汽
t	p	v'	v''	h'	h''	r	s'	s''
℃	MPa	$\dfrac{m^3}{kg}$	$\dfrac{m^3}{kg}$	$\dfrac{kJ}{kg}$	$\dfrac{kJ}{kg}$	$\dfrac{kJ}{kg}$	$\dfrac{kJ}{kg \cdot K}$	$\dfrac{kJ}{kg \cdot K}$
0	0.000 611 2	0.001 000 22	206.154	−0.05	2 500.51	2 500.6	−0.000 2	9.154 4
0.01	0.000 611 7	0.001 000 21	206.012	0.00	2 500.53	2 500.5	0.000 0	9.154 1
1	0.000 657 1	0.001 000 18	192.464	4.18	2 502.35	2 498.2	0.015 3	9.127 8
2	0.000 705 9	0.001 000 13	179.787	8.39	2 504.19	2 495.8	0.030 6	9.101 4
3	0.000 758 0	0.001 000 09	168.041	12.61	2 506.03	2 493.4	0.045 9	9.075 2
4	0.000 813 5	0.001 000 08	157.151	16.82	2 507.87	2 491.1	0.061 1	9.049 3
5	0.000 872 5	0.001 000 08	147.048	21.02	2 509.71	2 488.7	0.076 3	9.023 6
6	0.000 935 2	0.001 000 10	137.670	25.22	2 511.55	2 486.3	0.091 3	8.998 2
7	0.001 001 9	0.001 000 14	128.961	29.42	2 513.39	2 484.0	0.106 3	8.973 0
8	0.001 072 8	0.001 000 19	120.868	33.62	2 515.23	2 481.6	0.121 3	8.948 0
9	0.001 148 0	0.001 000 26	113.342	37.81	2 517.06	2 479.3	0.136 2	8.923 3
10	0.001 227 9	0.001 000 34	106.341	42.00	2 518.90	2 476.9	0.151 0	8.898 8
11	0.001 312 6	0.001 000 43	99.825	46.19	2 520.74	2 474.5	0.165 8	8.874 5
12	0.001 402 5	0.001 000 54	93.756	50.38	2 522.57	2 472.2	0.180 5	8.850 4
13	0.001 497 7	0.001 000 66	88.101	54.57	2 524.41	2 469.8	0.195 2	8.826 5
14	0.001 598 5	0.001 000 80	82.828	58.76	2 526.24	2 467.5	0.209 8	8.802 9
15	0.001 705 3	0.001 000 94	77.910	62.95	2 528.07	2 465.1	0.224 3	8.779 4
16	0.001 818 3	0.001 001 10	73.320	67.13	2 529.90	2 462.8	0.238 8	8.756 2
17	0.001 937 7	0.001 001 27	69.034	71.32	2 531.72	2 460.4	0.253 3	8.733 1
18	0.002 064 0	0.001 001 45	65.029	75.50	2 533.55	2 458.1	0.267 7	8.710 3
19	0.002 197 5	0.001 001 65	61.287	79.68	2 535.37	2 455.7	0.282 0	8.687 7
20	0.002 338 5	0.001 001 85	57.786	83.86	2 537.20	2 453.3	0.296 3	8.665 2
22	0.002 644 4	0.001 002 29	51.445	92.23	2 540.84	2 448.6	0.324 7	8.621 0
24	0.002 984 6	0.001 002 76	45.884	100.59	2 544.47	2 443.9	0.353 0	8.577 4
26	0.003 362 5	0.001 003 28	40.997	108.95	2 548.10	2 439.2	0.381 0	8.534 7
28	0.003 781 4	0.001 003 83	36.694	117.32	2 551.73	2 434.4	0.408 9	8.492 7
30	0.004 245 1	0.001 004 42	32.899	125.68	2 555.35	2 429.7	0.436 6	8.451 4
35	0.005 626 3	0.001 006 05	25.222	146.59	2 564.38	2 417.8	0.505 0	8.351 1
40	0.007 381 1	0.001 007 89	19.529	167.50	2 573.36	2 405.9	0.572 3	8.255 1
45	0.009 589 7	0.001 009 93	15.263 6	188.42	2 582.30	2 393.9	0.638 6	8.163 0
50	0.012 344 6	0.001 012 16	12.036 5	209.33	2 591.19	2 381.9	0.703 8	8.074 5
55	0.015 752	0.001 014 55	9.572 3	230.24	2 600.02	2 369.8	0.768 0	7.989 6
60	0.019 933	0.001 017 13	7.674 0	251.15	2 608.79	2 357.6	0.831 2	7.908 0
65	0.025 024	0.001 019 86	6.199 2	272.08	2 617.48	2 345.4	0.893 5	7.829 5
70	0.031 178	0.001 022 76	5.044 3	293.01	2 626.10	2 333.1	0.955 0	7.754 0
75	0.038 565	0.001 025 82	4.133 0	313.96	2 634.63	2 320.7	1.015 6	7.681 2

---

①　该表以及附表 6、附表 7 均摘引自严家騄等著《水和水蒸气热力性质图表》(第 4 版),高等教育出版社,2021。

续表

温度	压力	比体积		焓		汽化潜热	熵	
		液体	蒸汽	液体	蒸汽		液体	蒸汽
t	p	v'	v''	h'	h''	r	s'	s''
℃	MPa	$\dfrac{m^3}{kg}$	$\dfrac{m^3}{kg}$	$\dfrac{kJ}{kg}$	$\dfrac{kJ}{kg}$	$\dfrac{kJ}{kg}$	$\dfrac{kJ}{kg \cdot K}$	$\dfrac{kJ}{kg \cdot K}$
80	0.047 376	0.001 029 03	3.408 6	334.93	2 643.06	2 308.1	1.075 3	7.611 2
85	0.057 818	0.001 032 40	2.828 8	355.92	2 651.40	2 295.5	1.134 3	7.543 6
90	0.070 121	0.001 035 93	2.361 6	376.94	2 659.63	2 282.7	1.192 6	7.478 3
95	0.084 533	0.001 039 61	1.982 7	397.98	2 667.73	2 269.7	1.250 1	7.415 4
100	0.101 325	0.001 043 44	1.673 6	419.06	2 675.71	2 256.6	1.306 9	7.354 5
110	0.143 243	0.001 051 56	1.210 6	461.33	2 691.26	2 229.9	1.418 6	7.238 6
120	0.198 483	0.001 060 31	0.892 19	503.76	2 706.18	2 202.4	1.527 7	7.129 7
130	0.270 018	0.001 069 68	0.668 73	546.38	2 720.39	2 174.0	1.634 6	7.027 2
140	0.361 190	0.001 079 72	0.509 00	589.21	2 733.81	2 144.6	1.739 3	6.930 2
150	0.475 71	0.001 090 46	0.392 86	632.28	2 746.35	2 114.1	1.842 0	6.838 1
160	0.617 66	0.001 101 93	0.307 09	675.62	2 757.92	2 082.3	1.942 9	6.750 2
170	0.791 47	0.001 114 20	0.242 83	719.25	2 768.42	2 049.2	2.042 0	6.666 1
180	1.001 93	0.001 127 32	0.194 03	763.22	2 777.74	2 014.5	2.139 6	6.585 2
190	1.254 17	0.001 141 36	0.156 50	807.56	2 785.80	1 978.2	2.235 8	6.507 1
200	1.553 66	0.001 156 41	0.127 32	852.34	2 792.47	1 940.1	2.330 7	6.431 2
210	1.906 17	0.001 172 58	0.104 38	897.62	2 797.65	1 900.0	2.424 5	6.357 1
220	2.317 83	0.001 190 00	0.086 157	943.46	2 801.20	1 857.7	2.517 5	6.284 6
230	2.795 05	0.001 208 82	0.071 553	989.95	2 803.00	1 813.0	2.609 6	6.213 0
240	3.344 59	0.001 229 22	0.059 743	1 037.2	2 802.88	1 765.7	2.701 3	6.142 2
250	3.973 51	0.001 251 45	0.050 112	1 085.3	2 800.66	1 715.4	2.792 6	6.071 6
260	4.689 23	0.001 275 79	0.042 195	1 134.3	2 796.14	1 661.8	2.883 7	6.000 7
270	5.499 56	0.001 302 62	0.035 637	1 184.5	2 789.05	1 604.5	2.975 1	5.929 2
280	6.412 73	0.001 332 42	0.030 165	1 236.0	2 779.08	1 543.1	3.066 8	5.856 4
290	7.437 46	0.001 365 82	0.025 565	1 289.1	2 765.81	1 476.7	3.159 4	5.781 7
300	8.583 08	0.001 403 69	0.021 669	1 344.0	2 748.71	1 404.7	3.253 3	5.704 2
310	9.859 7	0.001 447 28	0.018 343	1 401.2	2 727.01	1 325.9	3.349 0	5.622 6
320	11.278	0.001 498 44	0.015 479	1 461.2	2 699.72	1 238.5	3.447 5	5.535 6
330	12.851	0.001 560 08	0.012 987	1 524.9	2 665.30	1 140.4	3.550 0	5.440 8
340	14.593	0.001 637 28	0.010 790	1 593.7	2 621.32	1 027.6	3.658 6	5.334 5
350	16.521	0.001 740 08	0.008 812	1 670.3	2 563.39	893.0	3.777 3	5.210 4
360	18.657	0.001 894 23	0.006 958	1 761.1	2 481.68	720.6	3.915 5	5.053 6
370	21.033	0.002 214 80	0.004 982	1 891.7	2 338.79	447.1	4.112 5	4.807 6
371	21.286	0.002 279 69	0.004 735	1 911.8	2 314.11	402.3	4.142 9	4.767 4
372	21.542	0.002 365 30	0.004 451	1 936.1	2 282.99	346.9	4.179 6	4.717 3
373	21.802	0.002 496 00	0.004 087	1 968.8	2 237.98	269.2	4.229 2	4.645 8

临界参数

$p_c = 22.064$ MPa　　　　　$h_c = 2\ 085.9$ kJ/kg

$v_c = 0.003\ 106$ m^3/kg　$s_c = 4.409\ 2$ kJ/(kg · K)

$t_c = 373.99$ ℃

附表6 饱和水与饱和水蒸气的热力性质表(按压力排列)

压力	温度	比体积		焓		汽化	熵	
		液体	蒸汽	液体	蒸汽	潜热	液体	蒸汽
p	t	v'	v''	h'	h''	r	s'	s''
MPa	℃	$\dfrac{\text{m}^3}{\text{kg}}$	$\dfrac{\text{m}^3}{\text{kg}}$	$\dfrac{\text{kJ}}{\text{kg}}$	$\dfrac{\text{kJ}}{\text{kg}}$	$\dfrac{\text{kJ}}{\text{kg}}$	$\dfrac{\text{kJ}}{\text{kg}\cdot\text{K}}$	$\dfrac{\text{kJ}}{\text{kg}\cdot\text{K}}$
0.001 0	6.949 1	0.001 000 1	129.185	29.21	2 513.29	2 484.1	0.105 6	8.973 5
0.002 0	17.540 3	0.001 001 4	67.008	73.58	2 532.71	2 459.1	0.261 1	8.722 0
0.003 0	24.114 2	0.001 002 8	45.666	101.07	2 544.68	2 443.6	0.354 6	8.575 8
0.004 0	28.953 3	0.001 004 1	34.796	121.30	2 553.45	2 432.2	0.422 1	8.472 5
0.005 0	32.879 3	0.001 005 3	28.191	137.72	2 560.55	2 422.8	0.476 1	8.393 0
0.006 0	36.166 3	0.001 006 5	23.738	151.47	2 566.48	2 415.0	0.520 8	8.328 3
0.007 0	38.996 7	0.001 007 5	20.528	163.31	2 571.56	2 408.3	0.558 9	8.273 7
0.008 0	41.507 5	0.001 008 5	18.102	173.81	2 576.06	2 402.3	0.592 4	8.226 6
0.009 0	43.790 1	0.001 009 4	16.204	183.36	2 580.15	2 396.8	0.622 6	8.185 4
0.010	45.798 8	0.001 010 3	14.673	191.76	2 583.72	2 392.0	0.649 0	8.148 1
0.015	53.970 5	0.001 014 0	10.022	225.93	2 598.21	2 372.3	0.754 8	8.006 5
0.020	60.065 0	0.001 017 2	7.649 7	251.43	2 608.90	2 357.5	0.832 0	7.906 8
0.025	64 972 6	0.001 019 8	6.204 7	271.96	2 617.43	2 345.5	0.893 2	7.829 8
0.030	69.104 1	0.001 022 2	5.229 6	289.26	2 624.56	2 335.3	0.944 0	7.767 1
0.040	75.872 0	0.001 026 4	3.993 9	317.61	2 636.10	2 318.5	1.026 0	7.668 5
0.050	81.338 8	0.001 029 9	3.240 9	340.55	2 645.31	2 304.8	1.091 2	7.592 8
0.060	85.949 6	0.001 033 1	2.732 4	359.91	2 652.97	2 293.1	1.145 4	7.531 0
0.070	89.955 6	0.001 035 9	2.365 4	376.75	2 659.55	2 282.8	1.192 1	7.478 9
0.080	93.510 7	0.001 038 5	2.087 6	391.71	2 665.33	2 273.6	1.233 0	7.433 9
0.090	96.712 1	0.001 040 9	1.869 8	405.20	2 670.48	2 265.3	1.269 6	7.394 3
0.10	99.634	0.001 043 2	1.694 3	417.52	2 675.14	2 257.6	1.302 8	7.358 9
0.12	104.810	0.001 047 3	1.428 7	439.37	2 683.26	2 243.9	1.360 9	7.297 8
0.14	109.318	0.001 051 0	1.236 8	458.44	2 690.22	2 231.8	1.411 0	7.246 2
0.16	113.326	0.001 054 4	1.091 59	475.42	2 696.29	2 220.9	1.455 2	7.201 6
0.18	116.941	0.001 057 6	0.977 67	490.76	2 701.69	2 210.9	1.494 6	7.162 3
0.20	120.240	0.001 060 5	0.885 85	504.78	2 706.53	2 201.7	1.530 3	7.127 2
0.25	127.444	0.001 067 2	0.718 79	535.47	2 716.83	2 181.4	1.607 5	7.052 8
0.30	133.556	0.001 073 2	0.605 87	561.58	2 725.26	2 163.7	1.672 1	6.992 1
0.35	138.891	0.001 078 6	0.524 27	584.45	2 732.37	2 147.9	1.727 8	6.940 7
0.40	143.642	0.001 083 5	0.462 46	604.87	2 738.49	2 133.6	1.776 9	6.896 1
0.45	147.939	0.001 088 2	0.413 96	623.38	2 743.85	2 120.5	1.821 0	6.856 7
0.50	151.867	0.001 092 5	0.374 86	640.35	2 748.59	2 108.2	1.861 0	6.821 4
0.60	158.863	0.001 100 6	0.315 63	670.67	2 756.66	2 086.0	1.931 5	6.760 0
0.70	164.983	0.001 107 9	0.272 81	697.32	2 763.29	2 066.0	1.992 5	6.707 9
0.80	170.444	0.001 114 8	0.240 37	721.20	2 768.86	2 047.7	2.046 4	6.662 5
0.90	175.389	0.001 121 2	0.214 91	742.90	2 773.59	2 030.7	2.094 8	6.622 2

续表

压力	温度	比体积		焓		汽化潜热	熵	
		液体	蒸汽	液体	蒸汽		液体	蒸汽
p	t	v'	v''	h'	h''	r	s'	s''
MPa	℃	$\dfrac{m^3}{kg}$	$\dfrac{m^3}{kg}$	$\dfrac{kJ}{kg}$	$\dfrac{kJ}{kg}$	$\dfrac{kJ}{kg}$	$\dfrac{kJ}{kg \cdot K}$	$\dfrac{kJ}{kg \cdot K}$
1.00	179.916	0.001 127 2	0.194 38	762.84	2 777.67	2 014.8	2.138 8	6.585 9
1.10	184.100	0.001 133 0	0.177 47	781.35	2 781.21	1 999.9	2.179 2	6.552 9
1.20	187.995	0.001 138 5	0.163 28	798.64	2 784.29	1 985.7	2.216 6	6.522 5
1.30	191.644	0.001 143 8	0.151 20	814.89	2 786.99	1 972.1	2.251 5	6.494 4
1.40	195.078	0.001 148 9	0.140 79	830.24	2 789.37	1 959.1	2.284 1	6.468 3
1.50	198.327	0.001 153 8	0.131 72	844.82	2 791.46	1 946.6	2.314 9	6.443 7
1.60	201.410	0.001 158 6	0.123 75	858.69	2 793.29	1 934.6	2.344 0	6.420 6
1.70	204.346	0.001 163 3	0.116 68	871.96	2 794.91	1 923.0	2.371 6	6.398 8
1.80	207.151	0.001 167 9	0.110 37	884.67	2 796.33	1 911.7	2.397 9	6.378 1
1.90	209.838	0.001 172 3	0.104 707	896.88	2 797.58	1 900.7	2.423 0	6.358 3
2.00	212.417	0.001 176 7	0.099 588	908.64	2 798.66	1 890.0	2.447 1	6.339 5
2.20	217.289	0.001 185 1	0.090 700	930.97	2 800.41	1 869.4	2.492 4	6.304 1
2.40	221.829	0.001 193 3	0.083 244	951.91	2 801.67	1 849.8	2.534 4	6.271 4
2.60	226.085	0.001 201 3	0.076 898	971.67	2 802.51	1 830.8	2.573 6	6.240 9
2.80	230.096	0.001 209 0	0.071 427	990.41	2 803.01	1 812.6	2.610 5	6.212 3
3.00	233.893	0.001 216 6	0.066 662	1 008.2	2 803.19	1 794.9	2.645 4	6.185 4
3.50	242.597	0.001 234 8	0.057 054	1 049.6	2 802.51	1 752.9	2.725 0	6.123 8
4.00	250.394	0.001 252 4	0.049 771	1 087.2	2 800.53	1 713.4	2.796 2	6.068 8
5.00	263.980	0.001 286 2	0.039 439	1 154.2	2 793.64	1 639.5	2.920 1	5.972 4
6.00	275.625	0.001 319 0	0.032 440	1 213.3	2 783.82	1 570.5	3.026 6	5.888 5
7.00	285.869	0.001 351 5	0.027 371	1 266.9	2 771.72	1 504.8	3.121 0	5.812 9
8.00	295.048	0.001 384 3	0.023 520	1 316.5	2 757.70	1 441.2	3.206 6	5.743 0
9.00	303.385	0.001 417 7	0.020 485	1 363.1	2 741.92	1 378.9	3.285 4	5.677 1
10.0	311.037	0.001 452 2	0.018 026	1 407.2	2 724.46	1 317.2	3.359 1	5.613 9
11.0	318.118	0.001 488 1	0.015 987	1 449.6	2 705.34	1 255.7	3.428 7	5.552 5
12.0	324.715	0.001 526 0	0.014 263	1 490.7	2 684.50	1 193.8	3.495 2	5.492 0
13.0	330.894	0.001 566 2	0.012 780	1 530.8	2 661.80	1 131.0	3.559 4	5.431 8
14.0	336.707	0.001 609 7	0.011 486	1 570.4	2 637.07	1 066.7	3.622 0	5.371 1
15.0	342.196	0.001 657 1	0.010 340	1 609.8	2 610.01	1 000.2	3.683 6	5.309 1
16.0	347.396	0.001 709 9	0.009 311	1 649.4	2 580.21	930.8	3.745 1	5.245 0
17.0	352.334	0.001 770 1	0.008 373	1 690.0	2 547.01	857.1	3.807 3	5.177 6
18.0	357.034	0.001 840 2	0.007 503	1 732.0	2 509.45	777.4	3.871 5	5.105 1
19.0	361.514	0.001 925 8	0.006 679	1 776.9	2 465.87	688.9	3.939 5	5.025 0
20.0	365.789	0.002 037 9	0.005 870	1 827.2	2 413.05	585.9	4.015 3	4.932 2
21.0	369.868	0.002 207 3	0.005 012	1 889.2	2 341.67	452.4	4.108 8	4.812 4
22.0	373.752	0.002 704 0	0.003 684	2 013.0	2 084.02	71.0	4.296 9	4.406 6

附表 7 未饱和水与过热水蒸气的热力性质表

p	0.001 MPa			0.005 MPa		
	$t_s = 6.949$ ℃ $v' = 0.001\,000\,1$ m³/kg $v'' = 129.185$ m³/kg $h' = 29.21$ kJ/kg $h'' = 2\,513.3$ kJ/kg $s' = 0.105\,6$ kJ/(kg·K) $s'' = 8.973\,5$ kJ/(kg·K)			$t_s = 32.879$ ℃ $v' = 0.001\,005\,3$ m³/kg $v'' = 28.191$ m³/kg $h' = 137.72$ kJ/kg $h'' = 2\,560.6$ kJ/kg $s' = 0.476\,1$ kJ/(kg·K) $s'' = 8.393\,0$ kJ/(kg·K)		
t	v	h	s	v	h	s
℃	m³/kg	kJ/kg	kJ/(kg·K)	m³/kg	kJ/kg	kJ/(kg·K)
0	0.001 000 2	−0.05	−0.000 2	0.001 000 2	−0.05	−0.000 2
10	130.598	2 519.0	8.993 8	0.001 000 3	42.01	0.151 0
20	135.226	2 537.7	9.058 8	0.001 001 8	83.87	0.296 3
40	144.475	2 575.2	9.182 3	28.854	2 574.0	8.436 6
60	153.717	2 612.7	9.298 4	30.712	2 611.8	8.553 7
80	162.956	2 650.3	9.408 0	32.566	2 649.7	8.663 9
100	172.192	2 688.0	9.512 0	34.418	2 687.5	8.768 2
120	181.426	2 725.9	9.610 9	36.269	2 725.5	8.867 4
140	190.660	2 764.0	9.705 4	38.118	2 763.7	8.962 0
160	199.893	2 802.3	9.795 9	39.967	2 802.0	9.052 6
180	209.126	2 840.7	9.882 7	41.815	2 840.5	9.139 6
200	218.358	2 879.4	9.966 2	43.662	2 879.2	9.223 2
220	227.590	2 918.3	10.046 8	45.510	2 918.2	9.303 8
240	236.821	2 957.5	10.124 6	47.357	2 957.3	9.381 6
260	246.053	2 996.8	10.199 8	49.204	2 996.7	9.456 9
280	255.284	3 036.4	10.272 7	51.051	3 036.3	9.529 8
300	264.515	3 076.2	10.343 4	52.898	3 076.1	9.600 5
350	287.592	3 176.8	10.511 7	57.514	3 176.7	9.768 8
400	310.669	3 278.9	10.669 2	62.131	3 278.8	9.926 4
450	333.746	3 382.4	10.817 6	66.747	3 382.4	10.074 7
500	356.823	3 487.5	10.958 1	71.362	3 487.5	10.215 3
550	379.900	3 594.4	11.092 1	75.978	3 594.4	10.349 3
600	402.976	3 703.4	11.220 6	80.594	3 703.4	10.477 8

p	0.01 MPa			0.1 MPa		
	$t_s = 45.799\ ℃$ $v' = 0.001\ 010\ 3\ \mathrm{m^3/kg}$　$v'' = 14.673\ \mathrm{m^3/kg}$ $h' = 191.76\ \mathrm{kJ/kg}$　$h'' = 2\ 583.7\ \mathrm{kJ/kg}$ $s' = 0.649\ 0\ \mathrm{kJ/(kg \cdot K)}$ $s'' = 8.148\ 1\ \mathrm{kJ/(kg \cdot K)}$			$t_s = 99.634\ ℃$ $v' = 0.001\ 043\ 2\ \mathrm{m^3/kg}$ $v'' = 1.694\ 3\ \mathrm{m^3/kg}$ $h' = 417.52\ \mathrm{kJ/kg}$　$h'' = 2\ 675.1\ \mathrm{kJ/kg}$ $s' = 1.302\ 8\ \mathrm{kJ/(kg \cdot K)}$ $s'' = 7.358\ 9\ \mathrm{kJ/(kg \cdot K)}$		
t	v	h	s	v	h	s
℃	$\mathrm{m^3/kg}$	kJ/kg	$\mathrm{kJ/(kg \cdot K)}$	$\mathrm{m^3/kg}$	kJ/kg	$\mathrm{kJ/(kg \cdot K)}$
0	0.001 000 2	−0.04	−0.000 2	0.001 000 2	0.05	−0.000 2
10	0.001 000 3	42.01	0.151 0	0.001 000 3	42.10	0.151 0
20	0.001 001 8	83.87	0.296 3	0.001 001 8	83.96	0.296 3
40	0.001 007 9	167.51	0.572 3	0.001 007 8	167.59	0.572 3
60	15.336	2 610.8	8.231 3	0.001 017 1	251.22	0.831 2
80	16.268	2 648.9	8.342 2	0.001 029 0	334.97	1.075 3
100	17.196	2 686.9	8.447 1	1.696 1	2 675.9	7.360 9
120	18.124	2 725.1	8.546 6	1.793 1	2 716.3	7.466 5
140	19.050	2 763.3	8.641 4	1.888 9	2 756.2	7.565 4
160	19.976	2 801.7	8.732 2	1.983 8	2 795.8	7.659 0
180	20.901	2 840.2	8.819 2	2.078 3	2 835.3	7.748 2
200	21.826	2 879.0	8.902 9	2.172 3	2 874.8	7.833 4
220	22.750	2 918.0	8.983 5	2.265 9	2 914.3	7.915 2
240	23.674	2 957.1	9.061 4	2.359 4	2 953.9	7.994 0
260	24.598	2 996.5	9.136 7	2.452 7	2 993.7	8.070 1
280	25.522	3 036.2	9.209 7	2.545 8	3 033.6	8.143 6
300	26.446	3 076.0	9.280 5	2.638 8	3 073.8	8.214 8
350	28.755	3 176.6	9.448 8	2.870 9	3 174.9	8.384 0
400	31.063	3 278.7	9.606 4	3.102 7	3 277.3	8.542 2
450	33.372	3 382.3	9.754 8	3.334 2	3 381.2	8.690 9
500	35.680	3 487.4	9.895 3	3.565 6	3 486.5	8.831 7
550	37.988	3 594.3	10.029 3	3.796 8	3 593.5	8.965 9
600	40.296	3 703.4	10.157 9	4.027 9	3 702.7	9.094 6

续表

p	0.5 MPa			1 MPa		
	$t_s = 151.867\ ℃$ $v' = 0.001\ 092\ 5\ m^3/kg$ $v'' = 0.374\ 86\ m^3/kg$ $h' = 640.35\ kJ/kg \quad h'' = 2\ 748.6\ kJ/kg$ $s' = 1.861\ 0\ kJ/(kg·K)$ $s'' = 6.821\ 4\ kJ/(kg·K)$			$t_s = 179.916\ ℃$ $v' = 0.001\ 127\ 2\ m^3/kg$ $v'' = 0.194\ 38\ m^3/kg$ $h' = 762.84\ kJ/kg \quad h'' = 2\ 777.7\ kJ/kg$ $s' = 2.138\ 8\ kJ/(kg·K)$ $s'' = 6.585\ 9\ kJ/(kg·K)$		
t	v	h	s	v	h	s
℃	m^3/kg	kJ/kg	$kJ/(kg·K)$	m^3/kg	kJ/kg	$kJ/(kg·K)$
0	0.001 000 0	0.46	−0.000 1	0.000 999 7	0.97	−0.000 1
10	0.001 000 1	42.49	0.151 0	0.000 999 9	42.98	0.150 9
20	0.001 001 6	84.33	0.296 2	0.001 001 4	84.80	0.296 1
40	0.001 007 7	167.94	0.572 1	0.001 007 4	168.38	0.571 9
60	0.001 016 9	251.56	0.831 0	0.001 016 7	251.98	0.830 7
80	0.001 028 8	335.29	1.075 0	0.001 028 6	335.69	1.074 7
100	0.001 043 2	419.36	1.306 6	0.001 043 0	419.74	1.306 2
120	0.001 060 1	503.97	1.527 5	0.001 059 9	504.32	1.527 0
140	0.001 079 6	589.30	1.739 2	0.001 079 3	589.62	1.738 6
160	0.383 58	2 767.2	6.864 7	0.001 101 7	675.84	1.942 4
180	0.404 50	2 811.7	6.965 1	0.194 43	2 777.9	6.586 4
200	0.424 87	2 854.9	7.058 5	0.205 90	2 827.3	6.693 1
220	0.444 85	2 897.3	7.146 2	0.216 86	2 874.2	6.790 3
240	0.464 55	2 939.2	7.229 5	0.227 45	2 919.6	6.880 4
260	0.484 04	2 980.8	7.309 1	0.237 79	2 963.8	6.965 0
280	0.503 36	3 022.2	7.385 3	0.247 93	3 007.3	7.045 1
300	0.522 55	3 063.6	7.458 8	0.257 93	3 050.4	7.121 6
350	0.570 12	3 167.0	7.631 9	0.282 47	3 157.0	7.299 9
400	0.617 29	3 271.1	7.792 4	0.306 58	3 263.1	7.463 8
420	0.636 08	3 312.9	7.853 7	0.316 15	3 305.6	7.526 0
440	0.654 83	3 354.9	7.913 5	0.325 68	3 348.2	7.586 6
450	0.664 20	3 376.0	7.942 8	0.330 43	3 369.6	7.616 3
460	0.673 56	3 397.2	7.971 9	0.335 18	3 390.9	7.645 6
480	0.692 26	3 439.6	8.028 9	0.344 65	3 433.8	7.703 3
500	0.710 94	3 482.2	8.084 8	0.354 10	3 476.8	7.759 7
550	0.757 55	3 589.9	8.219 8	0.377 64	3 585.4	7.895 8
600	0.804 08	3 699.6	8.349 1	0.401 09	3 695.7	8.025 9

续表

p	3 MPa			5 MPa		
	$t_s = 233.893$ ℃ $v' = 0.001\ 216\ 6$ m³/kg $v'' = 0.066\ 662$ m³/kg $h' = 1\ 008.2$ kJ/kg　$h'' = 2\ 803.2$ kJ/kg $s' = 2.645\ 4$ kJ/(kg·K) $s'' = 6.185\ 4$ kJ/(kg·K)			$t_s = 263.980$ ℃ $v' = 0.001\ 286\ 1$ m³/kg $v'' = 0.039\ 439$ m³/kg $h' = 1\ 154.2$ kJ/kg　$h'' = 2\ 793.6$ kJ/kg $s' = 2.920\ 0$ kJ/(kg·K) $s'' = 5.972\ 4$ kJ/(kg·K)		
t	v	h	s	v	h	s
℃	m³/kg	kJ/kg	kJ/(kg·K)	m³/kg	kJ/kg	kJ/(kg·K)
0	0.000 998 7	3.01	0.000 0	0.000 997 7	5.04	0.000 2
10	0.000 998 9	44.92	0.150 7	0.000 997 9	46.87	0.150 6
20	0.001 000 5	86.68	0.295 7	0.000 999 6	88.55	0.295 2
40	0.001 006 6	170.15	0.571 1	0.001 005 7	171.92	0.570 4
60	0.001 015 8	253.66	0.829 6	0.001 014 9	255.34	0.828 6
80	0.001 027 6	337.28	1.073 4	0.001 026 7	338.87	1.072 1
100	0.001 042 0	421.24	1.304 7	0.001 041 0	422.75	1.303 1
120	0.001 058 7	505.73	1.525 2	0.001 057 6	507.14	1.523 4
140	0.001 078 1	590.92	1.736 6	0.001 076 8	592.23	1.734 5
160	0.001 100 2	677.01	1.940 0	0.001 098 8	678.19	1.937 7
180	0.001 125 6	764.23	2.136 9	0.001 124 0	765.25	2.134 2
200	0.001 154 9	852.93	2.328 4	0.001 152 9	853.75	2.325 3
220	0.001 189 1	943.65	2.516 2	0.001 186 7	944.21	2.512 5
240	0.068 184	2 823.4	6.225 0	0.001 226 6	1 037.3	2.697 6
260	0.072 828	2 884.4	6.341 7	0.001 275 1	1 134.3	2.882 9
280	0.077 101	2 940.1	6.444 3	0.042 228	2 855.8	6.086 4
300	0.081 126	2 992.4	6.537 1	0.045 301	2 923.3	6.206 4
350	0.090 520	3 114.4	6.741 4	0.051 932	3 067.4	6.447 7
400	0.099 352	3 230.1	6.919 9	0.057 804	3 194.9	6.644 6
420	0.102 787	3 275.4	6.986 4	0.060 033	3 243.6	6.715 9
440	0.106 180	3 320.5	7.050 5	0.062 216	3 291.5	6.784 0
450	0.107 864	3 343.0	7.081 7	0.063 291	3 315.2	6.817 0
460	0.109 540	3 365.4	7.112 5	0.064 358	3 338.8	6.849 4
480	0.112 870	3 410.1	7.172 8	0.066 469	3 385.6	6.912 5
500	0.116 174	3 454.9	7.231 4	0.068 552	3 432.2	6.973 5
550	0.124 349	3 566.9	7.371 8	0.073 664	3 548.0	7.118 7
600	0.132 427	3 679.9	7.505 1	0.078 675	3 663.9	7.255 3

续表

p	7 MPa			10 MPa		
	$t_s = 285.869 ℃$ $v' = 0.001\ 351\ 5\ m^3/kg$ $v'' = 0.027\ 371\ m^3/kg$ $h' = 1\ 266.9\ kJ/kg\quad h'' = 2\ 771.7\ kJ/kg$ $s' = 3.121\ 0\ kJ/(kg·K)$ $s'' = 5.812\ 9\ kJ/(kg·K)$			$t_s = 311.037 ℃$ $v' = 0.001\ 452\ 2\ m^3/kg$ $v'' = 0.018\ 026\ m^3/kg$ $h' = 1\ 407.2\ kJ/kg\quad h'' = 2\ 724.5\ kJ/kg$ $s' = 3.359\ 1\ kJ/(kg·K)$ $s'' = 5.613\ 9\ kJ/(kg·K)$		
t	v	h	s	v	h	s
℃	m^3/kg	kJ/kg	kJ/(kg·K)	m^3/kg	kJ/kg	kJ/(kg·K)
0	0.000 996 7	7.07	0.000 3	0.000 995 2	10.09	0.000 4
10	0.000 997 0	48.80	0.150 4	0.000 995 6	51.7	0.150 0
20	0.000 998 6	90.42	0.294 8	0.000 997 3	93.22	0.294 2
40	0.001 004 8	173.69	0.569 6	0.001 003 5	176.34	0.568 4
60	0.001 014 0	257.01	0.827 5	0.001 012 7	259.53	0.825 9
80	0.001 025 8	340.46	1.070 8	0.001 024 4	342.85	1.068 8
100	0.001 039 9	424.25	1.301 6	0.001 038 5	426.51	1.299 3
120	0.001 056 5	508.55	1.521 6	0.001 054 9	510.68	1.519 0
140	0.001 075 6	593.54	1.732 5	0.001 073 8	595.50	1.729 4
160	0.001 097 4	679.37	1.935 3	0.001 095 3	681.16	1.931 9
180	0.001 122 3	766.28	2.131 5	0.001 119 9	767.84	2.127 5
200	0.001 151 0	854.59	2.322 2	0.001 148 1	855.88	2.317 6
220	0.001 184 2	944.79	2.508 9	0.001 180 7	945.71	2.503 6
240	0.001 223 5	1 037.6	2.693 3	0.001 219 0	1 038.0	2.687 0
260	0.001 271 0	1 134.0	2.877 6	0.001 265 0	1 133.6	2.869 8
280	0.001 330 7	1 235.7	3.064 8	0.001 322 2	1 234.2	3.054 9
300	0.029 457	2 837.5	5.929 1	0.001 397 5	1 342.3	3.246 9
350	0.035 225	3 014.8	6.226 5	0.022 415	2 922.1	5.942 3
400	0.039 917	3 157.3	6.446 5	0.026 402	3 095.8	6.210 9
450	0.044 143	3 286.2	6.631 4	0.029 735	3 240.5	6.418 4
500	0.048 110	3 408.9	6.795 4	0.032 750	3 372.8	6.595 4
520	0.049 649	3 457.0	6.856 9	0.033 900	3 423.8	6.660 5
540	0.051 166	3 504.8	6.916 4	0.035 027	3 474.1	6.723 2
550	0.051 917	3 528.7	6.945 6	0.035 582	3 499.1	6.753 7
560	0.052 664	3 552.4	6.974 3	0.036 133	3 523.9	6.783 7
580	0.054 147	3 600.0	7.030 6	0.037 222	3 573.3	6.842 3
600	0.055 617	3 647.5	7.085 7	0.038 297	3 622.5	6.899 2

续表

p	14 MPa			20 MPa		
	$t_s = 336.707 \ ℃$ $v' = 0.001\ 609\ 7 \ m^3/kg$ $v'' = 0.011\ 486 \ m^3/kg$ $h' = 1\ 570.4 \ kJ/kg \quad h'' = 2\ 637.1 \ kJ/kg$ $s' = 3.622\ 0 \ kJ/(kg \cdot K)$ $s'' = 5.371\ 1 \ kJ/(kg \cdot K)$			$t_s = 365.789 \ ℃$ $v' = 0.002\ 037\ 9 \ m^3/kg$ $v'' = 0.005\ 870\ 2 \ m^3/kg$ $h' = 1\ 827.2 \ kJ/kg \quad h'' = 2\ 413.1 \ kJ/kg$ $s' = 4.015\ 3 \ kJ/(kg \cdot K)$ $s'' = 4.932\ 2 \ kJ/(kg \cdot K)$		
t	v	h	s	v	h	s
℃	m^3/kg	kJ/kg	$kJ/(kg \cdot K)$	m^3/kg	kJ/kg	$kJ/(kg \cdot K)$
0	0.000 993 3	14.10	0.000 5	0.000 990 4	20.08	0.000 6
10	0.000 993 8	55.55	0.149 6	0.000 991 1	61.29	0.148 8
20	0.000 995 5	96.95	0.293 2	0.000 992 9	102.50	0.291 9
40	0.001 001 8	179.86	0.566 9	0.000 999 2	185.13	0.564 5
60	0.001 010 9	262.88	0.823 9	0.001 008 4	267.90	0.820 7
80	0.001 022 6	346.04	1.066 3	0.001 019 9	350.82	1.062 4
100	0.001 036 5	429.53	1.296 2	0.001 033 6	434.06	1.291 7
120	0.001 052 7	513.52	1.515 5	0.001 049 6	517.79	1.510 3
140	0.001 071 4	598.14	1.725 4	0.001 067 9	602.12	1.719 5
160	0.001 092 6	683.56	1.927 3	0.001 088 6	687.20	1.920 6
180	0.001 116 7	769.96	2.122 3	0.001 112 1	773.19	2.114 7
200	0.001 144 3	857.63	2.311 6	0.001 138 9	860.36	2.302 9
220	0.001 176 1	947.00	2.496 6	0.001 169 5	949.07	2.486 5
240	0.001 213 2	1 038.6	2.678 8	0.001 205 1	1 039.8	2.667 0
260	0.001 257 4	1 133.4	2.859 9	0.001 246 9	1 133.4	2.845 7
280	0.001 311 7	1 232.5	3.042 4	0.001 297 4	1 230.7	3.024 9
300	0.001 381 4	1 338.2	3.230 0	0.001 360 5	1 333.4	3.207 2
350	0.013 218	2 751.2	5.556 4	0.001 664 5	1 645.3	3.727 5
400	0.017 218	3 001.1	5.943 6	0.009 945 8	2 816.8	5.552 0
450	0.020 074	3 174.2	6.191 9	0.012 701 3	3 060.7	5.902 5
500	0.022 512	3 322.3	6.390 0	0.014 768 1	3 239.3	6.141 5
520	0.023 418	3 377.9	6.461 0	0.015 504 6	3 303.0	6.222 9
540	0.024 295	3 432.1	6.528 5	0.016 206 7	3 364.0	6.298 9
550	0.024 724	3 458.7	6.561 1	0.016 547 1	3 393.7	6.335 2
560	0.025 147	3 485.2	6.593 1	0.016 881 1	3 422.9	6.370 5
580	0.025 978	3 537.5	6.655 1	0.017 532 8	3 480.3	6.438 5
600	0.026 792	3 589.1	6.714 9	0.018 165 5	3 536.3	6.503 5

续表

p	25 MPa			30 MPa		
t	v	h	s	v	h	s
℃	m³/kg	kJ/kg	kJ/(kg·K)	m³/kg	kJ/kg	kJ/(kg·K)
0	0.000 988 0	25.01	0.000 6	0.000 985 7	29.92	0.000 5
10	0.000 988 8	66.04	0.148 1	0.000 986 6	70.77	0.147 4
20	0.000 990 8	107.11	0.290 7	0.000 988 7	111.71	0.289 5
40	0.000 997 2	189.51	0.562 6	0.000 995 1	193.87	0.560 6
60	0.001 006 3	272.08	0.818 2	0.001 004 2	276.25	0.815 6
80	0.001 017 7	354.80	1.059 3	0.001 015 5	358.78	1.056 2
100	0.001 031 3	437.85	1.288 0	0.001 029 0	441.64	1.284 4
120	0.001 047 0	521.36	1.506 1	0.001 044 5	524.95	1.501 9
140	0.001 065 0	605.46	1.714 7	0.001 062 2	608.82	1.710 0
160	0.001 085 4	690.27	1.915 2	0.001 082 2	693.36	1.909 8
180	0.001 108 4	775.94	2.108 5	0.001 104 8	778.72	2.102 4
200	0.001 134 5	862.71	2.295 9	0.001 130 3	865.12	2.289 0
220	0.001 164 3	950.91	2.478 5	0.001 159 3	952.85	2.470 6
240	0.001 198 6	1 041.0	2.657 5	0.001 192 5	1 042.3	2.648 5
260	0.001 238 7	1 133.6	2.834 6	0.001 231 1	1 134.1	2.823 9
280	0.001 286 6	1 229.6	3.011 3	0.001 276 6	1 229.0	2.998 5
300	0.001 345 3	1 330.3	3.190 1	0.001 331 7	1 327.9	3.174 2
350	0.001 598 1	1 623.1	3.678 8	0.001 552 2	1 608.0	3.642 0
400	0.006 001 4	2 578.0	5.138 6	0.002 792 9	2 150.6	4.472 1
450	0.009 166 6	2 950.5	5.675 4	0.006 736 3	2 822.1	5.443 3
500	0.011 122 9	3 164.1	5.961 4	0.008 676 1	3 083.3	5.793 4
520	0.011 789 7	3 236.1	6.053 4	0.009 303 3	3 165.4	5.898 2
540	0.012 415 6	3 303.8	6.137 7	0.009 882 5	3 240.8	5.992 1
550	0.012 716 1	3 336.4	6.177 5	0.010 158 0	3 276.6	6.035 9
560	0.013 009 5	3 368.2	6.216 0	0.010 425 4	3 311.4	6.078 0
580	0.013 577 8	3 430.2	6.289 5	0.010 939 7	3 378.5	6.157 6
600	0.014 124 9	3 490.2	6.359 1	0.011 431 0	3 442.9	6.232 1

注：表中粗水平线之上为未饱和水，粗水平线之下为过热水蒸气。

附表 8　各种压力单位的换算关系

单位	帕斯卡 Pa	巴 bar	标准大气压 atm	工程大气压 at $\left(\dfrac{\text{千克力}}{\text{厘米}^2}, \dfrac{\text{kgf}}{\text{cm}^2}\right)$	毫米汞柱 mmHg（托, Torr）	毫米水柱 mmH$_2$O	磅力 $\dfrac{\text{lbf}}{\text{英寸}^2}$, $\dfrac{\text{lbf}}{\text{in}^2}$
Pa	1	1×10^{-5}	$9.869\,23\times10^{-6}$	$1.019\,72\times10^{-5}$	$7.500\,62\times10^{-3}$	$1.019\,72\times10^{-1}$	$1.450\,38\times10^{-4}$
bar	1×10^{5}	1	$9.869\,23\times10^{-1}$	$1.019\,72$	$7.500\,62\times10^{2}$	$1.019\,72\times10^{4}$	$1.450\,38\times10^{1}$
atm	$1.013\,25\times10^{5}$	$1.013\,25$	1	$1.033\,23$	760	$1.033\,23\times10^{4}$	14.696 0
at $\left(\dfrac{\text{kgf}}{\text{cm}^2}\right)$	$9.806\,65\times10^{4}$	$9.806\,65\times10^{-1}$	$9.678\,41\times10^{-1}$	1	735.559	1×10^{4}	14.223 3
mmHg（0 ℃）	133.322 4	$133.322\,4\times10^{-5}$	$1.315\,79\times10^{-3}$	$1.359\,51\times10^{-3}$	1	13.595 1	$1.933\,68\times10^{-2}$
mmH$_2$O（4 ℃）	9.806 65	$9.806\,65\times10^{-5}$	$9.678\,41\times10^{-5}$	1×10^{-4}	735.559×10^{-4}	1	$14.22\,33\times10^{-4}$
$\dfrac{\text{lbf}}{\text{in}^2}$	$6.894\,76\times10^{3}$	$6.894\,76\times10^{-2}$	$6.804\,60\times10^{-2}$	$7.030\,70\times10^{-2}$	51.714 9	$7.030\,70\times10^{2}$	1

附表 9　各种能量(功、热量、能量)单位的换算关系

单位	千焦耳 kJ	千瓦·小时 kW·h	千卡 kcal	马力·小时 PS·h	千克力·米 kgf·m	英热单位 Btu	英尺·磅力 ft·lbf
kJ	1	$2.777\ 78 \times 10^{-4}$	$2.388\ 46 \times 10^{-1}$	$3.776\ 726 \times 10^{-4}$	$1.019\ 72 \times 10^{2}$	$9.478\ 17 \times 10^{-1}$	$7.375\ 62 \times 10^{2}$
kW·h	3 600	1	859.845	1.359 621	$3.670\ 98 \times 10^{5}$	3 412.14	$2.655\ 22 \times 10^{6}$
kcal	4.186 8	1.163×10^{-3}	1	$1.581\ 24 \times 10^{-3}$	426.936	3.968 32	3 088.03
PS·h	$2.647\ 796 \times 10^{3}$	735.499×10^{-3}	632.415	1	270 000	2 509.63	1 952 913
kgf·m	$9.806\ 65 \times 10^{-3}$	$2.724\ 069 \times 10^{-6}$	$2.342\ 28 \times 10^{-3}$	$3.703\ 704 \times 10^{-6}$	1	$9.294\ 87 \times 10^{-3}$	7.233 01
Btu	1.055 06	$2.930\ 71 \times 10^{-4}$	$2.519\ 96 \times 10^{-1}$	$3.984\ 66 \times 10^{-4}$	$1.075\ 862 \times 10^{2}$	1	778.169
ft·lbf	$1.355\ 82 \times 10^{-3}$	$3.766\ 16 \times 10^{-7}$	$3.238\ 32 \times 10^{-4}$	$5.120\ 56 \times 10^{-7}$	$1.382\ 55 \times 10^{-1}$	$1.285\ 07 \times 10^{-3}$	1

附表 10 各种功率单位的换算关系

单位	千瓦 kW	千克力·米 kgf·m/s	马力 PS	千卡 kcal/h	英热单位 Btu/h	英尺·磅力 ft·lbf/s
kW	1	$1.019\ 72\times10^2$	$1.359\ 62$	859.854	$3.412\ 14\times10^3$	$7.375\ 62\times10^2$
$\dfrac{kgf\cdot m}{s}$	$9.806\ 65\times10^{-3}$	1	$1.333\ 33\times10^{-2}$	$8.432\ 20$	$33.461\ 7$	$7.233\ 01$
PS	735.499×10^{-3}	75	1	632.415	$2\ 509.63$	542.476
$\dfrac{kcal}{h}$	1.163×10^{-3}	$1.185\ 93\times10^{-1}$	$1.581\ 24\times10^{-3}$	1	$3.968\ 32$	$0.857\ 783$
$\dfrac{Btu}{h}$	$2.930\ 71\times10^{-4}$	$2.988\ 49\times10^{-2}$	$3.984\ 66\times10^{-4}$	$0.251\ 996$	1	$0.216\ 158$
$\dfrac{ft\cdot lbf}{s}$	$1.355\ 82\times10^{-3}$	$1.382\ 55\times10^{-1}$	$1.843\ 40\times10^{-3}$	$1.165\ 80$	$4.626\ 25$	1

不同单位的通用气体常数：$R = 8.314\ 51\ \text{J}/(\text{mol}\cdot\text{K})$

$= 0.847\ 844\ \text{kgf}\cdot\text{m}/(\text{mol}\cdot\text{K})$

$= 1.985\ 88\ \text{cal}/(\text{mol}\cdot\text{K})$

$= 82.057\ 8\ \text{atm}\cdot\text{cm}^3/(\text{mol}\cdot\text{K})$

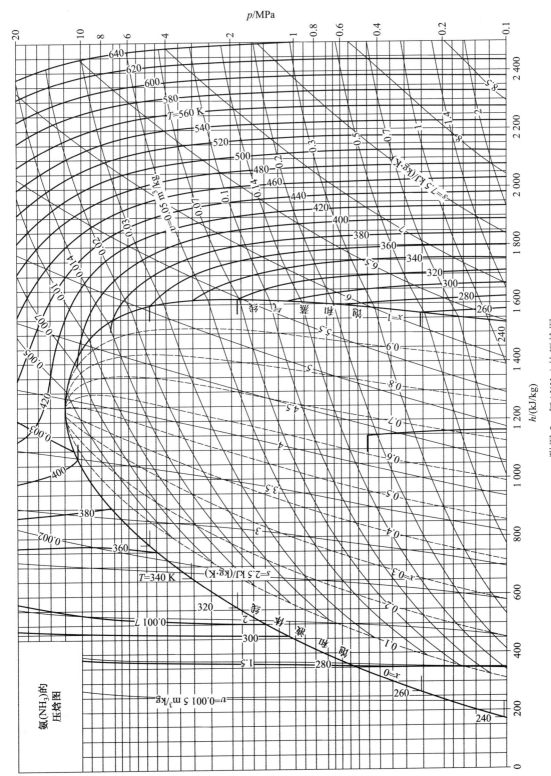

附图 2　氨（NH₃）的压焓图

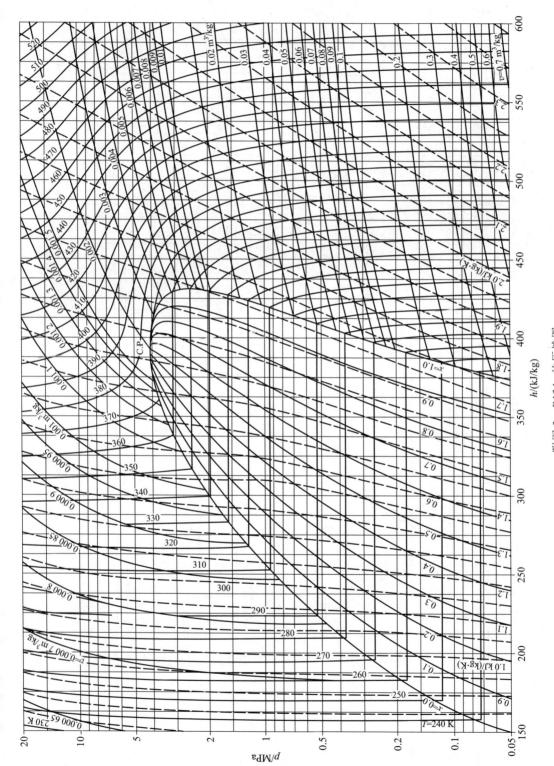

附图 3　R134a 的压焓图

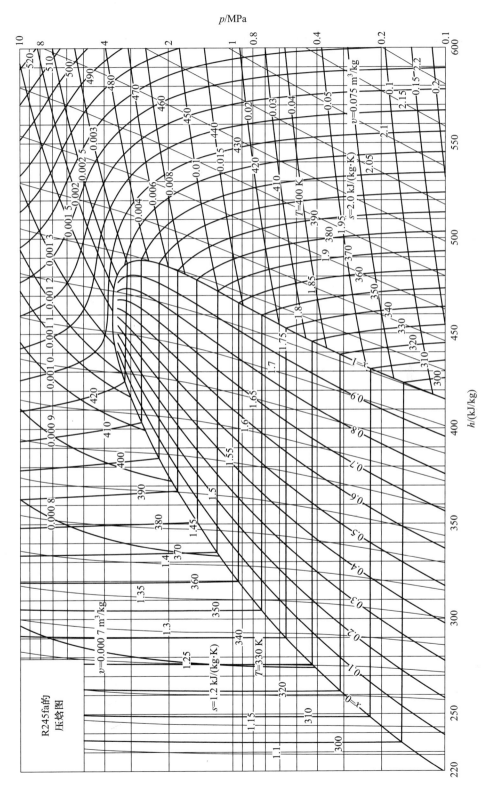

附图 4　R245fa 的压焓图

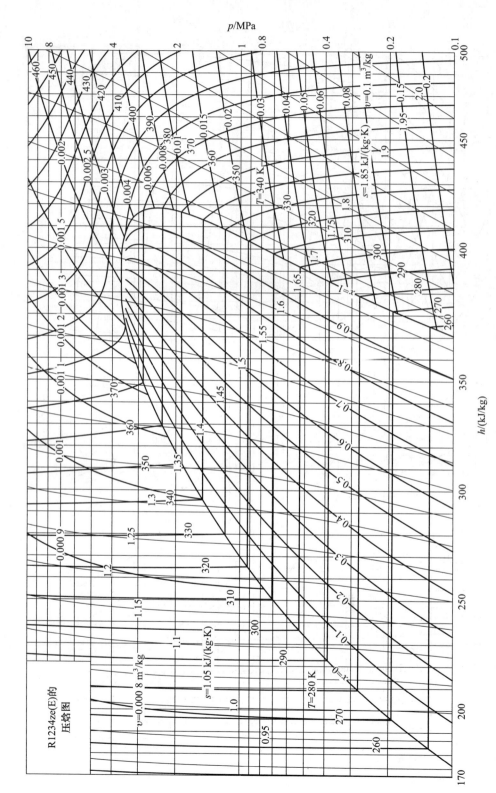

p/MPa

h/(kJ/kg)

附图 5　R1234ze（E）的压焓图

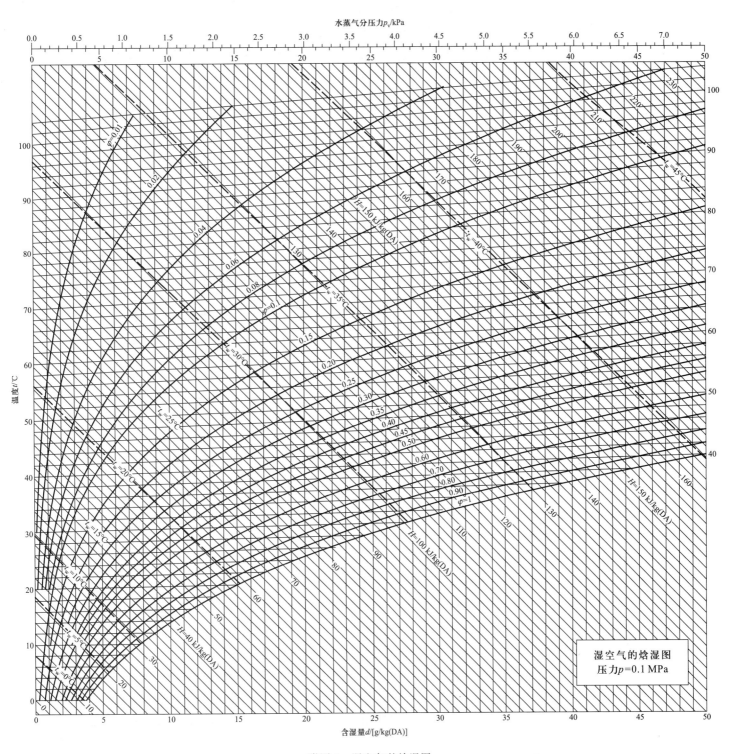

附图 6 湿空气的焓湿图

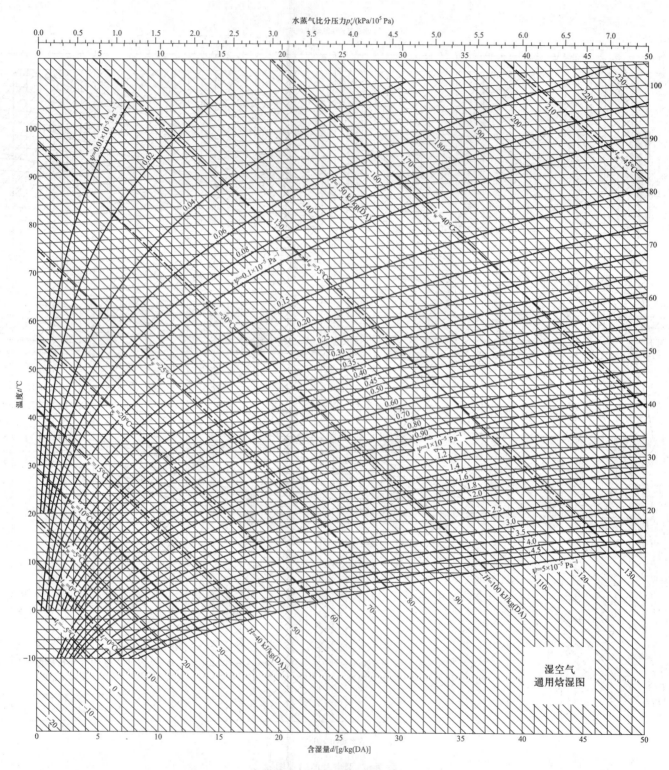

水蒸气比分压力 p_v'/(kPa/10^5 Pa)

温度 t/°C

含湿量 d/[g/kg(DA)]

湿空气
通用焓湿图

附图7 湿空气的通用焓湿图